挥发性有机物污染控制系列丛书

美国炼油厂排放估算协议

2.1.1 版
修订后的最终 ICR 版

美国环保局空气质量规划与标准办公室
RTI 国际 2011 年 5 月

童莉　郭森　崔积山　孟凡伟　王奉天　沙莎　等译
梁鹏　周学双　审校

中国环境出版社・北京

图书在版编目（CIP）数据

美国炼油厂排放估算协议/童莉等译；梁鹏，周学双审校. —北京：中国环境出版社，2015.1
（挥发性有机物污染控制系列丛书）
ISBN 978-7-5111-2116-5

Ⅰ. ①美… Ⅱ. ①童…②梁…③周… Ⅲ. ①炼油厂—污染物排放标准—美国 Ⅳ. ①X-652

中国版本图书馆 CIP 数据核字（2014）第 254929 号

出 版 人 王新程
责任编辑 李兰兰
责任校对 尹 芳
封面设计 宋 瑞

出版发行 中国环境出版社
（100062 北京市东城区广渠门内大街 16 号）
网 址：http：//www.cesp.com.cn
电子邮箱：bjgl@cesp.com.cn
联系电话：010-67112765（编辑管理部）
010-67112735（环评与监察图书出版中心）
发行热线：010-67125803，010-67113405（传真）
印 刷 北京中科印刷有限公司
经 销 各地新华书店
版 次 2015 年 1 月第 1 版
印 次 2015 年 1 月第 1 次印刷
开 本 787×960 1/16
印 张 15
字 数 270 千字
定 价 45.00 元

序

近年来，随着我国社会经济的发展和广大人民群众意识的提高，经济发展与环境保护的矛盾开始显现。2012 年以来，在华北、华中、长三角、珠三角持续出现的大范围灰霾天气，更加凸显了这一矛盾。挥发性有机物（VOCs）是一类化合物的统称，它是大气中臭氧、细颗粒物（$PM_{2.5}$）的主要前体物，对大气环境质量的影响主要体现在光化学活性上，因此日益受到社会关注。但由于 VOCs 与传统的 SO_2、NO_x 等污染物不同，涉及的物质种类、排放行业众多，且以无组织排放为主，传统的污染物管理控制手段已难以适用，必须创新管理思路。

在污染源的管理上，我国经过多年的摸索和环评实践，对于常规有组织排放源，已取得了较为成熟的经验，通过现场实测、类比监测、物料衡算等方法可以较为准确地掌握污染物排放规律，采取有效措施控制污染物的产生和排放；但对无组织排放源的研究相对薄弱，在污染物的产生排放规律、有效控制措施方面尚不能满足环境管理的要求。由于 VOCs 以无组织排放为主，目前我国的传统思路是采用排放因子法进行排放量的核算。而排放因子法对于流程单一、简单的排放过程具有一定积极意义，但对于工艺流程复杂、排放环节众多的行业（如石化、化工等），难以全面体现生产工艺、装备、污染防治技术水平的差异。以 VOCs 为例，其排放量与工艺选用、设备选材选型、过程控制、物料性质、外部环境等诸多因素有关，与单位产品并非简单线性关系，以排放因子估算，既不能体现计算的科学性和全面性，也会打击企业实施污染控制的积极性，不利于污染物的减排和环境质量的改善。

美国是最早开展 VOCs 污染治理的国家。由于第二次世界大战后期大面积光化学污染的爆发，美国 1970 年发布了《清洁空气法》(CAA)，拉开了大规模开展 VOCs 污染治理的序幕。经过近 50 年的污染治理，目前美国大气污染问题得到了有效控制。目前，美国各项环保法规已逐步走向规范，在 VOCs 定义与表征、监测方法、排放量估算方法以及污染控制标准体系方面开展了较为全面和深入的研究。之后，欧盟、日本、中国台湾等发达国家和地区都相继借鉴了美国的经验，开展 VOCs 污染治理。因此，梳理美国的 VOCs 污染控制思路，对我国实施 VOCs 管理具有重要的借鉴意义。本书为“挥发性有机物污染控制系列丛书”之一，是美国环境保护局的《*Emission Estimation Protocol for Petroleum Refineries*》的中文译本。本书对石油炼制厂的废气污染源进行分类归纳，将石油炼制厂的废气排放源分为设备泄漏、储罐、固定燃烧源、工艺排放口、火炬、污水收集和处理系统、冷却塔、装卸操作、扬尘源、开车和停车、故障/意外事故等 11 大类，根据每一类污染源的排放特点，研究了实测法、公式法、排放系数法等不同污染源源强计算方法，特别是对无组织排放废气，也明确给出了一些源强估算方法，在此基础上，根据可靠程度将各类估算方法进行分级，并提供了大量计算实例，指导石化企业废气污染源源强的计算，体现了美国对污染源的精细化管理思路。

本书的翻译出版，对研究我国石油炼制企业 VOCs 排放核算方法具有重要指导意义，对研究化工及其他行业各类工业源 VOCs 排放量核算方法具有借鉴意义，对研究各类污染源污染物排放规律和有效污染治理措施，实施污染源精细化管理具有较高的参考价值。

王文兴

2014.12.27

前言

为贯彻落实《大气污染防治行动计划》(国发[2013]37号)，环境保护部环境工程评估中心组织翻译了本书。主要内容为：第1章简介，第2章设备泄漏，第3章储罐，第4章固定燃烧源，第5章工艺排放口，第6章火炬，第7章污水收集和处理系统，第8章冷却塔，第9章装卸操作，第10章扬尘源，第11章开车和停车，第12章故障/意外事故，以及附录A平均物流组成，附录B污水处理系统方程，附录C TANKS模型使用入门，附录D石油基燃料的燃烧源在空气中有害排放的排放系数。

本书系统介绍了美国炼油厂各种污染源的多级排放检测或估算方法，给出了每类污染源的污染物排放清单，并列举相应计算实例，内容丰富、实用性强。可作为行业管理人员、技术人员的培训教材，也可供从事环境科学与工程和石油化工的科研、设计、环境影响评价的其他人员和大专院校相关专业师生参考。

参与本书翻译的有：童莉、郭森、崔积山、孟凡伟、王奉天、沙莎、韩建华、欧阳振宇、周远利、杨一鸣、何少林、赵兴雷、王赫婧、孙慧等。本书审校由梁鹏、周学双完成。本书翻译得到了环境保护部相关领导的帮助与支持。

本书的翻译工作十分复杂，我们尽了最大努力，力求深入理解原文，表述清晰达意；但鉴于译校者的知识面和水平有限，仍会有不当之处，望读者不吝指正，以供再版时修改。在翻译过程中，美国环保局正对《炼油厂排放估算协议》进行局部完善，并征求公众意见，我们将持续保持关注，修订时进行更新。

译 者

2014年10月27日于北京

目　录

1　简介 1

1.1　完整性 2

1.2　数据质量 9

1.3　计算和有效数字 10

2　设备泄漏 11

2.1　设备泄漏的 1 级方法 12

2.2　设备泄漏的 2 级方法 13

2.3　设备泄漏的 3 级方法 20

2.4　设备泄漏的 4 级和 5 级方法 24

3　储罐 30

3.1　储罐 1 级方法 31

3.2　储罐 2 级方法 31

3.3　储罐 3 级方法 33

4　固定燃烧源 34

4.1　固定燃烧源 1 级方法 36

4.2　固定燃烧源 2 级方法 38

4.3　固定燃烧源 3A 级方法 43

4.4　固定燃烧源 3B 级方法 45

4.5　固定燃烧源 4 级方法 46

5　工艺排放口 56

5.1　催化裂化装置 57

5.2　流化焦化装置 68

5.3 延迟焦化装置……69
5.4 催化重整装置……72
5.5 硫磺回收装置……74
5.6 其他各种工艺排放口……76

6 火炬……84
6.1 火炬估算 1 级方法……85
6.2 火炬估算 2 级方法……87
6.3 火炬估算 3 级方法……87
6.4 火炬估算 4 级方法……90
6.5 火炬估算 5 级和 6 级方法……91

7 污水收集和处理系统……93
7.1 污水处理单元 1 级方法……94
7.2 污水处理单元 2 级方法……94
7.3 污水处理单元 3 级方法……102

8 冷却塔……106
8.1 冷却塔估算 1 级和 2 级方法……107
8.2 冷却塔估算 3 级方法……113
8.3 冷却塔估算 4 级方法……115
8.4 冷却塔估算 5 级方法……116

9 装卸操作……122
9.1 可用的产品组成和性质数据……123
9.2 装载操作的 1 级方法……124
9.3 装载操作的 2 级和 3 级方法……124
9.4 装载操作的 4 级方法……126

10 扬尘源……132

11 开车和停车……134
11.1 气体加工容器泄压和吹扫……134

11.2 液体加工容器泄压和吹扫 136

12 故障/意外事故 138
12.1 控制装置故障 139
12.2 容器超压 140
12.3 喷溅 143

参考文献 144

附录 A 平均物流组成 148
附录 B 污水处理系统方程 154
附录 C TANKS 模型使用入门 166
附录 D 石油基燃料的燃烧源在空气中有害排放的排放系数，最终报告，第 2 卷—CARB 法制定的排放系数 172

缩略语和缩写索引 227

1 简介

本书旨在为炼油厂拥有者和工作人员提供指导和说明，改进按美国环保局（U.S.EPA）2011 年信息采集要求（ICR）收集的石油炼制工业排放清单。本书提供了炼油厂各种污染源的多级排放检测或估算方法，给出了污染物排放清单。

针对各类污染源不同的排放检测或估算方法，按优先等级进行了排序，其中，1 级方法为首选方法，其次为 2 级方法，依此类推。要求炼油厂的拥有者和工作人员在能获得相关数据的前提下尽可能使用最高等级的方法（1 级方法是最高等级）。1 级和 2 级方法都需要使用连续的排放检测数据。当连续检测数据无法获得时，工程设计计算或特定污染源排放系数法也可使用（3 级和 4 级方法），这些方法都需要定期、特定点的检测数据。当特定点的检测数据也无法获得时，才可以使用默认排放系数法进行估算（5 级方法）。但本书不要求炼油厂拥有者和工作人员进行额外的检测或测试。若某排放源有连续的排放检测数据，在制作该污染源的排放清单时应使用这些数据。本书并未要求炼油厂必须安装和使用连续排放检测系统。如果无法得到检测数据，可使用本书中提供的排放系数进行估算，以满足炼油厂信息收集要求。

在编制过程中，U.S.EPA 对现有排放源检测数据进行了审核以验证或确认现有排放系数，并为目前尚无默认排放系数的污染源开发了新的排放系数。U.S.EPA 也在开车、停车和故障状态下污染源的特性及排放量估算等方面提供了指导。2010 年 1 月 7 日，在 U.S.EPA 网站（http：//www.epa.gov/ttn/chief/efpac/esttools.html）上发布炼油厂排放估算协议的“同行审查草案版”（1.0 版），公开征求意见，共收到了三个群体的意见。根据这些意见，修订完成了“草稿 ICR 版”（2.0 版），在用于信息收集（ICR）前，再次进行了征求意见。据此期间征集到的公众意见，完成“最终 ICR 版”（2.1 版）炼油厂排放协议。炼油厂拥有者和工作人员在使用 2011 版炼油厂 ICR 制定排放清单之前应及时浏览 U.S.EPA 网站或炼油厂 ICR 网站（https：// refineryicr.rti.org），以确保采用最新版的炼油厂排放协议文件。

1.1 完整性

应对炼油厂每个污染源排放进行估算，包括辅助源和非炼油工艺单元。尽管本书试图对典型炼油厂中每个排放源进行识别并提供估算方法，但仍可能存在部分污染源（指存在于炼油厂并受炼油厂拥有者或工作人员控制的）未在本书中进行明确说明。另外，可能还有部分污染源在本书中虽有说明，但没有足够的排放数据用于提供默认的排放系数（5 级方法）。不管该污染源在本书中是否有说明，炼油厂污染源排放估算应包括炼油厂中存在的所有污染源。

同样，应对每种污染物排放进行估算[温室气体（GHGs）除外，温室气体应按强制性温室气体排放报告规则（最终规定，74FR56260）的规定呈报]。表 1-1 列出了本书中描述的各种污染源预计排放的污染物清单。实心圆圈表示应该开展排放估算的化合物/排放源。空心圆圈表示可能需要呈报（如果化学品存在或可以得到其物质数据），但没有这些内容，排放清单也是完整的。总之，挥发性有机化合物（VOC）倾向于用 U.S.EPA 方法 25、25A—25E 或方法 305 测定的总 VOC 来表征；当能获得 VOC 具体物种成分时则应提供这些数据，但不强求进行 VOC 具体物质排放量估算。当要计算表 1-1 中实心圈的化合物/排放源时，不需要重新采样或分析，可以使用现有数据辅以工程分析进行相关估算（本书中提供了具体方法）。

有些标准污染物，如 PM_{10} 或 $PM_{2.5}$ 是颗粒物（PM）中可过滤或可冷凝的部分（见颗粒物排放清单）。其他标准污染物，如二氧化氮（NO_2），通常以化学品的组合形式来确定或调整。例如，氮氧化物（NO_x）的排放量是 NO_2 和一氧化氮（NO）排放量之和。表 1-1 中包含这些物质的目的不在于将这些污染物作为标准污染物，而是建议将它们纳入炼油厂排放清单中。提供这些估算不需要重新采样或分析，可以使用现有数据辅以工程分析进行相关估算（本书提供了具体方法）。

颗粒物（PM）排放清单术语

PM 排放清单有其自己的术语和结构。完整的 PM 排放清单包括下列内容：

- PM_{10}-PRI：粒径小于或等于 10 μm 的 PM。PM_{10}-PRI＝PM_{10}-FIL＋PM-CON。
- PM_{10}-FIL：粒径小于等于 10 μm 的 PM 中可过滤的部分（或前半段）。
- PM-CON：可冷凝的 PM（或后半段）。所有可冷凝 PM 粒径都小于 2.5 μm 。
- $PM_{2.5}$-PRI：粒径小于等于 2.5 μm 的 PM。$PM_{2.5}$-PRI＝$PM_{2.5}$-FIL＋PM-CON。
- $PM_{2.5}$-FIL：粒径小于等于 2.5 μm 的 PM 中可过滤的部分（或前半段）。

尽管完整的 PM 排放清单只包括粒径小于等于 10 μm 的 PM 排放，一些测量方法也收集粒径大于 10 μm 的 PM 颗粒。使用下列术语表示粒径大于 10 μm 的 PM 排放。

➢ PM-PRI：所有粒径的 PM 的排放。PM-PRI＝PM-FIL＋PM-CON。

➢ PM-FIL：所有粒径的 PM 中可过滤的部分（或前半段）。

表 1-1 炼油厂排放清单中污染物和排放源汇总

CAS 号或污染物编码	物质	设备泄漏	储罐	固定燃烧源	工艺排放口									火炬	污水	冷却塔	产品装卸	面源尘源	开车和停车	故障
					催化裂化单元	流化焦化单元	延迟焦化单元	催化重整单元	硫磺回收装置	制氢装置	沥青装置	焦炭煅烧	放空系统	真空系统						
标准污染物																				
630-08-0	一氧化碳			●	●	●				●		●			●					○	○
7439-91-1	铅			●	●	●						○							○	○	○
PM$_{10}$-PRI	颗粒物 PM≤10 μm			●	●	●	●				●	●			●		●		●	○	○
PM$_{10}$-FIL	可过滤 PM≤10 μm			●	●	●	●				●	●			●		●		●	○	○
PM$_{2.5}$-PRI	PM≤2.5 μm			●	●	●	●				●	●			●		●		●	○	○
PM$_{2.5}$-FIL	可过滤 PM≤2.5 μm			●	●	●	●				●	●			●		●		●	○	○
PM-CON	可冷凝 PM			●	●	●	●				●	●			●		●		○	○	○
10102-44-0	二氧化氮			●	●	●			●			●			●					○	○
NO_x	氮氧化物			●	●	●			●			●			●					○	○
7446-09-5	二氧化硫			●	●	●			●			●			●					●	●
VOC	挥发性有机化合物	●	●	●	●	●	●	●		●	●	●	●	●	●	●	●	●		●	●
特征 VOC 组分（包括下列物质及“挥发性有机 HAPs”中的物质）																				
74-85-1	乙烯	○	○	○	○	○	○	○		○	○	○	○	○	○	○	○	○		○	○
74-86-2	乙炔	○	○	○	○	○	○	○		○	○	○	○	○	○	○	○	○		○	○
74-98-6	丙烷	○	○	○	○	○	○	○		○	○	○	○	○	○	○	○	○		○	○
115-07-1	丙烯	○	○	○	○	○	○	○		○	○	○	○	○	○	○	○	○		○	○
463-49-0	丙二烯	○	○	○	○	○	○	○		○	○	○	○	○	○	○	○	○		○	○
106-97-8	正丁烷	○	○	○	○	○	○	○		○	○	○	○	○	○	○	○	○		○	○
75-28-5	异丁烷	○	○	○	○	○	○	○		○	○	○	○	○	○	○	○	○		○	○

CAS 号或污染物编码	物质	设备泄漏	储罐	固定燃烧源	工艺排放口										火炬	污水	冷却塔	产品装卸	面源尘源	开车和停车	故障
					催化裂化单元	流化焦化单元	延迟焦化单元	催化重整单元	硫磺回收装置	制氢装置	沥青装置	焦炭煅烧	放空系统	真空系统							
106-98-9	1-丁烯	○	○	○	○	○	○	○		○	○	○	○	○	○	○	○	○		○	○
107-01-7	2-丁烯	○	○	○	○	○	○	○		○	○	○	○	○	○	○	○	○		○	○
115-11-7	异丁烯	○	○	○	○	○	○	○		○	○	○	○	○	○	○	○	○		○	○
590-19-2	1,2-丁二烯	○	○	○	○	○	○	○		○	○	○	○	○	○	○	○	○		○	○
109-66-0	正戊烷	○	○	○	○	○	○	○		○	○	○	○	○	○	○	○	○		○	○
78-78-4	2-甲基丁烷	○	○	○	○	○	○	○		○	○	○	○	○	○	○	○	○		○	○
287-92-3	环戊烷	○	○	○	○	○	○	○		○	○	○	○	○	○	○	○	○		○	○
591-95-7	1,2-戊二烯	○	○	○	○	○	○	○		○	○	○	○	○	○	○	○	○		○	○
1574-41-0	1-顺式-3-戊二烯	○	○	○	○	○	○	○		○	○	○	○	○	○	○	○	○		○	○
2004-70-8	1-反式-3-戊二烯	○	○	○	○	○	○	○		○	○	○	○	○	○	○	○	○		○	○
591-93-5	1,4-戊二烯	○	○	○	○	○	○	○		○	○	○	○	○	○	○	○	○		○	○
591-96-8	2,3-戊二烯	○	○	○	○	○	○	○		○	○	○	○	○	○	○	○	○		○	○
598-25-4	3-甲基-1,2-丁二烯	○	○	○	○	○	○	○		○	○	○	○	○	○	○	○	○		○	○
78-79-5	2-甲基-1,3-丁二烯	○	○	○	○	○	○	○		○	○	○	○	○	○	○	○	○		○	○
542-92-7	环戊二烯	○	○	○	○	○	○	○		○	○	○	○	○	○	○	○	○		○	○
110-82-7	环己烷	○	○	○	○	○	○	○		○	○	○	○	○	○	○	○	○		○	○
108-87-2	甲基环己烷	○	○	○	○	○	○	○		○	○	○	○	○	○	○	○	○		○	○
142-82-5	庚烷（和异构体）	○	○	○	○	○	○	○		○	○	○	○	○	○	○	○	○		○	○
111-65-9	辛烷（和异构体）	○	○	○	○	○	○	○		○	○	○	○	○	○	○	○	○		○	○
78-93-3	甲基乙基酮	○	○	○	○	○	○	○		○	○	○	○	○	○	○	○	○		○	○
25551-13-7	三甲基苯	○	○	○	○	○	○	○		○	○	○	○	○	○	○	○	○		○	○
挥发性有机 HAPs																					
75-07-0	乙醛	○	○	●	●	●	●	●	○	●	●	●	○	○	●	○	○	○		○	○
107-02-8	丙烯醛	○	○	●	●	●	●	●	○	○	○	●	○	○	●	○	○	○		○	○
62-53-3	苯胺	○	○	●	●	●	●	●	○	○	○	●	○	○	●	○	○	○		○	○
71-43-2	苯	●	●	●	●	●	●	●		●	●	●	●	●	●	●	●	●		●	●
74-83-9	溴甲烷	○	○													○	○				
106-99-0	1,3-丁二烯	●	●	●	●	●	●	●		●	●	●	●	●	●	●	●	●		●	●
75-00-3	氯乙烷	○	○					○								○	○				
67-66-3	三氯甲烷	○	○					●								○	○				
74-87-3	氯甲烷	○	○					○								○	○				

CAS 号或污染物编码	物质	设备泄漏	储罐	固定燃烧源	工艺排放口										火炬	污水	冷却塔	产品装卸	面源尘源	开车和停车	故障
					催化裂化单元	流化焦化单元	延迟焦化单元	催化重整单元	硫磺回收装置	制氢装置	沥青装置	焦炭煅烧	放空系统	真空系统							
98-82-8	异丙基苯	●	●	●	●	●	●	●		●	●	●	●	●	●	●	●	●		●	●
106-93-4	1,2-二溴乙烷	○	○					○								○	○	○			
106-46-7	1,4-二氯苯	○	○	○				○								○	○				
75-34-3	1,1-二氯乙烷	○	○					○								○	○				
107-06-2	1,2-二氯乙烷	○	○					○								○	○				
75-35-4	1,1-二氯乙烯	○	○					●								○	○				
78-87-5	1,2-二氯丙烷	○	○					○								○	○				
542-75-6	1,3-二氯丙烯	○	○					○								○	○				
111-42-2	二乙醇胺	●	●						●							○	○			○	○
100-41-4	乙基苯	●	●	●	●	●	●	●		●	●	●	●	●	●	●	●	●		●	●
50-00-0	甲醛	○	○	●	●	●	●	●		●	●	●	○	○	●	○	○	○		●	●
67-72-1	六氯乙烷	○	○					○								○					
110-54-3	正己烷	●	●	●	●	●	●	●		●	●	●	●	●	●	●	●	●		●	●
67-56-1	甲醇									●	●					○	○				
108-10-1	甲基异丁基酮	●	●	●	●	●	●	●		●	●	●	●	●	●	●	●	●		●	●
1634-04-4	甲基叔丁基酯	○	○	○	○	○	○	○		○	○	○	○	○	○	○	○	○		○	○
100-42-5	苯乙烯	●	●	●	●	●	●	●		●	●	●	●	●	●	●	●	●		●	●
79-34-5	1,1,2,2-四氯乙烷	○	○					●								○	○				
127-18-4	四氯乙烯	○	○					●								○	○				
108-88-3	甲苯	●	●	●	●	●	●	●		●	●	●	●	●	●	●	●	●		●	●
79-00-5	1,1,2-三氯乙烷	○	○					●								○	○				
79-01-6	三氯乙烯	○	○					●								○	○				
121-44-8	三乙胺	●	●						●							○	○			○	○
540-84-1	2,2,4-三乙基戊烷	●	●	●	●	●	●	●		●	●	●	●	●	●	●	●	●		●	●
593-60-2	溴代乙烯	○	○					○								○	○				
75-01-4	氯乙烯	○	○					●								○	○				
95-47-6	邻二甲苯	●	●	●	●	●	●	●		●	●	●	●	●	●	●	●	●		●	●
108-38-3	间二甲苯	●	●	●	●	●	●	●		●	●	●	●	●	●	●	●	●		●	●
106-42-3	对二甲苯	●	●	●	●	●	●	●		●	●	●	●	●	●	●	●	●		●	●
1330-20-7	混二甲苯（总）	●	●	●	●	●	●	●		●	●	●	●	●	●	●	●	●		●	●
半挥发性、非挥发性有机 HAPs[不含二噁英、呋喃和多氯联苯（PCBs）]																					

CAS号或污染物编码	物质	设备泄漏	储罐	固定燃烧源	工艺排放口										火炬	污水	冷却塔	产品装卸	面源尘源	开车和停车	故障
					催化裂化单元	流化焦化单元	延迟焦化单元	催化重整单元	硫磺回收装置	制氢装置	沥青装置	焦炭煅烧	放空系统	真空系统							
83-32-9	苊	●	○	●	●	●	●	●	○	○	●	●	○	●	●	●	●	○	○	●	●
208-96-8	苊烯	●	○	●	●	●	●	●	○	○	●	●	○	●	●	●	●	○	○	●	●
120-12-7	蒽	●	○	●	●	●	●	●	○	○	●	●	○	●	●	●	●	○	○	●	●
56-55-3	苯并蒽	●	○	●	●	●	●	●	○	○	●	●	○	●	●	●	●	○	○	●	●
50-32-8	苯并[a]芘	●	○	●	●	●	●	●	○	○	●	●	○	●	●	●	●	○	○	●	●
205-99-2	苯并[b]荧蒽	●	○	●	●	●	●	●	○	○	●	●	○	●	●	●	●	○	○	●	●
192-97-2	苯并[e]芘	●	○	●	●	●	●	●	○	○	●	●	○	●	●	●	●	○	○	●	●
191-24-2	苯并[g,h,i]苝	●	○	●	●	●	●	●	○	○	●	●	○	●	●	●	●	○	○	●	●
207-08-9	苯并[k]荧蒽	●	○	●	●	●	●	●	○	○	●	●	○	●	●	●	●	○	○	●	●
92-52-4	联苯	●	○	●	●	●	●	●	○	○	●	●	○	●	●	●	●	○	○	●	●
117-81-7	双邻苯二甲酸二酯			○	●	●					○										
91-58-7	2-氯萘	●	○	●	●	●	●	●	○	○	●	●	○	●	●	●	●	○	○	●	●
108-39-4	间甲苯酚	●	●	●	●	●	●	●	○	○	●	●	○	●	●	●	●	●		●	●
95-48-7	邻甲苯酚	●	●	●	●	●	●	●	○	○	●	●	○	●	●	●	●	●		●	●
106-44-5	对甲苯酚	●	●	●	●	●	●	●	○	○	●	●	○	●	●	●	●	●		●	●
1319-77-3	混甲苯酚（总）	●	●	●	●	●	●	●	○	○	●	●	○	●	●	●	●	●		●	●
53-70-3	二苯并[a,h]蒽	●	○	●	●	●	●	●	○	○	●	●	○	●	●	●	●	○	○	●	●
84-74-2	苯二甲酸二正丁酯			○	●	●					○										
84-66-2	邻苯二甲酸二乙酯			○	●	●					○										
57-97-6	7,12-二甲基苯并蒽	●	○	●	●	●	●	●	○	○	●	●	○	●	●	●	●	○	○	●	●
206-44-0	荧蒽	●	○	●	●	●	●	●	○	○	●	●	○	●	●	●	●	○	○	●	●
86-73-7	芴	●	○	●	●	●	●	●	○	○	●	●	○	●	●	●	●	○	○	●	●
193-39-5	茚并[1,2,3-c,d]芘	●	○	●	●	●	●	●	○	○	●	●	○	●	●	●	●	○	○	●	●
56-49-5	3-甲基胆蒽	●	○	●	●	●	●	●	○	○	●	●	○	●	●	●	●	○	○	●	●
91-57-6	2-甲基萘	●	○	●	●	●	●	●	○	○	●	●	○	●	●	●	●	○	○	●	●
218-01-9	䓛	●	○	●	●	●	●	●	○	○	●	●	○	●	●	●	●	○	○	●	●
91-20-3	萘	●	●	●	●	●	●	●	○	○	●	●	○	●	●	●	●	●	○	●	●
198-55-0	苝	●	○	●	●	●	●	●	○	○	●	●	○	●	●	●	●	○	○	●	●
85-01-8	菲	●	○	●	●	●	●	●	○	○	●	●	○	●	●	●	●	○	○	●	●
108-95-2	酚	●	●	●	●	●	●	●	○	○	●	●	○	●	●	●	●	●		●	●

CAS 号或污染物编码	物质	设备泄漏	储罐	固定燃烧源	工艺排放口										火炬	污水	冷却塔	产品装卸	面源尘源	开车和停车	故障
					催化裂化单元	流化焦化单元	延迟焦化单元	催化重整单元	硫磺回收装置	制氢装置	沥青装置	焦炭煅烧	放空系统	真空系统							
129-00-0	芘	●		●	●	●	●	●	○	○	●	●	○	●	●	●	●	○	○	●	●
二噁英、呋喃和多氯联苯（PCBs）																					
1746-01-6	二噁英：4D2378[j]			●	●	●	●	●			○	○							○		
40321-76-4	二噁英：5D12378[j]			○	○	○	○	○			○	○							○		
39227-28-6	二噁英：6D123478[j]			○	○	○	○	○			○	○							○		
57653-85-7	二噁英：6D123678[j]			○	○	○	○	○			○	○							○		
19408-74-3	二噁英：6D123789[j]			○	○	○	○	○			○	○							○		
35822-46-9	二噁英：7D234678[j]			○	○	○	○	○			○	○							○		
3268-87-9	二噁英：8D[j]			○	○	○	○	○			○	○							○		
132-64-9	氧芴			●	●	●	●	●			○	○							○		
51207-31-9	呋喃：4F2378[k]			○	○	○	○	○			○	○							○		
57117-41-6	呋喃：5F12378[k]			○	○	○	○	○			○	○							○		
57117-31-4	呋喃：5F23478[k]			○	○	○	○	○			○	○							○		
70648-26-9	呋喃：6F123478[k]			○	○	○	○	○			○	○							○		
57117-44-9	呋喃：6F123678[k]			○	○	○	○	○			○	○							○		
72918-21-9	呋喃：6F123789[k]			○	○	○	○	○			○	○							○		
60851-34-5	呋喃：6F234678[k]			○	○	○	○	○			○	○							○		
67562-39-4	呋喃：7F1234678[k]			○	○	○	○	○			○	○							○		
55673-89-7	呋喃：7F1234789[k]			○	○	○	○	○			○	○							○		
39001-02-0	呋喃：8F[k]			○	○	○	○	○			○	○							○		
1336-36-3	多氯联苯（总）			●	●	●	●	●			○	○							○		
金属 HAPs																					
7440-36-0	锑			●	●	●						○							○	○	○
7440-38-2	砷			●	●	●						○							○	○	○
7440-41-7	铍			●	●	●						○							○	○	○
7440-43-9	镉			●	●	●						○							○	○	○
18540-29-9	铬（六价）			●	●	●						○							○	○	○
7440-47-3	铬（总）			●	●	●						○							○	○	○
7440-48-4	钴			●	●	●						○							○	○	○
7439-92-1	铅			●	●	●						○							○	○	○
7439-96-5	锰			●	●	●						○							○	○	○

CAS号或污染物编码	物质	设备泄漏	储罐	固定燃烧源	工艺排放口									火炬	污水	冷却塔	产品装卸	面源尘源	开车和停车	故障
					催化裂化单元	流化焦化单元	延迟焦化单元	催化重整单元	硫磺回收装置	制氢装置	沥青装置	焦炭煅烧	放空系统	真空系统							
7439-97-6	汞			●	●	●						○							○	○	○
7440-02-0	镍			●	●	●						○							○	○	○
7782-49-2	硒			●	●	●						○							○	○	○
其他无机HAPs																					
75-15-0	二硫化碳			○	○	○	○		●	○	○	○	○	○	○	○				○	○
463-58-1	羰基硫			○	○	○	○		●	○	○	○	○	○	○	○				○	○
7782-50-5	氯							●									●				
7647-01-0	氯化氢			○	○	○	○		●	○	○	○	○	○	○	○				○	○
74-90-8	氢氰酸（氰化物）			●	●	●	●	○	○	●	●	●	○	○	●	○	○	○		●	●
7664-39-3	氟化氢	○	○														○				
7723-14-0	磷				○	○													○		
其他感兴趣的化合物																					
7664-41-7	氨	○	○	○	●	●						○				○	○				
74-84-0	乙烷	○	○							○	○		○	○	○	○	○	○		○	○
7783-06-4	硫化氢	●		○	○	○	○		●		●	○	○	○	●	○				○	○
7440-39-3	钡			○	○	○													○		
7440-50-8	铜			○	○	○													○		
7439-98-7	钼			○	○	○													○		
7440-62-2	钒			○	●	●													○		
7440-66-6	锌			○	○	○													○		

注：●应开展排放估算的化合物/排放源。

○可以依据现有数据开展排放物估算的化合物/排放源。

j 所列 HAP 是 2,3,7,8-四氯二苯并二噁英（2378-TCDD）；还列出了其他二噁英异构体,可以用于计算 2378-TCDD 毒性。缩写如下：D2378—2,3,7,8-四氯二苯并二噁英；5D12378—1,2,3,7,8-五氯二苯并-对-二噁英；6D123478—1,2,3,4,7,8-六氯二苯并-对-二噁英；6D123678—1,2,3,6,7,8-六氯二苯并-对-二噁英；6D123789—1,2,3,7,8,9-六氯二苯并-对-二噁英；7D1234678—1,2,3,4,6,7,8-七氯二苯并-对-二噁英；8D—八氯二苯并二噁英。

k 所列 HAP 是二苯并呋喃，缩写如下：4F2378—2,3,7,8-四氯二苯并呋喃；5F12378—1,2,3,7,8-五氯二苯并呋喃；5F23478—2,3,4,7,8-五氯二苯并呋喃；6F123478—1,2,3,4,7,8-六氯二苯并呋喃；6F123678—1,2,3,6,7,8-六氯二苯并呋喃；6F123789—1,2,3,7,8,9-六氯二苯并呋喃；6F234678—2,3,4,6,7,8-六氯二苯并呋喃；7F1234678—1,2,3,4,6,7,8-七氯二苯并呋喃；7F1234789—1,2,3,4,7,8,9-七氯二苯并呋喃；8F—八氯二苯并呋喃。

炼油厂排放的二氧化碳、甲烷等温室气体（GHGs）没有列在表 1-1 中。《强制性温室气体排放报告规则》（74 FR 56260）要求各行业部门和排放源详细呈报 GHGs 排放，包括炼油厂和固定燃烧源[40 联邦法规（CFR）第 98 节，Y 和 C 部分]。因此，本书重点是标准污染物和有毒空气污染物（如表 1-1 中所列的污染物）。GHGs 的排放估算应按 GHGs 的相关要求进行，不需要收录到炼油厂 ICR 中。值得注意的是，在 40CFR 第 98 节 C 部分使用的“层”和本书使用的“等级”顺序是相反的。例如，固定燃烧源的 4 层方法相当于本书中燃烧源的 1 级方法，3 层方法相当于 2 级方法，依此类推。

表 1-1 旨在为每个需要进行估算的排放源提供一个综合性的污染物列表，但仍有一些排放源排放的污染物信息很少甚至没有。如果有确切信息证明某排放源排放某种特殊污染物（如通过对工艺单元进行污染源测试），即使表 1-1 中不包含相关内容，也应提供这些特殊污染物的排放估算。同样，提供这些估算并不要求重新采样或分析，可以使用现有数据辅以工程分析进行估算。

1.2 数据质量

在编制可靠的排放清单时，最重要的是始终贯彻执行标准方法和程序。排放清单的质量保证（QA）和质量控制（QC）通过一系列程序完成，以确保收集和分析数据的质量和可靠性。这些程序包括使用适当的排放估算技术、适用的和合理的假设、计算模型的精确/逻辑核查、计算和数据可靠性检验等。根据排放估算所使用技术方法的不同，对所需数据进行列表以检验每个数据的准确性和适用性。

适当的元数据（描述数据的数据）的维护有助于数据使用者评估排放量的精确度。尽管没有特殊要求无须呈报 QA/QC 和其他元数据，但应保存记录以便于对排放量进行核实。测量排放量时，元数据应包括制造商为确保设备精度而在精度、首次校准、定期校准检查及其他 QA/QC 程序方面采用的技术标准。开发特定污染源排放系数时采用的测试源检测，元数据应包括现场和实验室填表结果、平行样分析、方法检出限、恒速和旋流检验（如果可行）以及主要工艺操作数据（包括产量、温度、材料加工）。对于某些污染物而言，可能存在不同的排放量估算方法。例如，我们可以用总有机化合物（TOC）（使用 U.S.EPA 方法 25、方法 25A—25E 或方法 305）减去非 VOCs 组分得到 VOC 的排放量，也可以通过检测单个 VOCs 组分，然后将这些组分的排放量加和以确定总 VOC 排放量。因此，在公布 VOC 排放量时，应清楚地说明计算方法。如果是以 TOC 或根据 TOC 测量确定的排放量，那么必须说明是以何种基准物计算出的排放量，如以甲烷计（或使用何种化合物对总有机化合物分析仪进行校验）。这些元数据有助于用户使用清单数据，也有助于确保在随后的验证分析中能正确使用清单数据。

1.3 计算和有效数字

本书中的方法等级排序是为了强调和推进高精度方法的使用，获得更精确的排放数据而设计的。我们应认识到使用 5 级方法的排放系数，可能得到实际排放速率 2 倍或 3 倍的排放数据。尽管如此，本书中的排放系数一般需保留两位有效数字。保留两位有效数字不是为了让这些排放系数更精确，而是希望降低四舍五入产生的误差。在公布使用默认排放系数计算的排放量时，可以保留一位有效数字，但在计算中至少应保留两位有效数字。当计算方法可能产生±10%的误差时，尽管最后的排放数据可能仅允许保留两位有效数字，但计算中应至少保留三位有效数字。

2 设备泄漏

设备泄漏是一种遍布在炼油厂整个生产区域的小型排放源，是指各种设备组件和连接处工艺介质泄漏进入大气的过程。一般可通过 U.S.EPA 方法 21[即通过有机蒸汽分析仪（OVA）检测]、光学影像测漏技术以及其他远程传感技术定性确定泄漏情况。如果要定量确定设备泄漏排放量，最精确的方法是实测法。但由于实测法较为烦琐，很少有炼油厂会采用该方法，而是通常采用较简单的排放量与泄漏浓度（用 OVA 获取）关联方程来估算设备的泄漏排放量。在缺乏泄漏浓度的情况下，也可以使用设备组件的数量和排放系数估算泄漏排放量。通常来说，估算方法估算的是总有机化合物（TOC）或非甲烷有机化合物的排放量。但为了估算总 VOC 或特征组分排放量，工艺物流必须确定特征物质成分，至少需明确特征 VOC 浓度。

最常见的光学影像测漏技术是采用一个特定波长的被动红外光谱成像，因相关气体强烈吸收该波长的红外光，从而产生排放烟羽的实时影像。尽管这种技术可以快速、简便地识别泄漏（特别是大量泄漏）环节，但由于缺乏对泄漏进行量化的方法，因此必须结合不同吸光度检测（Differential Absorption Light Detection）、广泛搜索（LIDAR）和日光吸光法（Solar Occultation Flux）等技术方法对排放量进行量化。这些技术可以测定烟羽横截面中某个化合物或者混合物的体积或质量浓度，再根据风速估算质量通量。但是，这些技术尚未被 U.S.EPA 核准作为设备泄漏或其他排放源的量化方法。此外，由于这些遥感技术要在排放源下风向一定距离处测量，因此不能单独作为识别具体泄漏设备组件的手段。将来我们进行修订时，可能会把可量化设备泄漏排放的光学泄漏成像或其他遥感技术纳入。

表 2-1 汇总了设备泄漏的多级排放估算技术。这些技术按照预计的精确程度分成不同等级。在给定的测定方法（或等级）内，在确定具体排放组分排放量时也可能有替代方法，这些组分分析方法也是按照精确性的顺序提供的。因此，一个炼油厂可能会混合使用不同方法。例如，根据不同设备或不同工艺，给定组分或组分的浓度范围，设备泄漏 2a 级方法可用于已确定的组分，2b 级方法可用于

利用方法 21 检测的其他组分。设备泄漏 4 级或 5 级方法可以用于未经常规检测的其他设备组件的排放量估算。

表 2-1 设备泄漏排放估算方法汇总

<table>
<tr><th>等级</th><th>测定方法</th><th>关系方程或排放系数</th><th>组分分析数据*</th></tr>
<tr><td>1</td><td>直接测量法</td><td>不需要</td><td>气体样品特性</td></tr>
<tr><td>2</td><td>U.S.EPA 方法 21</td><td>关系方程</td><td rowspan="2">a）各工艺、各设备的浓度
b）各工艺的平均浓度
c）炼油厂平均物流浓度</td></tr>
<tr><td>3</td><td>U.S.EPA 方法 21</td><td>默认筛分范围系数</td></tr>
<tr><td>4</td><td>无须监视；特定设施组件数量</td><td>默认平均排放系数</td><td rowspan="2">a）各工艺、各物质类型的浓度
b）各工艺的平均浓度
c）炼油厂平均物流浓度
d）默认工艺组成</td></tr>
<tr><td>5</td><td>无须监视；默认模型工艺组件数量</td><td>默认平均排放系数</td></tr>
</table>

注：* 字母代表排列等级。例如，2a 级使用关系方程估算总 VOC 排放，并使用各工艺和各设备工艺介质浓度估算各组分的排放量。

本章的其余部分提供了实现这些方法的相关细节和指南。其中多数方法都是基于针对炼油行业开发的修订版设备泄漏协议。更多相关信息请参考美国环保局的文件《设备泄漏排放估算协议》（U.S.EPA，1995b）。

对于重液体泄漏（即燃料油、重瓦斯油、渣油、沥青等）形成淤积或液池，除使用本章的方法估算泄漏组件产生的排放外，还应当使用本书第 12 章“故障/意外事故”中的喷溅方法估算积累液池的排放量。这主要是由于以下几方面原因：①炼油厂的重油、重液体挥发性低，即使能看见发生严重泄漏，但使用 U.S.EPA 方法 21 的 OVA 时读数较低，导致设备泄漏方法低估了液池物料的潜在排放；②液池中物料的排放量更多由重液体中高挥发性的物质决定，而喷溅法能更精确地评估液池中物料的排放；③喷溅法更能体现液池直径和持续时间（由清理措施决定）对排放量的影响。

2.1 设备泄漏的 1 级方法

常见的定量泄漏测量方法是包袋法和大体积采样法。一般来讲，U.S.EPA 方法 21 可以用于初步筛选并识别泄漏组件，然后采用上述其中一个方法对泄漏的质量排放速率进行量化。使用这两种技术直接测量泄漏速率，其精确度在±15%以内（U.S.EPA，2003）。

包袋法是将泄漏组件或泄漏口用袋子或帐篷包起来，让已知流量的惰性载气通入包袋，待载气达到平衡后，从包袋中收集气体样品测量 TOC 浓度，也可以针对气样中的单个化合物浓度进行分析，然后用测得的样品浓度和载气流量计算质量排放速率。尽管包袋法可直接测量较大泄漏，但不适用于不易接近的、形状特殊的或体积很大的设备组件，而且其测量过程较为缓慢（一小时仅仅仅能采集 2～3 个样品）。

大体积采样器采用真空设置，通过捕集泄漏组件排放的所有物质来精确定量泄漏排放速率。它需要通过真空采样软管将泄漏组件周围包括空气和泄漏排放物质的大体积样品吸入仪器，然后通过双烃类检测器，测量采集样品中烃类气体浓度和环境中烃类气体浓度，用测量样品的流量乘以测量样品气体浓度和环境气体浓度之差（即用环境中烃类浓度来校正测量样品中的烃类浓度）来计算质量泄漏排放速率。使用真空采样器或相似的方法，可单独分析泄漏的各类物质，然后将 TOC 排放速率分摊到各个组分。大体积采样器测量泄漏速率高达 0.23 m^3/min，相当于 330 m^3/d，每小时可定量 10～20 个排放源。泄漏速率大于 0.23 m^3/min 的排放源必须使用包袋技术测量（U.S.EPA，2003）。

包袋法或大体积采样法比其他设备泄漏排放估算方法更为精确，但也更为耗时，因此，用于炼油厂大量设备组件的常规性筛选是不现实的。因此，在油气生产过程中更常见的方法是使用直接检测和维护程序（如光学成像技术）识别泄漏组件，然后对识别出的有限泄漏点使用大体积采样法进行定量，这个方法也可以用于炼油厂的某些源。对于特定的泄漏，用大体积采样器测量排放速率比使用较低等级方法的排放估算更为精确，因此，对特定泄漏，如果采用了大体积采样法（或包袋法），则应使用该测量结果计算排放速率。

2.2 设备泄漏的 2 级方法

多数泄漏检测和修复（LDAR）程序都要求采用 U.S.EPA 方法 21 进行定期检测，以识别发生泄漏的设备组件。直接用这种检测数据来估算设备泄漏排放率的最佳方法，是对于 U.S.EPA 方法 21 筛选出每个独立组件，根据检测数据，采用表 2-2（U.S.EPA，1995b）右侧栏中的筛选关系式（即设备泄漏的 2 级方法）来估算泄漏排放速率。如果筛选值为零，则采用表 2-2 第二栏中默认的零值排放速率来估算 TOC 排放。如果筛选值超出了检测仪表的量程（10 000 ppmv 或 100 000 ppmv），则采用表 2-2 的限定排放速率来估算排放。表 2-2 包括了石油行业（适用于炼油操作、营销终端和油气生产）和合成有机化学品制造业（SOCMI）的筛选关系式。一般来说，多数炼油厂均采用石油行业的换算；但为方便起见，在此也提供了 SOCMI 换算，因为有些炼油厂可能还涉及有机化学品制造工艺，这也应包括在工厂的排放清单中。

表 2-2 石油和 SOCMI 设备组件的设备泄漏率[a] 单位：kg/h·排放源

设备类型（所有物质类型）	默认零值排放速率	限定排放速率		关系方程[b]
		10 000 ppmv	100 000 ppmv	
石油行业的泄漏率（炼油、营销终端和油气生产）				
阀门	7.8×10^{-6}	0.064	0.14	$2.29\times10^{-6}\times SV^{0.746}$
泵	2.4×10^{-5}	0.074	0.16	$5.03\times10^{-5}\times SV^{0.610}$
其他[c]	4.0×10^{-6}	0.073	0.11	$1.36\times10^{-5}\times SV^{0.589}$
接头	7.5×10^{-6}	0.028	0.030	$1.53\times10^{-6}\times SV^{0.735}$
法兰	3.1×10^{-7}	0.085	0.084	$4.61\times10^{-6}\times SV^{0.703}$
敞口端线路	2.0×10^{-6}	0.030	0.079	$2.20\times10^{-6}\times SV^{0.704}$
合成有机化学品制造业（SOCMI）的泄漏率				
气体阀门	6.6×10^{-7}	0.024	0.11	$1.87\times10^{-6}\times SV^{0.873}$
轻液体阀	4.9×10^{-7}	0.036	0.15	$6.41\times10^{-6}\times SV^{0.797}$
轻液泵体[d]	7.5×10^{-6}	0.14	0.62	$1.90\times10^{-5}\times SV^{0.824}$
接头	6.1×10^{-7}	0.044	0.22	$3.05\times10^{-6}\times SV^{0.885}$

注：kg/h·排放源—每个排放源每小时的 TOC 排放量。

a 美国环保局（1995b）报告的数据。

b SV 是检测设备测得的筛选值（SV，ppmv）。

c “其他”设备类型包括仪表、装载臂、安全阀、填料箱、工艺排放口、压缩机、翻斗杆臂、隔膜、导淋、检查孔、计量和抛光杆。此“其他”设备类型应当适用于除接头、法兰、敞口端线路、泵或阀门以外的任何设备。

d 轻液体泵系数也可用于压缩机、安全阀、搅拌机和重液体泵。

许多炼油厂或检测专家均采用软件程序直接记录各个设备组件的 TOC 读数（或筛选值）。许多这样的软件程序都可以直接利用筛选值关系式计算每个设备组件的 TOC 排放，甚至当输入设备涉及各组分的组成数据时，还可计算特征组分的排放速率。用关系方程（和默认零值排放速率、限定排放速率）计算出的 TOC 排放率包括非 VOC 有机化合物（主要是甲烷和乙烷）。单独估算一个组件排放量的不确定性可能会比该组件实际排放高出 3 倍或只有其 1/10，但是将数以千计的组件汇总在一起时，累积总排放量的不确定性则要低得多。例如，用蒙特卡罗法模拟 100 个泄漏组件并以±10 作为不确定性，那么累积排放量的不确定性大概是±1.4。设备泄漏方法 2 与低等级设备泄漏排放估算相比，优点在于它是基于设备泄漏的真实情况，因此，其计算结果要比低等级估算方法精确得多。

采用光学气体成像摄像机鉴别泄漏时，只有在满足以下两个条件的情况下方可用方法2（或对某些特征组分采用方法1）对排放量进行计算：一是按照63.11（e）中规定步骤检测的设备，二是所有用摄像机鉴别出的泄漏在修复前得以用方法21进行了检测或用大体积采样或包袋法进行了测量。如果用摄像机检测时发现设备泄漏，则可用方法21筛选值根据关系方程来估算排放量（2级方法），或者采用通过大体积采样或包袋法测得泄漏率。如果用摄像机检测时未发现任何设备泄漏，则应当用63.11（d）（7）要求的方法21进行年度检测时获得的筛选值，根据关系方程估算排放量。

实例2-1：设备泄漏的2级方法计算

某炼油厂催化重整单元（CRU）年操作8 000 h，共有600个阀门。为使实例简便易懂，假设根据方法21检测方法，在下表中记录了筛选值，并假设所有物流中的甲烷和乙烷平均重量百分数已知，分别估算等于TOC的3%和1%。还假设每股物流的TOC含量是100%。如果采用设备泄漏的2b级方法（关系方程），进行检测时该工艺单元内阀门的每小时总VOC排放速率是多少呢?

为了计算排放速率，采用表2-2（7.8×10^{-6}）中阀门的默认零值排放速率估算580个筛选值为0 ppmv的阀门TOC排放率。用表2-2（0.140）中阀门的限定排放速率估算两个具有限定读数的阀门TOC排放速率。用表2-2中阀门的关系方程（$2.29\times10^{-6}\times SV^{0.746}$）估算每个测定筛选值阀门的排放速率。计算出的TOC排放率均要乘以（100−4）/100方可计算VOC排放率。

阀门数量	方法21筛选值/ppmv	排放速率/（kg/h）	
		TOC	VOC
580	0	0.004 52	0.004 34
5	200	0.000 12	0.000 11
5	400	0.000 20	0.000 19
2	1 500	0.000 54	0.000 51
2	7 000	0.001 69	0.001 62
2	20 000	0.003 70	0.003 55
2	50 000	0.007 33	0.007 04
2	限定在100 000	0.280 00	0.268 80
	总计	0.30	0.29

注：ppmv为10^{-6}（体积分数）。

2.2.1 设备泄漏的特征物质计算

在进行特征组分排放速率估算时，用接触设备的工艺物流组分估算设备泄漏特征物质排放速率。在得到各个工艺物流组分数据的基础上，与该工艺物流相关的每个设备组件均可明确该工艺物流的平均组成（设备泄漏的2a级方法）。尽管理想情况是得到每个设备组件的化学组分数据（即与每个设备组件相关的每股工艺物流），但是在很多情况下无法得到这样详细的数据信息。这时可以通过确定特定工艺单元中的所有物流、特定工艺单元不同部分的物流组，或某个工艺单元中特定物质类型下的物流组的平均组成数据来代替详细数据。在这种方法下，所有与该物流组相关的设备均认为具有相同的浓度分布（设备泄漏的2b级方法）。例如，对于某炼油厂一个给定工艺单元的所有气体物流、所有轻液体物流以及所有重液物流，均可确定出了一个平均组成（每个单元三个组成分布）。也可对该工艺单元的所有物流（不分介质类型）确定出了一个总平均组成（每个单元一个组成分布）。作为最后一个手段，可在炼油厂范围的基础上估算出单一一个总平均工艺物流组成（如整个炼油厂只有一个浓度分布，即为设备泄漏的2c级方法）。由于可先将所有组件的TOC排放速率累加起来，然后根据总TOC排放速率计算特征物质的排放速率，因此设备泄漏排放的2c级方法实施起来非常容易，但该方法大大降低了特征物质排放速率的计算精度。随着现今自动化软件程序在设备泄漏记录和排放速率估算上的普及，多数炼油厂应当能够执行设备泄漏的2a或2b级方法。

表2-2中提供的设备泄漏关系方程以TOC（包括甲烷和乙烷）的形式计算出排放速率。用方程（2-1）计算VOC（不包括甲烷和乙烷）的排放速率。

$$E_{\mathrm{VOC}}=E_{\mathrm{TOC}}\times(WF_{\mathrm{VOC}}/WF_{\mathrm{TOC}}) \tag{2-1}$$

式中：E_{VOC}——特定类型设备的VOC排放速率，kg/a；

E_{TOC}——特定类型设备的TOC排放速率，kg/a；

WF_{VOC}——物流中VOC（一般是TOC减去甲烷和乙烷）的平均质量分数；

WF_{TOC}——物流中TOC的平均质量分数。

第1章中表1-1列出的特征有机化合物应包括在设备泄漏排放清单中。用方程（2-2a）或方程（2-2b）对单个设备的特征有机化合物排放进行计算：

$$E_i=E_{\mathrm{TOC}}\times(WF_i/WF_{\mathrm{TOC}}) \tag{2-2a}$$

$$E_i=E_{\mathrm{VOC}}\times(WF_i/WF_{\mathrm{VOC}}) \tag{2-2b}$$

式中：E_i——设备中有机化学品 i 的质量排放速率，kg/h；

WF_i——设备中有机化学品 i 的浓度（质量分数）。

实例 2-2：设备泄漏特征物质排放速率的计算

对于实例 2-1，与其中一个筛选值 7 000 ppmv 的阀门（2a 级方法）相关的工艺物流测得组分如下（质量分数）：

己烷：10%

甲苯：8%

苯：2%

其他挥发性有机化合物（VOC）：60%

甲烷和乙烷：4%

氮气：10%

水：5%

氢气：1%

将所有有机化合物相加来计算 TOC 质量分数。VOC 质量分数则是所有有机化合物的总和减去甲烷和乙烷，如以下方程所示：

WF_{VOC}＝（己烷%＋甲苯%＋苯%＋其他 VOC%）/100%

＝（10＋8＋2＋60）/100＝0.80

从实例 2-1 中可以看到，阀门的 VOC 排放速率为 0.81 g/h。用方程（2-1）将排放速率分配给各个组分，具体如下：

$E_{己烷}$＝0.81×（0.1/0.8）＝0.10 g/h

$E_{甲苯}$＝0.81×（0.08/0.8）＝0.08 g/h

$E_{苯}$＝0.81×（0.02/0.8）＝0.02 g/h

$E_{其他VOC}$＝0.81×（0.60/0.8）＝0.61 g/h

2.2.2 小时和年度设备泄漏计算

根据 U.S.EPA 方法 21 测量数据估算的排放速率（即设备泄漏的 2 级方法）表示的是测量时的排放速率（即每小时的排放量）。因此，小时排放量估算应当由检测的筛选值直接计算得到。如果每年进行多次检测，应当计算出每个检测期内每个工艺单元的小时排放速率（以该工艺单元所有组件的排放量总和计），并将总排放率最高的那个检测期作为该单元的小时排放速率呈报。有些设备组件的检测频率不同，如泵每月检测一次，而阀门则是每季度或半年检测一次。一般来讲，可选取检测了足够具有代表性数量组件的检测期来计算工艺单元的小时排放速率（如每季度或半年）。无论一年中何时进行检测，均不应通过各单独组件的最高小时排放速率加和得到工艺单元的排放速率，因为这样会高估工艺单元的实际小时排放速率。

首次执行 LDAR 程序时，应当用组件筛选测量得到的排放量作为筛选测量前工厂（或单个组件或一套组件）的排放率（即筛选测量前的年度清单）。然而，执行 LDAR 程序的一方面原因是希望通过常规检测（即每月、每季度或半年）炼油厂多数设备组件来控制泄漏。要求泄漏高出一定限定值的组件，在一定的时间内进行修复（尽管许多 LDAR 程序允许延后修复）。修复后的组件应重新进行筛选，以确认泄漏得以修复并为该组件提供新的排放速率。在下一个常规检测期间，确定出每个组件新的筛选值，为每个组件估算新的瞬时排放速率。当计算常规检测的设备组件的年排放量时，需要计算一年中组件排放速率的变化情况。图 2-1 表示出了常规检测（每月、每季度、每半年）设备组件年排放量的三种估算方法。

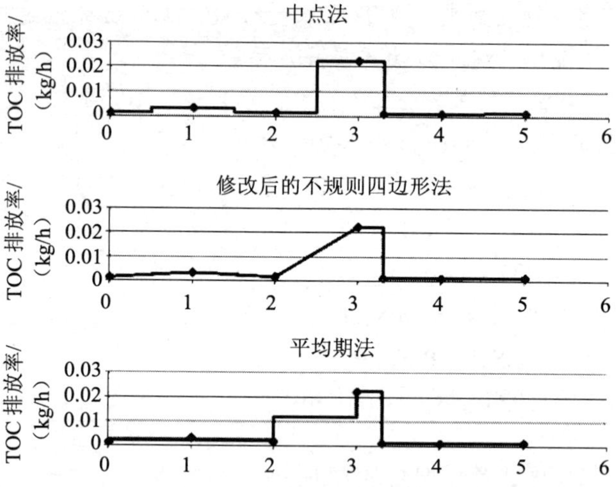

图 2-1　根据常规检测数据确定设备泄漏排放速率的替代方法示意

中点法假设起始读数代表的是检测时间段前半段的排放速率，而后续读数代表的是检测时间段后半段的排放速率。如果检测到发生泄漏需要进一步修复，从检测到泄漏至修复（需要重新检测）这段时间采用“泄漏”检测器读数。修改后的不规则四边形法假设质量泄漏速率在任意两个检测时间点之间成线性变化，但泄漏检测到修复之间的那段时间除外；从泄漏检测到修复（需要重新检测）的这段时间采用泄漏检测器读数。平均期法使用两个相邻检测时间点（泄漏检测到修复之间的那段时间除外）排放速率的算术平均值作为测量期间的排放速率。与中点法和修改后的不规则四边形法相同，平均期法从泄漏检测开始到泄漏修复（需要重新检测）这段时间也采用“泄漏”检测器读数。在所有这些替代方法中，重要的是在使用外推法估算排放速率前，确定出每个组件和每次检测的排放速率。将检测到的筛选值进行平均，然后根据平均筛选值计算排放速率的做法是不对的。

从数学角度讲，无论选择哪个替代方法，在年度清单中排放量计算值是一致的。只要根据检测事件的开始和结束选择“年度”，那么选择何种方法就无关紧要了。只有需要确定特定时间段（如日历年）排放量并且要明确界定两个特定时间间隔内（如一年的结尾和下一年的开始）排放量时，用替代方法测定出的年排放量才会发生偏差。对于单个组件，采用上述三种方法计算年排放量可能出现偏差，但如果计算大量组件的排放量时，这些偏差将会被抵消。因此，在选择方法时保持一致性是最重要的（如所有组件均采用中点法）。

如果设备停用（即在具体组件的管道中无工艺介质），该组件的排放速率在设备停用期间可视为零。如果工艺单元停止操作而介质仍存留在设备组件内，则不应对操作时间进行校正。设备组件停用时，根据操作时间计算得出的排放量可能会存在一些差别，但这类偏差预计较小。再一次重申，保持所选方法的一致性是至关重要的。

当要求的排放清单设定的是一个日历年，特别是在每半年检测一次或更少时，为设备组件选定年度估算方法时还要考虑到一些实际情况。中点法的优势在于，如果年度清单的后半年检测事件发生在十月或之后，年度排放量估算不依赖于下一年的前半年检测。如果年度清单的后半年检测事件发生在十月之前，则下一年的上半年检测很有可能发生在三月之前，完成本年排放清单就需要下一年的检测数据，也需要及时完成排放清单。同样的，对于设备组件的年度检测，如果检测发生在七月或之后，中点法就不需要下一年度的检测结果。另一方面，无论检测发生在何时，修改后的不规则四边形法或平均期法的使用均需要下一年的检测数据；修改后的不规则四边形法进一步复杂化，原因在于为了计算两个清单年之间的排放量需要采用内插法。如果允许的话，可根据检测时间建立起“设备泄漏年”（类似一个财政年），这样就可完全根据检测期确定出该设备泄漏的年排放量。

实例 2-3：用中点法计算年排放量

以下是泵的检测数据（第 1 栏和第 2 栏）。当 OVA 读数大于零时，用表 2-2 中泵的关系方程（即 $5.03\times10^{-5}\times SV^{0.610}$）计算第 3 栏中的排放率，在 OVA 读数为零时用默认零值排放速率。期间按小时计算，前半段时间按前一次读数计算，后半段时间按后一次读数计算，但修复前的时间段除外（这段时间按“泄漏”排放速率计算）。

1 日期和时间	2 OVA 读数/ ppm	3 TOC 排放速率/ （kg/h）	4 小时数[a]	5 TOC 排放量/ （kg/期间）
1 月 2 日，8：00	200	1.27×10^{-3}	32＋372	0.51
2 月 2 日，8：00	300	1.63×10^{-3}	372＋336	1.15
3 月 2 日，8：00	280	1.56×10^{-3}	336＋372	1.10
4 月 2 日，8：00	22 000	2.24×10^{-2}	372＋74	9.99
4 月 5 日，10：00[b]	150	1.07×10^{-3}	323	0.35
5 月 2 日，8：00	140	1.02×10^{-3}	323＋372	0.71
6 月 2 日，8：00	200	1.27×10^{-3}	372＋360	0.93
7 月 2 日，8：00	180	1.19×10^{-3}	360＋372	0.87
8 月 2 日，8：00	500	2.23×10^{-3}	372＋372	1.66
9 月 2 日，9：00	4 500	3.47×10^{-2}	372＋241	21.27
9 月 12 日，9：00[b]	0	2.4×10^{-5}	239.5	0.006
10 月 2 日，8：00	0	2.4×10^{-5}	239.5＋372	0.015
11 月 5 日，10：00[b]	0	2.4×10^{-5}	372＋360	0.018
12 月 2 日，8：00	200	1.27×10^{-3}	360＋372	0.93
1 月 2 日，8：00	250	1.46×10^{-3}	372−32	0.50
年总计			8 760	40.0 kg/a

注：a 每个排放速率对应的是自上一个检测期的后半段到下一个检测期的前半段。例如，7 月 2 日的测量结果适用于自 6 月 2 日测量开始的后半段时间到下一次 8 月 2 日测量的前半段时间。7 月 2 日的测量发生在 6 月 2 日测量后 30 天（720 h）和 8 月 2 日测量前 31 天（744 h），因此，7 月 2 日的测量结果适用于一年中的 732 h（720/2＋744/2＝732）。

b 表示采用方法 21 测量读数来确认修复。

2.3 设备泄漏的 3 级方法

在一些旧版 LDAR 程序中，只记录是否发现泄漏。对于这类 LDAR 程序而言，只有筛选值读数超过 10 000 ppmv 的才被定义为泄漏。这种情况下，可得到的数据通常是装置每类组件的数量、TOC 读数小于 10 000 ppmv 的各类组件数量和 TOC 读数大于等于 10 000 ppmv 的各类组件数量。设备泄漏的 3 级方法采用这些数据和 AP-42（U.S.EPA，1995b）中的筛选范围排放系数来估算排放速率。表 2-3 提供炼油厂和 SOCMI 源的筛选范围排放系数；有关营销终端或油气生产操作（如果这些排放源也是工厂的一部分的话）的筛选范围排放系数参见 AP-42。如果根据工艺记录了组件数量和泄漏设备数量，这就为利用特定工艺物质组成数据来估算特征物质排放速率提供了更精确的方法（3a 级和 3b 级方法）。或者，也可用全厂范围内泄漏设备的平均百分数与特定工艺组件数相结合来估算工艺排放量（3c 级方法）。

表 2-3 筛选范围排放系数 [a] 单位：kg/h·排放源

设备类型	介质	炼油厂系数 [b]		SOCMI 系数 [c]	
		≥10 000 ppmv 排放系数	＜10 000 ppmv 排放系数	≥10 000 ppmv 排放系数	＜10 000 ppmv 排放系数
阀门	气体	0.262 6	0.000 6	0.078 2	0.000 131
	轻液体	0.085 2	0.001 7	0.089 2	0.000 165
	重液体	0.000 23	0.000 23	0.000 23	0.000 23
泵和搅拌机密封	轻液体	0.437	0.012 0	0.243	0.001 87
	重液体	0.388 5	0.013 5	0.216	0.021 0
压缩机密封	所有	1.608	0.089 4	1.608	0.089 4
安全阀	所有	1.691	0.044 7	1.691	0.044 7
连接器	所有	0.037 5	0.000 06	0.113	0.000 081
开口管线	所有	0.011 95	0.001 50	0.011 95	0.001 50

注：a U.S.EPA（1995b）报告的数据。
b 这些系数是针对非甲烷有机化合物排放。
c 这些系数是针对总有机化合物排放。

使用筛选范围排放系数计算泄漏速率的不确定性可能是单个测量的 10 倍甚至更高。尽管该方法希望通过 LDAR 程序来降低排放速率，但是默认的泄漏速率仍然基于 LDAR 程序执行前期的泄漏分布情况。对于已经执行了 LDAR 程序的企业而言，计算的排放量偏高，尤其是对采用 LDAR 程序后泄漏水平低于 10 000 ppmv 的企业。首先，期望 LDAR 程序的执行不仅改变泄漏的普遍性，而且要减少排放水平（即筛选值 10 000 ppmv 或更高的组件平均泄漏速率）以上的相对巨大的泄漏。其次，如果 LDAR 程序将 1 000 ppmv 作为泄漏标准，筛选值在

1 000～10 000 ppmv 的泄漏数量和相对规模预计要远低于采用 10 000 ppmv 作为泄漏标准的工厂或没有实施 LDAR 程序的装置。泄漏分布情况还会受到检测频次的影响，所以季度检测的组件和年度检测的组件在泄漏频次的分布上也会不同。因此，预计用设备泄漏的 3 级方法估算出的排放速率是设备泄漏排放速率的上限。该方法的精度取决于所用 LDAR 程序的水平。检测越频繁、泄漏标准设定越低，则该方法越有可能大大高估排放速率[根据 Lev-On 等（2007）的数据，甚至可能会高达 10～50 倍]。

对于采用光学气体成像摄像机识别泄漏的工厂，也可根据 Lev-On 等（2007）给出的泄漏/无泄漏系数对排放速率进行计算，作为设备泄漏的一个备选 3 级方法。然而，对于已经执行了严格 LDAR 程序的工厂而言，表 2-3 中显示的筛选范围排放系数会高估实际排放速率，而只使用光学气体成像摄像机的工厂采用 Lev-On 等（2007）的泄漏/无泄漏系数则会低估排放速率。Lev-On 等（2007）给出的泄漏/无泄漏系数是基于以 1 000 ppmv 为泄漏标准进行的炼油厂季度检测泄漏分布情况，而多数光学气体成像摄像机的泄漏检测灵敏度均高于这个水平。这样，通过筛选范围得到的泄漏分布与光学成像摄像机泄漏/无泄漏系数得到的基本分布会有较大的不同。在未得到泄漏分布更具代表性的泄漏/无泄漏系数前，3 级方法还不能采用光学气体成像摄像机对排放速率进行量化。

2.3.1 设备泄漏的特征物质计算

炼油厂筛选范围排放系数是针对非甲烷有机化合物的排放。为了应用炼油厂筛选范围排放系数法，需要用方程（2-3）采用 3 级方法计算每类的设备年度总 TOC 排放率。需要注意的是，对于物流中甲烷质量分数明显不同的设备组，应当分别采用方程（2-3）计算。而 SOCMI 筛选范围排放系数以 TOC 表示，因此方程（2-3）并不适用于 SOCMI 系数。对于炼油厂和 SOCMI 筛选范围排放系数，分别采用方程（2-1）和方程（2-2a）或方程（2-2b）（在 2.2.1 节中有所说明）计算 VOC 和特征化合物的排放量。

$$E_{TOC}=\left\{\left[F_G\times\left(\frac{WF_{TOC}}{WF_{TOC}-WF_m}\right)\times N_G\right]+\left[F_L\times\left(\frac{WF_{TOC}}{WF_{TOC}-WF_m}\right)\times N_L\right]\right\} \quad (2\text{-}3)$$

式中：E_{TOC}——特定设备类型的 TOC 排放速率，kg/h；

F_G——筛选值大于等于 10 000 ppmv 的特定设备类型的现行排放系数，kg/h·排放源；

F_L——筛选值小于 10 000 ppmv 的特定设备类型的现行排放系数，kg/（h·排放源）；

WF_{TOC}——物流中的 TOC 平均质量分数；

WF_m——物流中甲烷的平均质量分数；

N_G——筛选值大于等于 10 000 ppmv 的排放源设备数量（特定设备类型）；

N_L——筛选值小于 10 000 ppmv 的排放源设备数量（特定设备类型）。

2.3.2 小时和年度设备泄漏计算

一般而言，采用 3 级方法的工厂通常数据有限。给定检测事件期间测得的瞬时排放速率直接用作当时工艺单元的小时排放速率。如果工厂每年检测，将给定工艺或设施计算出的瞬时排放速率直接用作该工艺单元的小时排放速率。用小时排放速率和工艺设备的年操作小时数按照方程（2-4）计算工艺单元的年排放量。如果一年内多次检测，每个检测期间都应计算瞬时（小时）排放速率，将其中的最高值作为小时排放速率进行报告。用计算得出的瞬时排放率平均值乘以设备操作时间（小时）计算出年排放量。

$$E_{TOC,annual} = E_{TOC} \times H \tag{2-4}$$

式中：$E_{TOC,annual}$——特定设备类型的 TOC 年排放量，kg/a；

E_{TOC}——特定设备类型的排放速率，kg/h；

H——年操作小时数，h/a。

实例 2-4：设备泄漏的 3 级方法计算

对于实例 2-1 描述的同样的重整单元的阀门，采用 3 级方法时的累积 VOC 小时排放率是多少呢？VOC 年排放量是多少呢？假设阀门在气体、轻液体和重液体的分配情况如下表所示，并假设阀门每年检测一次。

为计算筛选值小于 10 000 ppmv 的气体阀门 TOC 小时排放速率，用方程（2-3）的后半段。

$$E_{TOC} = [F_L \times (WF_{TOC} / (WF_{TOC} - WF_m)) \times N_L]$$
$$= [0.000\,6 \times (100 / (100-3)) \times 236]$$
$$= 0.146 \text{ kg TOC/h}$$

用相同的步骤可计算出轻液体和重液体阀门的排放速率分别为 0.514 kg TOC/h 和 0.015 kg TOC/h。因而，所有筛选值低于 10 000 ppmv 的阀门 TOC 总排放率是 0.675 kg/h。用方程（2-1）计算这些阀门的 VOC 排放速率。

$$E_{VOC}=E_{TOC}\times(WF_{VOC}/WF_{TOC})=0.675\times(100-4)/100=0.648\text{ kg VOC/h}$$

用方程（2-3）前半段，采用相同步骤计算筛选值大约等于 10 000 ppmv 的阀门 TOC 排放速率为 1.076 kg/h，并用方程（2-1）计算的 VOC 排放速率为 1.033 kg/h。计算年排放量为 13 400 kg VOC/a（1.68 kg/h×8 000 h/a）。

筛选值/ppmv	按照介质划分的阀门数量			排放系数/（kg/h·排放源）			TOC 排放速率/（kg/h）	VOC 排放速率/（kg/h）
	气体	轻液体	重液体	气体	轻液体	重液体		
＜10 000	236	293	65	0.000 6	0.001 7	0.000 23	0.675	0.648
≥10 000	3	3	0	0.262 6	0.085 2	0.000 23	1.076	1.033
								1.68

2.4 设备泄漏的 4 级和 5 级方法

设备泄漏的 4 级和 5 级方法只适用于那些未经常规泄漏检测的组件。对于炼油厂而言，这可能是指具有少量危险空气污染物（HAP）和少量 VOC 的工艺，也可能是那些在新源排放标准（NSPS）或炼油最大可达控制技术（MACT）规则Ⅰ中划定为不安全（如某些泵和阀门）或不符合检测要求（如接头）的特定类型组件。如果可以得到的话，应采用特定设备或特定工艺组件数量（设备泄漏的 4 级方法）来计算。4 级方法未使用默认的组件数量（即设备泄漏的 5 级方法），因为这些默认值没有考虑特定设施系数（如安全阀的控制）。

默认组件数量（设备泄漏的 5 级方法）取决于炼油厂规模和拥有的工艺单元。按照《苯排放源的定位和排放量估算》（U.S.EPA，1998a），小型炼油厂[日加工量少于 50 000 桶（bbl/cd）①]和大型炼油厂（日加工量大于 50 000 桶）的中级（默认）设备组件数量分别如表 2-4 和表 2-5 所示。

① bbl/cd 为每个日历日的加工桶数，是炼油厂在常规操作条件下可加工的原油数量，以 24 h 期间的实际产能形式表示（即实际年产量除以 365 天）。每个生产日的桶数（bbl/sd）则是指炼油厂在满负荷运行时 24 h 期间内可加工的最大原油桶数。

表 2-4 小型工艺过程的中间设备泄漏组件数量[a]

工艺单元	阀门			泵		压缩机	安全阀			法兰			开口管线	采样接口
	气体	轻液体	重液体	轻液体	重液体		气体	轻液	重液	气体	轻液	重液		
原油蒸馏	75	251	216	8	8	2	6	6	5	164	555	454	39	10
烷基化（硫酸）	278	582	34	18	10	1	12	15	4	705	1 296	785	20	16
烷基化（氢氟酸）	102	402	62	13	3	2	12	13	0	300	1 200	468	26	8
催化重整	138	234	293	8	5	3	5	3	3	345	566	732	27	6
加氢裂化	300	375	306	12	9	2	9	4	4	1 038	892	623	25	10
加氢处理/加氢精制	100	208	218	5	5	2	5	3	5	290	456	538	20	6
催化裂化	186	375	450	13	14	2	8	8	7	490	943	938	8	8
热裂解（减黏裂化）	206	197	0	7	0	0	4	0	0	515	405	0	0	4
热裂解（焦化）	148	174	277	9	8	2	7	16	13	260	322	459	13	8
制氢装置	168	41	0	3	0	2	4	2	0	304	78	0	8	4
沥青装置	120	334	250	5	8	2	5	10	9	187	476	900	16	6
产品调和	67	205	202	6	11	1	10	6	22	230	398	341	33	14
硫磺回收装置	58	96	127	6	6	3	3	88	15	165	240	345	50	3
减压蒸馏	54	26	84	6	6	2	2	5	2	105	121	230	16	4
全馏程蒸馏	157	313	118	7	4	2	5	4	6	171	481	210	20	6
异构化	270	352	64	9	2	2	7	10	1	432	971	243	7	8
聚合	224	563	15	12	0	1	10	5	3	150	450	27	5	7
MEK 脱蜡	145	1 208	200	35	39	3	10	14	4	452	1 486	2 645	19	17
其他润滑油工艺	153	242	201	7	5	2	5	5	5	167	307	249	60	6

注：a 用于估算原油产能小于 50 000 bbl/cd 炼油厂的工艺组件数量，参考《苯排放源的定位和排放量估算》（U.S.EPA，1998）。

表 2-5 大型工艺过程的中间设备泄漏组件数量[a]

工艺单元	阀门			泵		压缩机	安全阀			法兰			开口管线	采样接口
	气体	轻液体	重液体	轻液体	重液体		气体	轻液	重液	气体	轻液	重液		
原油蒸馏	204	440	498	15	14	2	7	5	12	549	982	1 046	75	9
烷基化（硫酸）	192	597	0	21	0	2	13	4	0	491	1 328	600	35	6
烷基化（氢氟酸）	104	624	128	13	8	1	9	11	1	330	1 300	180	40	14
催化重整	310	383	84	12	2	3	8	11	0	653	842	132	48	9
加氢裂化	290	651	308	22	12	2	10	12	0	418	1 361	507	329	28
加氢处理/加氢精制	224	253	200	7	6	2	9	4	8	439	581	481	49	8
催化裂化	277	282	445	12	12	2	11	9	13	593	747	890	59	15
热裂解（减黏裂化）	110	246	130	7	6	1	6	3	15	277	563	468	30	7
热裂解（焦化）	190	309	250	12	11	1	8	5	10	627	748	791	100	10
制氢装置	301	58	0	7	360	3	4	139	0	162	148	0	59	21
沥青装置	76	43	0	4	0	0	3	7	0	90	90	0	24	24
产品调和	75	419	186	10	10	2	9	16	6	227	664	473	24	8
硫磺回收装置	100	125	110	8	3	1	4	4	4	280	460	179	22	7
减压蒸馏	229	108	447	2	12	1	5	1	4	473	136	1 072	0	7
全馏程蒸馏	160	561	73	14	2	2	7	8	2	562	1 386	288	54	6
异构化	164	300	78	9	5	2	15	5	2	300	540	265	36	7
聚合	129	351	82	6	2	0	7	12	28	404	575	170	17	9
MEK 脱蜡	419	1 075	130	29	10	4	33	6	18	1 676	3 870	468	0	7
其他润滑油工艺	109	188	375	5	16	3	8	6	20	180	187	1 260	18	9

注：a 用于估算原油产能大于 50 000 bbl/cd 炼油厂的工艺组件数量，参考《苯排放源的定位和排放量估算》（U.S.EPA，1998）。

设备泄漏的 4 级和 5 级方法，对不受控或未检测的组件必须采用默认排放系数。而被检测组件的排放速率应当采用更高等级的方法（设备泄漏的 1 级、2 级或 3 级方法）进行估算。在《设备泄漏排放估算协议》（U.S.EPA，1995b）中为不受控或未检测的组件提供了默认排放系数。针对炼油厂和 SOCMI 组件的排放系数见表 2-6。

表 2-6 炼油厂和 SOCMI 平均组件排放系数[a] 单位：kg/h·排放源

设备类型	介质	炼油厂排放系数[b]	SOCMI 排放系数[c]
阀门	气体	0.026 8	0.005 97
	轻液体	0.010 9	0.004 03
	重液体	0.000 23	0.000 23
泵密封[d]	轻液体	0.114	0.019 9
	重液体	0.021	0.008 62
压缩机密封	气体	0.636	0.228
安全阀	气体	0.16	0.104
接头	所有	0.000 25	0.001 83
开口管线	所有	0.002 3	0.001 7
采样接口	所有	0.015 0	0.015 0

注：kg/h·排放源—每个排放源每小时的 TOC 排放量。

a 摘自 U.S.EPA（1995b）。

b 炼油厂排放系数用于非甲烷有机化合物排放速率。

c SOCMI 排放系数用于 TOC（包括甲烷）排放速率。

d 轻液体泵排放系数可用于搅拌机。

2.4.1 设备泄漏的特征物质计算

表 2-6 为炼油厂组件开发的排放系数，是对非甲烷有机化合物（NMOC）排放速率进行估算。因而，为了估算 VOC 排放速率，排放系数必须乘以 NMOC 中 VOC 的质量分数。另外，排放系数应用于特定 TOC 含量 100%的物流。计算含有有机化合物和其他化合物（如氮气或水蒸气）物流的设备 VOC 排放速率，排放系数必须乘以物流中 TOC 质量分数。因此，按照方程（2-5）计算 VOC 排放速率，必须已知或能估算 TOC、甲烷和乙烷质量分数。

$$E_{\mathrm{VOC}} = F_{\mathrm{A}} \times \left(\frac{WF_{\mathrm{TOC}} - WF_{\mathrm{ethane}} - WF_{\mathrm{methane}}}{WF_{\mathrm{TOC}} - WF_{\mathrm{methane}}} \right) \times WF_{\mathrm{TOC}} \times N \tag{2-5}$$

式中：E_{VOC}——给定设备类型物流中所有设备的 VOC 排放率，kg/h;

FA——特定设备类型的平均非甲烷有机化合物排放系数，kg/h·排放源；

WF_{TOC}——物流中 TOC 平均质量分数；

WF_{ethane}——物流中乙烷平均质量分数；

$WF_{methane}$——物流中甲烷平均质量分数；

N——物流中设备类型的设备数量。

如果工艺物流中不含乙烷，则非甲烷有机物基本相当于 VOC，则无须校正即可采用排放系数，方程简化为方程（2-6）：

$$E_{VOC}=FA\times WF_{TOC}\times N \tag{2-6}$$

校正炼油厂的 FA 时应注意，一是只对涉及有机物和甲烷混合物的设备进行校正；二是即使设备中甲烷的质量分数超过 10%，其校正系数不能大于 0.10（这反映了一个事实，表 2-6 所示设备的平均炼油厂排放系数甲烷质量分数为 10%或更低）。

使用 4 级和 5 级方法时，特征物质的排放速率用本书 2.2.1 节中所述方法计算。最好是进行特定设施或特定工艺的特征物质组分分析，以便对特征组分的排放速率进行估算。如果得不到特定设施数据，应采用表 2-7 中所示的平均物流组成。表 2-7 中所示的平均物流组成是根据石油环境研究论坛（PERF）炼油厂工艺物流特征研究（API，2002）得出的。

表 2-7 炼油厂工艺单元物流中的 HAP 浓度[a]

工艺单元	工艺单元物流中化合物的平均质量分数										
	1,3-丁二烯	正己烷	2,2,4-三甲基戊烷	苯	甲苯	二甲苯（总）	乙苯	异丙苯	1,2,4-三甲基苯	萘	联苯
粗馏/常压蒸馏	0.01	4.3	0.05	0.9	1.7	2.0	0.63	0.12	0.63	0.25	0.06
减压蒸馏	—	0.01	0.003	0.003	0.04	0.04	0.02	—	0.02	0.12	0.09
焦化	0.04	2.5	0.75	0.42	1.3	1.3	1.3	0.12	0.7	0.28	—
加氢裂化	0.025	1.9	1.0	1.3	2.7	2.7	0.7	0.09	1.3	0.20	—
催化裂化（FCCU）	0.012	1.0	0.3	1.0	3.3	4.9	1.1	0.10	1.9	0.72	0.43
催化重整（CRU）	0.009	2.8	0.25	6.3	17.4	17.6	3.9	0.42	5.9	0.87	—
加氢处理/加氢脱硫	—	1.9	—	0.37	1.7	1.9	0.37	0.07	0.4	0.25	0.22
烷基化	0.22	1.6	25	0.03	2.0	0.08	—	—	—	—	—
异构化	—	3.2	0.01	0.5	0.6	0.15	—	—	—	—	—
聚合	—	0.5	0.7	1.2	—	1.8	1.2	0.09	—	—	—

注：a 摘自 API（2002）。

2.4.2 小时和年度设备泄漏计算

方程（2-5）和方程（2-6）提供了小时排放速率的计算方法。由于设备泄漏 4 级或 5 级方法用于未经检测的组件，在将小时排放速率换算成年度排放总量时，除设备操作时间（小时）外不需考虑其他因素，如方程（2-4）所示。

实例 2-5：用炼油厂平均排放系数计算设备泄漏排放速率

在炼油厂中，假设一股物流流程涉及 100 个气体阀门，该物流含有 80%（重量分数）非甲烷有机化合物、10%（重量分数）水蒸气、10%（重量分数）甲烷，不含乙烷（因此，TOC 的质量分数为 90%）。如果该工艺装置每年操作 8 000 h，计算 100 个气体阀的 VOC 小时排放速率和年排放量。

用表 2-5 中的排放系数和方程（2-6）计算这股物流中气体阀的 VOC 小时平均排放速率。

$E_{VOC}=FA\times WF_{TOC}\times N=0.026\,8$ kg NMOC/h·气体阀$\times 0.9\times 100=2.412$ kg VOC/h

用方程（2-4）（用 EVOC 取代 TOC）计算这股物流中阀门的年排放率。

$E_{VOC\,年度}=E_{VOC}\times H=2.412$ kg VOC/h$\times 8\,000$ h/a$=18\,296$ kg VOC/a

3 储罐

炼油厂用储罐（也称为存储容器）存储或调和炼油过程中使用的各种液体。这些液体一般为有机液体，也被称为石油类液体，通常是由碳氢化合物组成的混合物，如汽油和原油等。根据储罐的具体类型、结构以及存储液体性质的不同，在储罐装载或调和操作过程中，可能会从储罐通风口释放出大量的 VOC 和 HAP。

储罐主要分为卧式和立式两大类，又分为固定顶罐、外浮顶罐、内浮顶罐和拱形外浮顶罐等不同类型。U.S.EPA《大气污染排放系数汇编》（AP-42）[U.S.EPA（1995），部分内容于 2006 年更新]的 7.1 节（有机液体储罐）就上述各类储罐的特性进行了详细的描述。

储罐废气的排放估算方法如表 3-1 所示。按照精确度对各种方法进行了排序。主要的估算方法有 3 种：①直接测量法；②储罐专用模型法；③储罐默认排放系数法。其中，直接测量法仅用于带盖且所有废气全部排入控制装置的储罐。储罐专用模型法使用排放方程计算排放量，排放方程包括 AP-42 中的计算方程以及根据这些方程开发出的计算模型。绝大多数炼油厂都拥有使用储罐专用模型法所需的数据，因此，该方法应被广泛用于炼油厂储罐废气排放的计算中。当上述所需数据缺乏时，可利用实际或估计周转量以及默认的排放系数进行估算。但当计算是以收集炼油厂信息为目的时，所有的储罐排放量估算均应使用 1 级或 2 级方法。

表 3-1　储罐排放量多级估算方法汇总

等级	方法描述	应用场合	数据要求
1	直接测量法	带密封和排气的储罐	组分浓度和流量
2	储罐专用模型法	所有石油液体储罐	储罐类型、尺寸，存储液体的性能和组分浓度，储罐构造/装配情况，周转量
3	储罐默认排放系数法	不适用于炼油厂 ICR 的排放估算	

3.1 储罐 1 级方法

固定顶罐的废气可以引入控制装置（如设置氮封的储罐），通过检测控制装置排气即可获得储罐废气排放量，检测方法可采用本书第 4 章固定燃烧源和第 5 章工艺排放口中描述的用于测量工艺排口或燃烧源废气排放的方法。有时候一台控制装置可用于控制一组储罐，在这种情形下控制装置的排气量是这组储罐排气量之和。

对于某些控制装置，如火炬、热力焚烧炉和活性炭吸附装置，可通过测量装置进气获得污染物的浓度，再根据装置假定的去除率进行排放量估算（详细内容可参考第 4 章和第 6 章）。

当储罐和炼油厂其他污染源共用控制装置时也可用这种方法计算储罐的废气排放量。在这种情况下，应在储罐废气同非储罐废气混合前，先测量储罐废气的浓度和流量，然后采用第 6 章中提到的修正方法，根据控制装置的去除效率修正储罐废气中各成分的排放速率，估算储罐废气排放量。

即使储罐废气最终并不排入大气，也可用其他直接测量法来测量储罐的排气量[如 DIAL（差别吸附 LIDAR）]；但这些方法不能提供持续性的排放量监控，并且有附加的限制条件（如要求风向始终一致等）。因此，目前它们不作为年排放量估算的推荐技术。

使用直接测量法时，储罐脱气、清洗或放空过程中的废气排放是否包含在最终的废气检测值内取决于其放空方式。如果上述过程排气与正常排气进入同一个控制装置，则检测值包含这些过程的排气。反之则不包括，此时脱气、清洗过程的排气量应使用本书第 11 章提供的方法进行计量。

3.2 储罐 2 级方法

对于少数设置收集和控制排放系统的储罐，U.S.EPA 建议使用 AP-42 中 7.1 节介绍的方法来估算有机液体储罐的废气排放量。估算方法有很多种，如 TANKS v4.09D 软件就是其中一种。TANKS v 4.09D 软件网址 http://www.epa.gov/ttn/chief/software/tanks/index.html 下的“How to Get TANKS 4.09D”链接下载。鉴于 TANKS v4.09D 的应用较为广泛，本书附录 C 提供了 TANKS 程序的使用技巧和见解。

估算储罐排放时（包括使用 AP-42 方程、TANKS v4.09D 或其他软件）所需考虑的关键点包括：

（1）每个储罐都应单独进行模拟计算。有时会出现一组储罐的性能、材料和周转量都相同的情况，此时，单个储罐的排放量即可代表其他储罐的排放量。除上述情形之外，我们都推荐使用 TANKS 程序或其他同类软件分别计算每个储罐以获得其废气排放量。

（2）每个储罐的模拟计算都应以罐内蒸汽压和存储物质的成分为基础。对于部分液体，TANKS 模型有默认的蒸汽压和成分参数，但默认值没有经过评估和确认其能否充分代表所存储液体时，则一般不能使用。例如，汽油的默认值（不同的默认值对应不同的雷德蒸汽压）有可能与实际存储的汽油性质匹配良好，但原油默认值则可能与罐内的原油性质不完全匹配。

（3）对于内浮顶罐、外浮顶罐和拱形外浮顶罐，储罐附件的选择应代表每个储罐的具体特征。在使用 TANKS v4.09D 时，附件设置不能直接使用默认值，特别是导杆的类型和控制方式。默认值应根据实际状况进行评估和修正后方可使用。

（4）储罐模拟计算时应使用月度参数，包括使用存储液体的月平均测量温度（在可以得到的情况下）。在 TANKS 中，城市选定后即确定了计算时使用的气象数据。有时候，即使选择了月计算选项，液体的温度可能仍然是年均值。在这种情况下，TANKS 的计算结果将不能充分地反映出废气排放的月变化情况。同样的，对于存储温度通常高于环境温度的中间工艺浮顶储罐，TANKS 的计算结果会偏低（TANKS 程序可用于计算加热的储罐排放量，但只用于卧式或立式固定顶罐）。因此，对于存储量随季节变化非常大或存储液体温度过高的储罐，应使用 AP-42（2006 版）中 7.1 节中的方程计算以获得更准确的年排放量。

（5）浮盘着陆、罐脱气、罐清洗等过程排气应采用特殊的计算方法进行计算，这些过程的废气排放量应计入每个罐的年排放量中。TANKS 模型目前不能进行浮盘着陆过程废气排放量的计算。浮盘着陆排气应使用 AP-42（2006 版）7.1 节中 7.1.3.2.2 小节提供的方法进行计算。罐脱气过程废气排放可使用本书第 11 章介绍的方法计算。

（6）应分别估算并上报每种污染物排放量。TANKS 程序主要用于总烃计算，但也能进行单独污染物的计算。

（7）应根据储罐合理的最坏情况（排放率高）计算每台储罐的最大小时平均排放速率，一般来说，储罐在装载过程的排放量最大。计算时考虑的因素应包括储存物质的挥发性、装载速率、装载液体和环境的温度以及风速等，当参数达到极值时排放量也会相应增大。需要注意的是，TANKS 程序主要是用于计算长期排放量，如年平均排放量，一般不用于最大小时排放速率的计算。同样需注意的是，最大小时平均排放速率不能以储罐脱气过程的排放量估算为基础。

对于那些排向控制装置，但流量和组成成分未经测量的固定顶罐（如不具备使用 1 级方法所需的数据），可使用 AP-42（U.S.EPA，1995）7.1 节中固定顶罐的计算方程计算进入控制装置的废气量，然后根据计算出的废气量和控制装置的去除效率，采用方程（3-1）计算控制装置的排放量。

$$E_i = E_{\text{unc},i} \times \left(1 - \frac{\text{CD}_{\text{eff},i}}{100\%}\right) \tag{3-1}$$

式中：E_i——污染物 i 的排放速率，t/a；

$E_{\text{unc},i}$——假定储罐或单元没有附加的控制装置时污染物 i 的排放速率，t/a；

$\text{CD}_{\text{eff},i}$——控制装置对污染物 i 的控制效率 F_{eff}（质量百分比）。不同控制装置的默认控制效率见表 3-2。

表 3-2 不同的 VOC 控制装置的默认控制效率

控制装置	污染物	控制装置效率
制冷冷凝器	所有的 VOC 组分	随成分和操作温度而变[a]
热氧化器	所有的 VOC 组分	98%
催化焚烧炉	所有的 VOC 组分	98%
活性炭吸附装置	除注释 b 中以外的 VOC 组分	95%
	注释 b 中的组分	0%

注：a 冷凝器的控制效率应按化学生产装置废气排放的估算方法（EIIP，2007，4.2.3 节）中的方法并基于冷凝器的具体操作状态以及排放气体的成分确定。

b 活性炭对下列化合物吸附能力极低：乙腈、乙炔、溴甲烷、氯乙烷、氯甲烷、乙烯、甲醛、甲醇、氯乙烯。

3.3 储罐 3 级方法

炼油厂所有者和工作人员在掌握炼油厂储罐信息的情况下，应使用 2 级方法估算储罐排放量。储罐 3 级方法（默认排放系数法）开发的最初目的是，供州或当地政府在无法获取使用 AP-42 中模拟方程计算所需储罐具体信息时使用。本书的目的是根据 ICR 要求帮助炼油厂拥有者和工作人员完成排放数据库的编制，因此，删除了 3 级方法。根据 ICR 收集到的信息，我们将确定 3 级方法是否适用，如果适用，我们将提供其估算方法和默认的排放系数。

4 固定燃烧源

炼油厂包括众多的固定燃烧源，最常见的是工艺加热炉、锅炉、内燃发动机和燃气轮机。这些燃烧源遍布炼油厂生产区域，其排气筒的规格随燃烧源的规格而变化（一般用燃烧速率这个指标衡量）。工艺加热炉用于间接预热特定工艺的进料或工艺流体、再热中间物料或加热蒸馏塔（后者常称作再沸器），这些排放源一般位于设有加热器（或再沸器）的工艺区内或附近。锅炉用于产生蒸汽供炼油厂各项操作使用，并用于提升原料和工艺物料的温度。几乎所有炼油厂工艺加热炉和锅炉的主要燃料都是燃料气，主要是来自蒸馏塔塔顶的不凝气（也被称作“蒸馏气”）和天然气。炼油工艺中许多单元都产生不凝气，包括原油常压蒸馏单元、催化裂化单元、催化重整单元、流化和延迟焦化单元以及加氢裂化单元等。当然，炼油厂也使用天然气、燃料油和渣油等其他燃料。内燃发动机的用途很多，包括为消防系统提供动力以及为紧急备用电源提供电力。内燃机的燃料一般为天然气、汽油或柴油。燃气轮机用于余热发电，一般采用天然气或炼油厂燃料气做原料。

除炼油厂燃料气外，有些炼油厂也生产石油焦。焦化单元生产的石油焦一般是生焦或燃料级石油焦。有些炼油厂把生焦作为锅炉的燃料生产蒸汽或发电。与炼油厂使用的其他燃料相比，生焦含有较高的硫和金属含量。生焦可以在煅焦单元经过提纯后用于其他工业，最常见的是作为制铝过程的阳极材料。煅烧后的石油焦常常被称为阳极级焦炭，煅焦过程的排放在本书 5.6.3 节有详细的描述。另外，生焦也可与蒸汽和空气（氧气）一起气化，生产从低热值（用空气时）到中热值（用氧气时）的合成气，并作为后续使用的燃料气。生焦气化工艺没有直接排放，合成气燃烧产生的排放可以通过本章提供的方法进行估算。

表 4-1 汇总了固定燃烧源排放量的多级估算方法。每个炼油厂都可以采用多种不同方法，如 1 级方法用于估算标准污染物二氧化硫和氮氧化物的排放量，2 级和 3 级方法用于估算有机化合物和金属化合物的排放量。根据获得的各燃烧源检测数据的类型，其排放的污染物可以使用不同的估算方法[例如，可以使用 1 级

方法估算一个带有连续排放检测系统（CEMS）数据的燃烧源 NO_x 的排放量，可以使用 4 级方法估算同一个炼油厂未带有 CEMS 数据或得不到排放测试数据的另外一个燃烧源的 NO_x 排放量]。值得注意的是，选择 3A 级方法或 3B 级方法取决于估算的污染物是否具有可连续检测的还原形态（例如，当氧化时，还原形态的硫化合物形成 SO_2）、燃烧源的变化性、烟囱测试的最近日期等因素。本章的其余部分提供了实施这些方法的更多细节和指导。

表 4-1 固定燃烧源排放量多级估算方法汇总

等级	测量方法	需要的附加数据
1	气体流量和组成的直接测量 [连续排放检测系统（CEMS）]	压力、温度、湿度（与检测系统有关）
2	气体组成直接测量（CEMS）使用 F 系数	燃料用量；燃料的热值（与装置特定源排放参数有关）
3A	燃料分析/质量平衡	燃料用量；假设的燃烧效率
3B	为计算特定源排放相关性或系数进行的烟囱测试	燃料用量；燃料的热值（与装置特定源排放参数有关）
4	默认的排放系数	燃料用量

完整的燃烧源清单包括 PM、SO_2、NO_x、VOCs[总烃（THC）可作为 VOC 的替代指标]和 CO 的排放估算。根据所选用的燃料，完整的清单还应包括硫化氢、金属（包括但不限于砷、铬、汞、铅和硒）、有机化合物（包括但不限于苯、甲醛，1,3-丁二烯，萘和其他多环有机物）以及二噁英和呋喃等物质的排放估算。值得注意的是，该清单并不完全，如果有证据表明某污染物是炼油厂燃烧源排出的（额外化合物的特定点排放测试数据或相关排放系数），即使该污染物在本书中没有明确说明，也应进行估算并包含在清单中。

《排放清单改进程序技术报告系列》（ERG，2001）第 2 章、《2008 排放清单指南》（TCEQ，2009）和《墨西哥州发电部门量化排放的专门方法》（美国-墨西哥科学基金会，2008）等文件中描述了燃烧源排放的估算方法，特别是针对锅炉和内燃机燃烧源。这些文件中包括关于液体、固体燃料的实例计算，如果需要可以通过咨询获取更多信息。另外，美国石油学会（API）在其网站发布了针对石油和天然气工业的《温室气体排放方法摘要》。此方法不仅着眼于 GHG 排放估算，而且还涵盖如何估算燃气流量和各种燃烧源排放量的信息，并包含有用转换系数的讨论和范例。

4.1 固定燃烧源 1 级方法

许多固定燃烧源均有针对 NO_x 和 SO_2 的 CEMS。CEMS 是一个综合性系统，它使用污染物分析仪器的测量值和转换方程、图或计算机程序连续确定气态污染物或 PM 的浓度或排放速率，并输出检测结果。CEMS 包含一台流量检测器，用于确定排放清单所需要物质的质量排放速率，因此，CEMS 也被称做连续排放速率检测系统（CERMS）。CEMS 或 CERMS 连续确定烟气的流量，分析烟气的组分或特定污染物浓度，并记录结果。CEMS 分为两个主要类型：现场分析型和抽样分析型。现场分析型 CEMS 直接测量和分析烟囱中的排放物。与抽样分析型 CEMS 相比，现场分析型采样损失非常小，这是因为抽样分析型的采样管会泄漏、冷冻或堵塞，或由于污染物的吸附、洗涤效果或冷凝导致样品损失。在抽样分析型 CEMS 系统内，从气流中抽出样气，然后输送到气体分析仪器中检测污染物浓度。由于抽样分析型 CEMS 安装在烟囱外面，采样仪器不受烟囱操作条件影响，维护和置换更为简易。尽管抽样分析型 CEMS 采样和调节系统会产生额外费用（Levelton Consultant，2005），但总成本比现场分析型 CEMS 更低。

CEMS 记录的污染物浓度一般以 ppm 为基础。CEMS 还包括稀释剂监视器（如 O_2），按固定的过量空气浓度校正污染物浓度。现场分析型 CEMS 是在烟囱条件下实施测量，因此，该浓度为“湿基”浓度，即该浓度是在包括水蒸气在内的总气量的基础上得出。抽样分析型 CEMS 通常在分析前吹干样品气以脱除水蒸气，因此，所测定的浓度是“干基”浓度。在烟囱条件下测量气体流量，其流量是以湿基的实际气体量来表示。如果气体组成是以干基确定的，则需要将测量的烟气湿含量转换为干基（或将组成转换为湿基），以使得两个测量在同样的基础上。许多气体流量检测器包含温度和压力检测器以便于将流量转换为标准条件。值得注意的是，必须确保气体组成和流量的测量是在同一基础上，并在相同的条款允许范围内（如果可能），或采取适当的辅助措施进行必要的单位转换。

使用以下通用方程确定 CEMS 的质量排放速率：

$$E_i = \sum_{n-1}^{N}(Q)_n \times \left[1-\left(f_{\mathrm{H_2O}}\right)_n\right] \times \frac{(C_i)_n}{100\%} \times \frac{\mathrm{MW}_i}{\mathrm{MVC}} \times \left(\frac{T_0}{T_n}\right) \times \left(\frac{P_n}{P_0}\right) \times M_N \times K \quad (4\text{-}1)$$

式中：E_i——污染物 i 的排放速率，t/a；

N——每年的测量次数（例如，对于逐小时测量，N＝8 760）；

n——测量周期的序数；

$(Q)_n$——测量周期为 n 时的体积流量（acfm）。如果气流量测量计对温度和压力进行自动校正，则用 1 替代 $\left(\frac{T_0}{T_n}\right)\times\left(\frac{P_n}{P_0}\right)$。如果污染物浓度以干基确定而流量测量计自动校正为湿基，用 1 替代 $\left[1-\left(f_{H_2O}\right)_n\right]$；

$\left(f_{H_2O}\right)_n$——测量周期为 n 时烟气的含水量，体积分数（英尺^{3}水/英尺^{3}烟气）；

$(C_i)_n$——测量周期为 n 时烟气中污染物 i 的浓度（体积分数，干基）。如果污染物浓度是以湿基确定的，用 1 替代 $\left[1-\left(f_{H_2O}\right)_n\right]$；

MW_i——污染物 i 的摩尔重量，kg/kg-mol；

MVC——摩尔体积转换系数，在 68℉（528°R）和 1 个大气压条件下，取 849.5（scf/kg-mol）；

T_0——标准条件下的温度（528°R）；

T_n——测量周期为 n 时测量的温度，R；

P_n——测量周期为 n 时测量的平均压力，atm；

P_0——标准条件压力（1atm）；

M_N——测量周期为 n 时的分钟数（分钟数/测量期 n）。可通过 525 600 min/a 除以每年测量周期数（N）计算得到；

K——转换系数，2.2 046/2 000 t/kg＝0.001 102 3 t/kg。

CEMS 每小时记录多次测量值，具体检测频次取决于被检测的污染物和 CEMS 类型。例如，CEMS 使用气相色谱检测苯浓度，可以每 15 分钟采样并测量记录一次，而 CEMS 检测 SO_2 浓度可以每分钟测量记录一次。这些测量值可分别以两种方式用于年排放量计算，最常用的方法是用 CEMS 每小时的测量数据归纳为 8 760 h 的平均浓度和流量。实例 4-1 给出了如何根据小时平均浓度和流量计算炼油厂某燃烧装置燃烧燃料气 1 h 所产生的 NO_x，该方法最适合那些持续并稳定燃烧 1 h 以上的测量。另一个方法是根据所测量的浓度和流量确定每次的排放速率。换句话说，如果 CEMS 记录每分钟的测量结果，则通过确定每分钟排放速率并将 60 个分钟数据相加来确定每小时排放速率；如果 CEMS 每 5 分钟测量一次，则相加 12 个数据可以确定每小时排放速率。如果燃烧源的流量在 1 h 内变化显著，该方法可能比小时平均值更精确。

实例 4-1：使用 CEMS 计算 NO_x 排放量

下列实例演示了用 CEMS 确定的小时排放量计算 1 h（60 min）的排放量；加和小时排放量计算任何一段时间（如天、月、季度或年度）的总排放量。在这个实例中方程（4-1）中项“i”是 NO_x，测量周期序数是 1，结果 E 用 t/h 表示。

采集以下数据，计算 150 MMBtu/h（百万英制热量单位/h）装置燃烧炼油厂燃料气的小时 NO_x 排放量。

由 CEMS 计算出 NO_x 小时平均浓度是 60 ppmv，湿基。

由 CEMS 计算出小时平均流量是 500 000 acfm，湿基。

整个小时内装置在标准条件下运行。

用方程（4-1）计算小时排放量：

$$E_{NO_x}=\sum_{n-1}^{N}(Q)_n\times\left[1-\left(f_{H_2O}\right)_n\right]\times\frac{(C_{NO_x})_n}{100\%}\times\frac{MW_{NO_x}}{MVC}\times\left(\frac{T_0}{T_n}\right)\times\left(\frac{P_n}{P_0}\right)\times M_N\times K$$

$$=500\,000\times1\times(60\div1\,000\,000)\times46.01\div849.5\times1\times1\times60\times0.001\,102\,3$$

$$=0.107\,5\ \text{t/h}$$

取两位有效数字，则小时排放量是 0.11 t/h。

如果燃烧源运行不足 1 h，则用装置运行的小时分数乘以小时排放量（例如，如果单元操作 30 min，则这个小时的排放量是 0.107 5 t/h × 0.5 = 0.054 t/h）。

如果燃烧源全年稳定、连续运行，并且排放速率保持稳定，则年度排放速率是 0.107 5 t/h × 8 760 h/a = 940 t/a。

4.2 固定燃烧源 2 级方法

由于固定燃烧源的排放标准通常为浓度或质量/热值的形式，因此，许多固定燃烧源的 CEMS 提供污染物浓度，而不直接测量烟气的流量。在这种情况下，可以通过炼油厂燃料气组成和流量来计算出相对准确的烟气流量，该方法通常被称作 F 系数法。燃料分析及排放量估算程序在 U.S.EPA 方法 19（40CFR part60，Appendix A-7）中有所描述。

U.S.EPA 方法 19 包括许多方程，不管污染物浓度和 O_2 或 CO_2 的含量是以湿基或干基测量的，均可用于根据含水量测量值计算排放量，并且每个方程均采用三个不同类型 F 系数的一个。不同的 F 系数计算方法在 U.S.EPA 方法 19 的 12.3.2 节中有所描述。U.S.EPA 方法 19 的表 19-2 给出了某些常用燃料默认的 F 系数以替代方程计算；但是，表 19-2 不包括炼油厂燃料气的 F 系数。

炼油厂燃料气通常包含多种不同组分，因此，在这种情况下可采用 U.S.EPA 方法 19 中方程（19-16）的修订版计算多种燃料的 F 系数。假设污染物和 O_2 含量均为干基测得，干基系数 F_d 可由方程（4-2）计算得出。

$$F_d = K \times \left[\frac{\sum_{i=1}^{n} \left(X_i \times \mathrm{MEV}_i \right)}{\sum_{i=1}^{n} \left(X_i \times \mathrm{MHC}_i \right)} \right] \tag{4-2}$$

式中：F_d——每单位热含量化学计量燃烧产生的燃烧组分体积，dscf/MMBtu；

K——转换系数，10^6Btu/MMBtu；

N——燃料或燃料组分数量；

i——燃料或燃料组分的序数；

X_i——炼油厂燃料气中每个组分的摩尔或体积分数；

MEV_i——摩尔烟气体积，dscf/mol；

MHC_i——摩尔热值，Btu/mol。

表 4-2 列出了炼油厂燃料气常用组成的摩尔热值和摩尔烟气体积。注意，这些计算均基于燃料气的高位热值（在 U.S.EPA 方法 19 中被称为总生热值）。

表 4-2 炼油厂燃料气常用组分的摩尔热值和摩尔烟气体积

组分	MEV[a]/（dscf/mol）	MHC[b]/（Btu/mol）
甲烷（CH_4）	7.28	842
乙烷（C_2H_6）	12.94	1 475
氢（H_2）	1.61	269
乙烯（C_2H_4）	11.34	1 335
丙烷（C_3H_8）	18.61	2 100
丙烯（C_3H_6）	17.01	1 947
丁烷（C_4H_{10}）	24.28	2 717
丁烯（C_4H_8）	22.67	2 558
惰性气体	0.85	0

注：a MEV—烟气的摩尔数，dscf/mol。

b MHC—摩尔热值，Btu/mol，高位热值。

利用 F 系数可通过两种方式来计算排放量。第一种方法，使用下列方程，利用 F 系数、燃料的燃烧量和燃料的热值计算烟气的体积流量$(Q)_n$。

$$Q_n = F_d \times Q_f \times \text{HHV} \times \frac{20.9}{20.9 - \%\text{O}_{2d}} \tag{4-3}$$

式中：Q_n——测量期 n 的体积流量，dscfm；

F_d——每单位热含量的燃烧组成体积，dscf/MMBtu；

Q_f——燃料的体积流量，dscfm；

HHV——燃料高位热值，MMBtu/scf；

$\%O_{2d}$——干基氧气浓度（百分数）。

根据已知体积流量，可采用固定燃烧源 1 级方法中的方程（4-1）计算排放量。值得注意的是，在此处使用 F 系数法时，烟气流量是以干基标准英尺^3/min 的形式表示，所以不需要温度和压力校正因子。如果浓度是以干基测量的，也不需要含水量校正。如果浓度是以湿基测量的，必须除以$\left[1-\left(f_{\text{H}_2\text{O}}\right)_n\right]$校正为干基。

第二种方法，用 F 系数计算排放系数[方程（4-4）]，然后乘以燃料的高位热值估算排放量[方程（4-5）]。

$$\text{EF}_i = C_d F_d \frac{20.9}{20.9 - \%\text{O}_{2d}} \tag{4-4}$$

式中：EF_i——污染物的排放速率，lb/MMBtu；

C_d——污染物浓度，干基，lb/dscf；

F_d——每单位热含量的燃烧组分体积，dscf/MMBtu；

$\%O_{2d}$——氧气浓度，干基（百分数）。

$$E_i = \text{EF}_i \times \left(60 \times Q_f\right) \times \text{HHV} \tag{4-5}$$

式中：E_i——污染物 i 的排放量，lb/h；

EF_i——污染物 i 的排放速率，lb/MMBtu；

Q_f——燃料体积流量，dscfm；

60——转换系数，min/h；

HHV——燃料的高位热值，MMBtu/scf。

实例 4-2 说明了如何根据燃料分析计算炼油厂燃料气的 F 系数。实例 4-3 和实例 4-4 分别说明了使用 F 系数估算排放量的第一种方法和第二种方法。如前所述，如果计算的结果是小时排放值，则对一年中的每小时重复这个计算过程，或乘以 8 760。例如，在方程（4-4）中应使用 CEMS 测得的污染物和 O_2 小时浓度计算该年每小时的排放系数。在方程（4-5）中应使用每小时测得的燃料流量和排放系数确定该年中每小时的小时排放量。所有小时排放量的加和即为年度排放量。

实例 4-2：特定燃料 F 系数的计算

CEMS 以干基测量的 SO_2和 O_2含量，可以使用燃料分析结果和方程（4-2）取代默认的 F 系数来计算 F_d系数（scf/MMBtu）。在 20℃（68℉）和 29.92 英寸汞柱的标准条件下计算 F_d系数。

通过燃料分析确定以下摩尔分数：

甲烷	0.44	丙烯	0.03
乙烷	0.04	丁烷	0.17
氢	0.06	丁烯	0.01
乙烯	0.01	惰性组分	0.04
丙烷	0.2		

使用方程（4-2）按照以下步骤计算 F_d：

$$
\begin{aligned}
F_d = K\times\Big[&\left(X_{CH_4}\times MEV_{CH_4}\right)+\left(X_{C_2H_6}\times MEV_{C_2H_6}\right)+\left(X_{H_2}\times MEV_{H_2}\right)+\left(X_{C_2H_4}\times MEV_{C_2H_4}\right)\\
&+\left(X_{C_2H_8}\times MEV_{C_2H_8}\right)+\left(X_{C_2H_6}\times MEV_{C_2H_6}\right)+\left(X_{C_4H_{10}}\times MEV_{C_4H_{10}}\right)\\
&+\left(X_{C_4H_8}\times MEV_{C_4H_8}\right)+\left(X_{惰性组分}\times MEV_{惰性组分}\right)\Big]\\
\div\Big[&\left(X_{CH_4}\times MHC_{CH_4}\right)+\left(X_{C_2H_6}\times MHC_{C_2H_6}\right)+\left(X_{H_2}\times MHC_{H_2}\right)+\left(X_{C_2H_4}\times MHC_{C_2H_4}\right)\\
&+\left(X_{C_2H_8}\times MHC_{C_2H_8}\right)+\left(X_{C_2H_6}\times MHC_{C_2H_6}\right)+\left(X_{C_4H_{10}}\times MHC_{C_4H_{10}}\right)\\
&+\left(X_{C_4H_8}\times MHC_{C_4H_8}\right)+\left(X_{惰性组分}\times MHC_{惰性组分}\right)\Big]
\end{aligned}
$$

$$
\begin{aligned}
F_d = 10^6\times\Big[&(0.44\times7.28)+(0.04\times12.94)+(0.06\times1.61)+(0.01\times11.34)+(0.20\times18.61)\\
&+(0.03\times17.01)+(0.17\times24.28)+(0.01\times22.67)+(0.04\times0.85)\\
&\div\Big[(0.44\times842)+(0.04\times1475)+(0.06\times269)+(0.01\times1335)+(0.20\times2\,100)\\
&+(0.03\times1\,947)+(0.17\times2\,717)+(0.01\times2\,558)+(0.04\times0)\Big]
\end{aligned}
$$

$=10^6\times12.55\div1\,445$

$=8\,809$ dscf/MMBtu

实例 4-3：用 *F* 系数计算烟气流量

根据实例 4-2 得出 *F* 系数为 8 809 dscf/MMBtu。测量的 SO_2 浓度是 20 ppmv（干基），O_2 浓度是 6%（干基），高位热值是 1 300 Btu/scf，燃料流量是 500 dscfm。用方程（4-3）按照以下步骤根据 *F* 系数计算烟气流量：

$$Q_n = F_d \times Q_f \times \text{HHV} \times \frac{20.9}{20.9 - \%\text{O}_{2d}}$$

$$= 8\,809 \times 500 \times \left(1\,300 \div 10^6 \text{Btu/MMBtu}\right) \times \left[20.9 \div (20.9 - 6)\right]$$

$$=8\,031 \text{ dscfm}$$

在没有温度、压力和含水量校正的情况下，采用方程（4-1）中的 Q_n 估算小时排放量：

$$E_{\text{SO}_2} = (Q)_n \times \left[1 - \left(f_{\text{H}_2\text{O}}\right)_n\right] \times \frac{(C_i)_n}{100\%} \times \frac{\text{MW}_i}{\text{MVC}} \times M_N \times K$$

$$=8\,031 \times 1 \times (20 \div 1\,000\,000) \times 64.06 \div 849.5 \times 60 \times 2.204\,6 = 1.6 \text{ lb/h}$$

实例 4-4：依据 *F* 系数计算排放系数

假设与实例 4-3 的测量内容相同，计算 SO_2 小时排放量。

首先，使用下列方程转换浓度，校正量纲[根据 U.S.EPA 方法 19 的表 19-1，用 1.660×10^{-7} 乘以 SO_2 浓度 ppm 转换为 lb/scf，见本章的方程（4-7）]：

C_d=20 ppm×（1.660×10^{-7}）lb/scf · ppm

C_d=3.322×10^{-6} lb/scf

其次，使用方程（4-4）计算排放系数：

$$\text{EF}_{\text{SO}_2} = C_d F_d \frac{20.9}{20.9 - \%\text{O}_{2d}}$$

$$= \left(3.322 \times 10^{-6}\right) \times 8\,809 \times \left[20.9 \div (20.9 - 6)\right] = 0.041 \text{ lb/MMBtu}$$

最后，使用方程（4-5）计算小时排放量[燃料流量为 500 dscfm 或 30 000 dscf/h（500 dscf × 60 min/h）]

$$E_{\text{SO}_2} = \text{EF}_{\text{SO}_2} \times Q_f \times \text{HHV} = 0.041 \times 30\,000 \times \left(1\,300 \div 10^6 \text{ Btu / MMBtu}\right) = 1.6 \text{ lb/h}$$

如果燃烧源全年连续、稳定运行且排放量保持恒定，则年度排放量为 1.6 lb/h×8 760h/a÷2 000 lb/t = 7.0 t/a。

4.3 固定燃烧源 3A 级方法

燃料分析就是通过检测燃烧燃料中的化合物，对诸如 SO_2 这样的污染物排放进行预测。如果已知某化合物、污染物或其前驱物（例如，硫化氢或其他用于估算 SO_2 排放量的还原性硫化物）的浓度，就可通过假设这些物质全部被排放（例如，所有还原性硫都被氧化为 SO_2）来计算污染物排放量。如果有些物质未被燃烧（例如，存在于不同的物理或化学状态的烟尘或未燃烧的烃），则基于质量守恒定律，低于 100%污染物被排放至空气中（ERG，2001）。在这种情况下，考虑到质量守恒分析中未燃烧的化合物，可以确定燃烧产生的实际排放量。

正如本章前言部分所介绍，对于某些污染物（如 SO_2）的排放估算而言，固定燃烧源 3A 级方法比 3B 级方法更为精确，尤其是燃料中所关注的化合物浓度和燃料流量被连续测量时。如果燃烧源的测试数据不是在最近获得或燃烧装置的操作状态发生显著变化，则需要关注依据某操作条件开发的排放系数的精度。例如，对高负荷运行的工艺加热炉进行的 NO_x 排放测试，可能不适用于估算处于较低负荷的工艺加热炉排放。因为，加热器燃烧效率降低时，操作人员会通过增加氧气含量以确保操作稳定，氧气含量的增加可能会导致 NO_x 浓度升高。

方程（4-6）是一个通用方程，可根据气体燃料分析数据确定污染物排放量（对于液体和固体燃料的燃料分析，见本章前言中提到的文件）。

$$E_i=\left(Q_f\right)\left(C_f\right)\times\left(\frac{\mathrm{MW}_i}{\mathrm{MW}_f}\right) \tag{4-6}$$

式中（假设为气体燃料）：E_i——污染物 i 的排放速率，lb/h；

Q_f——燃料流量，scf/h；

C_f——燃料中污染物的浓度，lb/scf；

MW_i——排出污染物的分子量，lb/lb-mol；

MW_f——燃料中污染物的分子量，lb/lb-mol。

如前所述，为了计算年排放量，必须对一年中的每个小时重复该计算，或者乘以 8 760。而且，如同方程（4-1）所述，如果燃烧源操作未满一小时，则该小时排放估算应乘以实际操作时间。

如果所测量的化合物浓度是以 ppm 或百分数计而非磅/英尺^3，需要用方程（4-7）进行转化。方程（4-7）提供了计算特定化合物转化系数的方法，如 U.S.EPA 方法 19 中表 19-1 为 NO_x 和 SO_2 所示的值。

$$C_f = \frac{(C_c)\times(\mathrm{MW}_i)}{K\times 385.3} \tag{4-7}$$

式中：C_f——燃料中污染物的浓度，lb/scf；

C_c——燃料中污染物的体积浓度，ppm 或%；

MW_i——被排放的污染物 i 的分子量，lb/lb-mol；

K——转换常数，如果 C_c 的量纲是 ppm，取 10^6，如果 C_c 的量纲是%，取 10^2；

385.3——理想气体转换常数，scf/lb-mol。

实例 4-5：燃料分析

按照下列条件，计算燃烧给定燃料气的燃烧源的小时排放量。

燃料流量＝500 dscfm 或 30 000 dscf/h（500 dscfm × 60 min/h）；

燃料硫含量＝160 ppm；

硫的分子量＝32 lb/lb-mol；

SO_2 的分子量＝64 lb/lb-mol；

用方程（4-7）将燃料中硫浓度转化为正确单位：

$$C_f = \frac{(C_c)\times(\mathrm{MW}_s)}{K\times 385.3}$$

$C_f = 160 \times 32 \div 10^6 \div 385.3$

$C_f = 1.33 \times 10^{-5}$ lb/scf

然后，用方程（4-6）计算小时排放量：

$$\begin{aligned} E_{SO_2} &= (Q_f)(C_f)\left(\frac{\mathrm{MW}_{SO_2}}{\mathrm{MW}_S}\right) \\ &= 30\,000\times(1.33\times10^{-5})\times 64\div 32 \\ &= 0.80\ \mathrm{lbs\ SO_2/h} \end{aligned}$$

如果燃烧源全年连续、稳定运行且排放量保持恒定，则年度排放量为：

0.80 lbs/h × 8 760 h/a ÷ 2 000 lb/t＝3.5 t/a

4.4 固定燃烧源 3B 级方法

源测试可为开发特定污染源排放系数提供有用的数据。源测试提供了某特定时间点下的排放测量，多数测试是在有代表性的正常工况下进行，在这种情况下，排放测试可以提供类似操作条件下的排放估算。将排放速率除以工艺参数（如燃料用量）即可得到排放系数。要注意的是，当装置操作条件与测试操作条件不一样时，这种方法是不可靠的。

通常，在一组特定条件下进行的源测试包括三轮测试，根据每轮测试结果的平均值来确定适用于所有热负荷下的排放系数。实例 4-5 演示了根据三轮测试结果计算的排放系数。本书 5.1.2 节也提供了根据三轮测试计算排放系数的详细信息。本章还包括 PM 源测试和分析方法的详细描述，PM 的处理方式不同于其他污染物。

实例 4-6：特定污染源排放系数

在最近的源测试中，对 50 MMBtu/h 工艺加热器进行了三轮测试以确定 NO_x 排放速率。第 1 轮、第 2 轮、第 3 轮测试测得的 NO_x 排放速率分别是 1.92 lbs/h、1.51 lbs/h 和 1.76 lbs/h。所有三轮测试运转期间，工艺加热器热负荷均为 95%。

首先，计算各轮促使的相应排放系数，然后通过下列计算求取平均排放系数：

第 1 轮：排放量/产量 = 1.92 lbs/h÷（50×0.95）MMBtu/h = 0.040 lbs NO_x/MMBtu

第 2 轮：排放量/产量 = 1.51 lbs/h÷（50×0.95）MMBtu/h = 0.032 lbs NO_x/MMBtu

第 3 轮：排放量/产量 = 1.76 lbs/h÷（50×0.95）MMBtu/h = 0.037 lbs NO_x/MMBtu

求平均：排放量/产量 =（0.040 + 0.032 + 0.037）÷ 3 = 0.036 lbs NO_x/MMBtu

《墨西哥州发电部门量化排放的专门方法》（美国-墨西哥州科学基金会，2008）2.1.2 节中提供了更复杂的方法，采用的是开发方程式而非排放系数。2.1.2 节在《燃气调峰设备和燃油调峰设备的可选型 NO_x 排放估算协议》（40 CFR 第 75 部分，附录 E）的基础上，开发了 NO_x 排放与燃烧源热输入之间相关性的方法（燃料用量乘以燃料的热含量）并进行了详细说明。该方法允许操作人员在操作负荷降低时考虑减低单位热负荷质量排放量。该方法在三个负荷等级下进行烟囱测量，理想的燃烧负荷率分别为 50%、75%和 100%。使用每个燃烧率的测试结果计算单位质量热输入的排放系数（假设燃料的热含量恒定，以质量/燃烧的燃料量为单位），开发出关系式后，可根据所燃烧燃料的小时测量值和燃料热含量的计算值（或燃料的恒定热值）计算出小时排放量。在 2.1.2 节例 2.1-3 中也包括一组实例计算来说明此过程。

4.5 固定燃烧源 4 级方法

当无法获得检测数据或特定污染源排放系数时，默认排放系数法成为唯一估算排放量的途径。U.S.EPA 已经开发了各种类型燃烧源的排放系数，并收录在 AP-42 中。工艺加热炉、锅炉和其他类型外燃烧源的排放系数收录在《空气污染排放系数汇编》的第 1 章中（第 1 卷，点源和面源），内燃源（燃气轮机包括内燃发动机和燃气轮机）的排放系数见本书第 3 章（U.S.EPA，1995）。需要注意的是，AP-42 未包括所有燃料的排放系数（尤其是炼油厂燃料气和焦炭）。AP-42 中的排放系数是建议性的默认排放系数，要想获得 SO_2、NO_x、PM 和 CO 等标准污染物的排放系数，应参考 AP-42。

另外，针对 AP-42 中未列出的排放系数，美国石油协会（API）联合西部州石油联合会（WSPA），对燃烧源进行排放源测试并编译了可以用于炼油厂燃烧源的排放系数（Hansell and England，1998）。根据使用燃料和源的类型，为不同的燃烧源开发各自的排放系数。附录 D 列出了 Hansell 和 England 附录 A 和附录 B（1998）中的所有燃烧源数据分析的汇总，包括加利福尼亚空气资源排放系数等级评定，平均、中间、最大和最小排放系数，分析测试的数量，标准偏差，不确定性，测试运行结果在检出限或以上的百分数。

以下各表列出了各种金属和有机物推荐的排放系数。在这些表中的排放系数既有 AP-42 中列出的可应用的排放系数，也有 Hansell 和 England（1998）编译的排放系数。这些排放系数质量和评估的其他信息在 AP-42 排放系数原始文件和附录 D 中汇总的 Hansell 和 England（1998）中有所描述。使用各种燃料的锅炉和工艺加热炉的排放系数见表 4-3。使用各种燃料的往复式内燃机的排放系数见表 4-4。使用各种燃料的燃气轮机的排放系数见表 4-5。

为了恰当使用这些排放系数，炼油厂必须检测或保存燃料量的消耗或热负荷记录。

需重点指出的是，表 4-3 至表 4-5 中来自 Hansell 和 England（1998）的用粗体格式标明的排放系数是基于方法检出限，可能偏差很大。低于检出限（RTI，2002）的化合物需要用其他数据开发出精确的排放系数。如果建议的排放系数是从另一个排放系数中推导而来，表 4-3 至表 4-5 的脚注解释详细说明了此种差别。

另外重要的一点是，本书不包括炼油厂含生焦或煅烧石油焦燃烧的排放系数。此外，本章提供的方法也可以用于估算合成气（石油焦气化生产的气）燃烧的排放，但本书未包含合成气作为燃料的排放系数。这些燃料的排放系数需要从将来的排放测试和分析数据中开发出来。

4.5.1 工艺加热炉的默认排放系数

锅炉和工艺加热炉污染物的排放量取决于燃料类型：燃气（如天然气或炼油厂气）、原油/管输油、渣油（No.6）、馏分（No.2）燃料油。标准污染物的控制措施不会对 HAP 的排放系数产生影响，如选择性催化还原（SCR）或选择性非催化还原（SNCR）。锅炉和工艺加热炉的排放系数汇总见表 4-3。

表 4-3 锅炉和工艺加热炉燃烧不同燃料的排放系数汇总

单位：lb/MMBtu

CAS 号	物质	分燃料类型排放系数[a]			
		外燃，天然气/炼油厂气[b]	外燃，原油/管输油[b]	外燃，渣油燃料油（No.6 油）[b]	外燃，馏分燃料油（No.2 油）[i]
83-32-9	苊	2.4×10^{-9}	1.7×10^{-7}	1.4×10^{-7}[f]	—
208-96-8	苊烯	6.5×10^{-9}	2.3×10^{-8}	1.7×10^{-9}[f]	—
75-07-0	乙醛	1.2×10^{-5}	1.1×10^{-5}	7.0×10^{-6}	—
107-02-8	丙烯醛	1.7×10^{-5}	$\mathbf{3.3\times10^{-6}}$	—	—
120-12-7	蒽	4.7×10^{-9}	3.7×10^{-8}	8.1×10^{-9}[f]	—
7440-36-0	锑	5.2×10^{-7}	—	3.5×10^{-5}[h]	—
7440-38-2	砷	2.0×10^{-7}[c]	6.7×10^{-6}	8.8×10^{-6}[h]	4×10^{-6}
7440-39-3	钡	4.3×10^{-6}[c]	—	1.7×10^{-5}[h]	—
71-43-2	苯	2.1×10^{-6}[d]	4.1×10^{-6}	1.4×10^{-6}[f]	—
56-55-3	苯并[*a*]蒽	2.2×10^{-8}	3.2×10^{-8}	2.7×10^{-8}[f]	—
50-32-8	苯并[*a*]芘	5.7×10^{-8}	1.4×10^{-8}	$\mathbf{1.4\times10^{-9}}$	—
205-99-2	苯并[*b*]荧蒽	2.7×10^{-8}	5.5×10^{-9}	9.9×10^{-9}[f,g]	—
192-97-2	苯并[*e*]芘	—	3.9×10^{-9}	$\mathbf{5.8\times10^{-9}}$	—
191-24-2	苯并[*g,h,i*]苝	1.3×10^{-9}	1.9×10^{-8}	1.5×10^{-8}	—
207-08-9	苯并[*k*]荧蒽	1.7×10^{-8}	2.3×10^{-10}	9.9×10^{-9}[f, g]	—
7440-41-7	铍	1.3×10^{-7}	1.9×10^{-6}	1.9×10^{-7}[h]	3×10^{-6}
106-99-0	1,3-丁二烯	—	$\mathbf{1.4\times10^{-4}}$	—	—
106-97-8	丁烷	2.1×10^{-3}	—	—	—
7440-43-9	镉	1.1×10^{-6}	2.2×10^{-6}	2.7×10^{-6}[h]	3×10^{-6}

CAS 号	物质	分燃料类型排放系数[a]			
		外燃，天然气/炼油厂气[b]	外燃，原油/管输油[b]	外燃，渣油燃料油（No.6 油）[b]	外燃，馏分燃料油（No.2 油）[i]
16887-00-6	氯	—	—	2.3×10^{-3}[h]	—
67-66-3	铬	—	**6.0×10^{-5}**	**3.4×10^{-5}**	—
91-58-7	2-氯萘	—	8.2×10^{-8}	**1.5×10^{-10}**	—
18540-29-9	铬（六价）	2.8×10^{-7}[l]	1.1×10^{-6}	1.7×10^{-6}[h]	—
7440-47-3	铬（总）	1.4×10^{-6}[c]	8.7×10^{-6}	5.6×10^{-6}[h]	3×10^{-6}
218-01-9	䓛	1.6×10^{-9}	7.5×10^{-8}	1.6×10^{-8}[f]	—
7440-48-4	钴	8.2×10^{-8}[c]	—	4.0×10^{-5}[h]	—
7440-50-8	铜	8.3×10^{-7}[c]	9.5×10^{-6}	1.2×10^{-5}[h]	6×10^{-6}
53-70-3	二苯[*a*,*h*]并蒽	1.2×10^{-9}[d]	1.2×10^{-8}	1.1×10^{-8}[f]	—
25321-22-6	二氯苯	1.2×10^{-6}[d]	—	—	—
57-97-6	7,12-二甲基苯[*a*]并蒽	**1.6×10^{-8}[d]**	—	—	—
1746-01-6	二噁英：4D2378[j]	—	**3.5×10^{-12}**	**4.3×10^{-12}**	—
40321-76-4	二噁英：5D12378[j]	—	**1.7×10^{-11}**	**2.5×10^{-12}**	—
39227-28-6	二噁英：6D123478[j]	—	**1.5×10^{-11}**	**2.5×10^{-12}**	—
57653-85-7	二噁英：6D123678[j]	—	2.1×10^{-11}	2.5×10^{-12}	—
19408-74-3	二噁英：6D123789[j]	—	3.3×10^{-11}	2.5×10^{-12}	—
35822-46-9	二噁英：7D234678[j]	—	9.3×10^{-11}	2.1×10^{-11}	—
3268-87-9	二噁英：8D[j]	—	3.3×10^{-10}	2.1×10^{-11}[f]	—
74-84-0	乙烷	3.0×10^{-3}[d]	—	—	—
100-41-4	乙苯	1.6×10^{-5}	—	4.2×10^{-7}[f]	—
206-44-0	荧蒽	2.9×10^{-9}[d]	6.9×10^{-8}	3.2×10^{-8}[f]	—
86-73-7	芴	2.7×10^{-9}[d]	2.0×10^{-7}	3.0×10^{-8}[f]	—
16984-48-8	氟化物	—	—	2.5×10^{-4}[f]	
50-00-0	甲醛	7.4×10^{-5}[d]	1.1×10^{-5}	2.2×10^{-4}[f]	
51207-31-9	呋喃：4F2378[k]	—	6.2×10^{-10}	5.5×10^{-12}	
57117-41-6	呋喃：5F12378[k]	—	**6.0×10^{-11}**	**3.1×10^{-12}**	
57117-31-4	呋喃：5F23478[k]	—	**1.1×10^{-10}**	**3.1×10^{-12}**	
70648-26-9	呋喃：6F123478[k]	—	1.3×10^{-10}	2.5×10^{-12}	

CAS 号	物质	分燃料类型排放系数[a]			
		外燃，天然气/炼油厂气[b]	外燃，原油/管输油[b]	外燃，渣油燃料油（No.6 油）[b]	外燃，馏分燃料油（No.2 油）[i]
57117-44-9	呋喃：6F123678[k]	—	4.3×10^{-11}	1.9×10^{-12}	
72918-21-9	呋喃：6F123789[k]	—	**3.5×10^{-12}**	**2.5×10^{-12}**	—
60851-34-5	呋喃：6F234678[k]	—	6.1×10^{-11}	3.7×10^{-12}	—
67562-39-4	呋喃：7F1234678[k]	—	1.4×10^{-10}	9.8×10^{-12}	—
55673-89-7	呋喃：7F1234789[k]	—	**8.3×10^{-12}**	**3.2×10^{-12}**	—
39001-02-0	呋喃：8F[k]	—	7.3×10^{-11}	4.9×10^{-11}	—
110-54-3	正己烷	1.8×10^{-3}[d]	—	—	—
7783-06-4	硫化氢	8.5×10^{-5}	—	—	—
193-39-5	茚并[1,2,3-*c*,*d*]芘	7.1×10^{-8}	1.9×10^{-8}	1.4×10^{-8}[f]	—
7439-92-1	铅	4.9×10^{-7}[e]	1.9×10^{-6}	1.0×10^{-5}[h]	9×10^{-6}
7439-96-5	锰	3.7×10^{-7}[c]	1.8×10^{-5}	2.0×10^{-5}[h]	6×10^{-6}
7439-97-6	汞	2.5×10^{-7}[c]	1.0×10^{-5}	7.5×10^{-7}[h]	3×10^{-6}
56-49-5	3-甲基氯蒽烯	**1.8×10^{-9}[d]**	—	—	—
91-57-6	2-甲基萘	2.4×10^{-8}[d]	2.5×10^{-7}	7.4×10^{-8}	—
7439-98-7	钼	1.1×10^{-6}[c]	—	5.2×10^{-6}[h]	—
91-20-3	萘	6.0×10^{-7}[d]	5.5×10^{-6}	7.5×10^{-6}[f]	—
7440-02-0	镍	2.1×10^{-6}[c]	2.4×10^{-3}	5.6×10^{-4}[h]	3×10^{-6}
109-66-0	戊烷	2.5×10^{-3}	—	—	—
198-55-0	苝	—	5.2×10^{-10}	**7.4×10^{-10}**	—
85-01-8	菲	1.7×10^{-8}[d]	1.7×10^{-7}	7.0×10^{-8}[f]	—
108-95-2	酚	4.0×10^{-6}	—	—	—
7723-14-0	磷	**6.4×10^{-7}**	1.8×10^{-4}	6.3×10^{-5}[h]	—
74-98-6	丙烷	1.6×10^{-3}	—	—	—
115-07-1	丙烯	1.5×10^{-4}	**4.4×10^{-5}**	—	—
129-00-0	芘	4.9×10^{-9}	1.2×10^{-7}	2.8×10^{-8}[f]	—
7782-49-2	硒	8.8×10^{-7}	7.9×10^{-6}	4.5×10^{-6}[h]	1.5×10^{-5}
71-55-6	1,1,1-三氯乙烷	—	—	1.6×10^{-6}	—
108-88-3	甲苯	3.3×10^{-6}	3.5×10^{-5}	4.1×10^{-5}	—
7440-62-2	钒	2.3×10^{-6}	—	2.1×10^{-4}	—
95-47-6	邻二甲苯	—	—	7.3×10^{-6}	—
1330-20-7	二甲苯（总）	2.5×10^{-5}	2.9×10^{-6}	—	—
7440-66-6	锌	2.8×10^{-5}	4.2×10^{-4}	1.9×10^{-4}	4×10^{-6}

注：lb/MMBtu—磅/百万英热单位。

a 粗体的值表示所有的测试值低于检测极限；下划线的值表明 75%及以上的测试值低于检测极限。

b 来源：Hansell 和 England（1998），除非另有说明。

c 来源：U.S.EPA（1995），AP-42 的 1.4 节，表 1.4-4，天然气燃烧源排放系数，除以 1 020 MMBtu/10^6 scf 可将该单位从 lb/10^6 转换为 lb/MMBtu。

d 来源：U.S.EPA（1995），AP-42 的 1.4 节，表 1.4-3，天然气燃烧源排放系数，除以 1 020 MMBtu/10^6 scf 可将该单位从 lb/10^6 转换为 lb/MMBtu。

e 来源：U.S.EPA（1995），AP-42 的 1.4 节，表 1.4-2，天然气燃烧源排放系数，除以 1 020 MMBtu/10^6 scf 可将该单位从 lb/10^6 转换为 lb/MMBtu。

f 来源：U.S.EPA（1995），AP-42 的 1.3 节，表 1.3-9，燃渣油（No.6）锅炉排放系数，除以 150 MMBtu/10^3 gal 可将该单位从 lb/10^3 gal 转换为 lb/MMBtu。

g 排放系数包括苯并[*b*]荧蒽和苯并[*k*]荧蒽。

h 来源：U.S.EPA（1995），AP-42 的 1.3 节，表 1.3-11，燃渣油（No.6）锅炉排放系数，除以 150 MMBtu/10^3 gal 可将该单位从 lb/10^3 gal 转换为 lb/MMBtu。

i 来源：U.S.EPA（1995），AP-42 的 1.3 节，表 1.3-10，燃渣油（No.6）锅炉排放系数，除以 10^6 可将该单位从 lb/10^{12} Btu 转换为 lb/MMBtu。

j 4D 2378—2,3,7,8-四氯二苯并二噁英；5D 12378—1,2,3,7,8-五氯二苯并-对-二噁英；6D 123478—1,2,3,4,7,8-六氯二苯并-对-二噁英；6D 123678—1,2,3,6,7,8-六氯二苯并-对-二噁英；6D 123789—1,2,3,7,8,9-六氯二苯并-对-二噁英；7D 1234678—1,2,3,4,6,7,8-七氯二苯并-对-二噁英；8D—八氯二苯并二噁英。

k 4F 2378—2,3,7,8-四氯二苯并呋喃；5F 12378—1,2,3,7,8-五氯二苯并呋喃；5F 23478—2,3,4,7,8-五氯二苯并呋喃；6F 123478—1,2,3,4,7,8-六氯二苯并呋喃；6F 123678—1,2,3,6,7,8-六氯二苯并呋喃；6F 123789—1,2,3,7,8,9-六氯二苯并呋喃；6F 234678—2,3,4,6,7,8-六氯二苯并呋喃；7F 1234678—1,2,3,4,6,7,8-七氯二苯并呋喃；7F 1234789—1,2,3,4,7,8,9-七氯二苯并呋喃；8F—八氯二苯并呋喃。

l 未检测六价铬，假设六价铬排放系数是总铬排放系数的 20%。燃气涡轮机六价铬排放系数为总铬排放系数的 10%～15%，燃油锅炉六价铬排放系数为总铬排放系数的 30%（基于检出限，可能会高估六价铬的排放量），所以对于炼油厂燃料气的六价铬排放系数保守（合理高端）估计为 20%。

4.5.2 内燃发动机默认排放系数

往复式内燃发动机的排放量取决于：①燃料类型[柴油或气体（油田气或天然气）]；②发动机类型（两冲程或四冲程发动机）；③燃气比。如表 4-4 所示，高空气比（或贫燃料混合物）会排放更多的乙醛和甲醛，但是贫气混合物会排放更多的苯、甲苯和二甲苯。

4.5.3 燃气轮机的默认排放系数

燃气轮机的排放量取决于：①燃料类型[如馏分燃料油或气（炼油厂燃料气、液化石油气或天然气）]；②是否存在风道燃烧器。标准污染物的控制措施不会对 HAP 的排放系数产生影响，如选择性催化还原（SCR）或一氧化碳氧化催化剂。表 4-5 汇总了燃气轮机排放系数。

表 4-4 内燃发动机燃烧不同燃料的排放系数汇总[a]

单位：lb/MMBtu

CAS 号	物质	发动机和燃料类型的排放系数[b]					
		柴油，$O_2<13\%$	柴油，$O_2>13\%$	柴油，O_2不定	天然气/油田气，贫（2 冲程）[d]	天然气/油田气，贫（2 冲程）[e]	天然气/油田气，富（4 冲程）[j]
83-32-9	苊	4.5×10^{-6}	1.4×10^{-6}	$<1.4\times10^{-6}$[f]	1.3×10^{-6}[g]	1.3×10^{-6}[h]	—[i]
208-96-8	苊烯	9.0×10^{-6}	5.1×10^{-6}	$<5.1\times10^{-6}$[f]	3.2×10^{-6}[g]	5.5×10^{-6}[h]	—[i]
75-07-0	乙醛	2.4×10^{-5}	7.6×10^{-4}	7.7×10^{-4}	7.8×10^{-3}	8.4×10^{-3}	2.8×10^{-3}
107-02-8	丙烯醛	7.6×10^{-6}	9.4×10^{-5}	$<9.3\times10^{-5}$	7.8×10^{-3}	5.1×10^{-3}	2.6×10^{-3}
120-12-7	蒽	1.2×10^{-6}	1.9×10^{-6}	1.9×10^{-6}[f]	7.2×10^{-7}[g]	2.4×10^{-7}[a,h]	—[i]
100-52-7	苯甲醛	—	9.0×10^{-5}	—	—	—	—
71-43-2	苯	7.1×10^{-4}	8.8×10^{-4}	9.3×10^{-4}	1.9×10^{-3}	4.4×10^{-4}	1.6×10^{-3}
56-55-3	苯并蒽	6.1×10^{-7}	1.7×10^{-6}	1.7×10^{-6}[f]	3.4×10^{-7}[g]	7.4×10^{-8}[a,h]	—[i]
50-32-8	苯并[*a*]芘	2.5×10^{-7}	$\mathbf{1.0\times10^{-8}}$	$<1.9\times10^{-7}$[f]	5.7×10^{-9}[g]	3.4×10^{-8}[a,h]	—[i]
205-99-2	苯并[*b*]荧蒽	1.1×10^{-6}	1.9×10^{-7}	$<9.9\times10^{-8}$[f]	8.5×10^{-9}[g]	1.7×10^{-7}[h]	—[i]
192-97-2	苯并[*e*]芘	—	—	—	2.3×10^{-8}[g]	4.2×10^{-7}[h]	—[i]
191-24-2	苯并[*g,h,i*]苝	5.4×10^{-7}	4.1×10^{-7}	$<4.9\times10^{-7}$[f]	2.5×10^{-8}[g]	4.1×10^{-7}[h]	—[i]
207-08-9	苯并[*k*]荧蒽	2.1×10^{-7}	3.0×10^{-7}	$<1.6\times10^{-7}$[f]	4.3×10^{-9}[g]	5.0×10^{-7}[a,h]	—[i]
92-52-4	联苯	—	—	—	4.0×10^{-6}	2.1×10^{-4}	—[i]
106-99-0	1,3-丁二烯	—	$\mathbf{3.9\times10^{-5}}$	$<3.9\times10^{-5}$	8.2×10^{-4}	2.7×10^{-4}	6.6×10^{-4}
106-97-8	丁烷	—	—	—	4.8×10^{-3}	5.4×10^{-4}	—
	丁基/异丁基醛	—	—	—	4.4×10^{-4}	1.0×10^{-4}	4.9×10^{-5}
56-23-5	四氯化碳	—	—	—	6.1×10^{-5}	$<3.7\times10^{-5}$	$<1.8\times10^{-5}$
108-90-7	氯苯	—	—	—	4.4×10^{-5}	$<3.0\times10^{-5}$	$<1.3\times10^{-5}$
75-00-3	氯乙烷	—	—	—	—	1.9×10^{-6}	—
67-66-3	氯仿	—	—	—	4.7×10^{-5}	$<2.9\times10^{-5}$	$<1.4\times10^{-5}$
218-01-9	䓛	1.5×10^{-6}	3.5×10^{-7}	3.5×10^{-7}[f]	6.7×10^{-7}[g]	6.9×10^{-7}[h]	—[i]
110-82-7	环己烷	—	—	—	3.1×10^{-4}	—	—
287-92-3	环戊烷	—	—	—	9.5×10^{-5}	2.3×10^{-4}	—
53-70-3	二苯并蒽	$\mathbf{3.4\times10^{-7}}$	4.1×10^{-7}	$<5.8\times10^{-7}$	—[g]	1.0×10^{-8}[a,h]	—
75-34-3	1,1-二氯乙烷	—	—	—	3.9×10^{-5}	$<2.4\times10^{-5}$	$<1.1\times10^{-5}$

CAS 号	物质	发动机和燃料类型的排放系数[b]					
		柴油，O_2＜13%	柴油，O_2＞13%	柴油，O_2不定	天然气/油田气，贫（2冲程）[d]	天然气/油田气，贫（2冲程）[e]	天然气/油田气，富（4冲程）[j]
107-06-2	1,2-二氯乙烷	—	—	—	4.2×10^{-5}	$<2.4\times10^{-5}$	$<1.1\times10^{-5}$
78-87-5	1,2-二氯丙烷	—	—	—	4.5×10^{-5}	$<2.7\times10^{-5}$	$<1.3\times10^{-5}$
542-75-6	1,3-二氯丙烯	—	—	—	4.4×10^{-5}	$<2.6\times10^{-5}$	$<1.3\times10^{-5}$
74-84-0	乙烷	—	—	—	7.1×10^{-2}	1.1×10^{-1}	7.0×10^{-2}
100-41-4	乙苯	—	—	—	1.1×10^{-4}	4.0×10^{-5}	$<2.5\times10^{-5}$
106-93-4	二溴乙烯	—	—	—	7.3×10^{-5}	$<4.4\times10^{-5}$	$<2.1\times10^{-5}$
206-44-0	荧蒽	3.9×10^{-6}	7.6×10^{-6}	7.6×10^{-6}[f]	3.6×10^{-7}[g]	1.1×10^{-6}[h]	—[i]
86-73-7	芴	1.2×10^{-5}	2.9×10^{-5}	2.9×10^{-5}[f]	1.7×10^{-6}[g]	5.7×10^{-6}[h]	—[i]
50-00-0	甲醛	7.7×10^{-5}	1.2×10^{-3}	1.2×10^{-3}	5.5×10^{-2}	5.3×10^{-2}	2.1×10^{-2}
110-54-3	正己烷	—	—	—	4.5×10^{-4}	1.1×10^{-3}	—
193-39-5	茚并[1,2,3-*c*,*d*]芘	4.0×10^{-7}	2.7×10^{-7}	$<3.8\times10^{-7}$[f]	9.9×10^{-9}[g]	1.1×10^{-7}[a,h]	—
75-28-5	异丁烷	—	—	—	3.8×10^{-3}	—	—
67-56-1	甲醇	—	—	—	2.5×10^{-3}	2.5×10^{-3}	3.1×10^{-3}
108-87-2	甲基环己烷	—	—	—	3.4×10^{-4}	1.2×10^{-3}	—
75-09-2	亚甲基氯	—	—	—	1.5×10^{-4}	2.0×10^{-5}	4.1×10^{-5}
91-57-6	2-甲基萘	—	—	—	2.1×10^{-5}	3.3×10^{-5}	—
91-20-3	萘	1.3×10^{-4}	8.5×10^{-5}	8.5×10^{-5}	9.6×10^{-5}	7.4×10^{-5}	$<9.7\times10^{-5}$[i]
111-84-2	正壬烷	—	—	—	3.1×10^{-5}	1.1×10^{-4}	—
111-65-9	正辛烷	—	—	—	7.4×10^{-5}	3.5×10^{-4}	—
109-66-0	正戊烷	—	—	—	1.5×10^{-3}	2.6×10^{-3}	—
198-55-0	苝	—	—	—	5.0×10^{-9}[g]	—[h]	—[i]
85-01-8	菲	4.0×10^{-5}	2.9×10^{-5}	2.9×10^{-5}[f]	3.5×10^{-6}[g]	1.0×10^{-5}[h]	—[i]
108-95-2	酚	—	—	—	4.2×10^{-5}	2.4×10^{-5}	
74-98-6	丙烷	—	—	—	2.9×10^{-2}	4.2×10^{-2}	—
115-07-1	丙烯	2.7×10^{-3}	2.6×10^{-3}	2.6×10^{-3}	2.4×10^{-2}[a]	1.7×10^{-2}[a]	2.0×10^{-2}
129-00-0	芘	3.6×10^{-6}	4.8×10^{-6}	4.8×10^{-6}	5.8×10^{-7}[g]	1.4×10^{-6}[h]	—
100-42-5	苯乙烯	—	—	—	5.5×10^{-5}	$<2.4\times10^{-5}$	$<1.2\times10^{-5}$
79-34-5	1,1,2,2-四氯乙烷	—	—	—	6.6×10^{-5}	$<4.0\times10^{-5}$	2.5×10^{-5}

CAS 号	物质	发动机和燃料类型的排放系数[b]					
		柴油，O_2<13%	柴油，O_2>13%	柴油，O_2不定	天然气/油田气，贫（2 冲程）[d]	天然气/油田气，贫（2 冲程）[e]	天然气/油田气，富（4 冲程）[j]
108-88-3	甲苯	2.6×10^{-4}	4.0×10^{-4}	4.1×10^{-4}	9.6×10^{-4}	4.1×10^{-4}	5.6×10^{-4}
79-00-5	1,1,2-三氯乙烷	—	—	—	5.3×10^{-5}	$<3.2\times10^{-5}$	$<1.5\times10^{-5}$
526-73-8	1,2,3-三甲基苯	—	—	—	3.5×10^{-5}	2.3×10^{-5}	—
95-63-6	1,2,4-三甲基苯	—	—	—	1.1×10^{-4}	1.4×10^{-5}	—
108-67-8	1,3,5-三甲基苯	—	—	—	1.8×10^{-5}	3.4×10^{-5}	—
540-84-1	2,2,4-三甲基戊烷	—	—	—	8.5×10^{-4}	2.5×10^{-4}	—
75-01-4	氯乙烯	—	—	—	2.5×10^{-5}	1.5×10^{-5}	$<7.2\times10^{-6}$
108-38-3，106-42-3	二甲苯（间,对）	—	1.5×10^{-4}	—	5.8×10^{-4a}	1.4×10^{-4a}	4.7×10^{-4a}
95-47-6	二甲苯（邻）	—	**1.5×10^{-4}**	—	2.7×10^{-4a}	5.9×10^{-5a}	2.3×10^{-4a}
1330-20-7	二甲苯（总）	1.9×10^{-4}	2.6×10^{-4}	2.9×10^{-4}	2.7×10^{-4}	1.8×10^{-4}	2.0×10^{-4}

注：a 来源：Hansell 和 England（1998），除非另有说明。

b 粗体的值表示所有的测试值低于检测极限。

c 来源：U.S.EPA（1995），AP-42 的 3.3 节，表 3.3-2，不受控燃烧源的排放系数。前面带小于号的排放系数基于方法检测限。注意，这些排放系数适用于 600 hp 以下的柴油发动机，600 hp 以上的柴油发动机排放系数可查阅 AP-42 的 3.4 节。

d 来源：U.S.EPA（1995），AP-42 的 3.2 节，表 3.2-1，不受控燃烧源的排放系数。

e 来源：U.S.EPA（1995），AP-42 的 3.2 节，表 3.2-2，不受控燃烧源的排放系数，前面带小于号的排放系数基于方法检测限。

f 在 U.S.EPA（1995），表 3.3-2 中，多环芳烃（PAH）的排放系数是 1.7×10^{-4} lb/MMBtu。

g 在 U.S.EPA（1995），表 3.21 中，多环芳烃（PAH）的排放系数是 1.3×10^{-4} lb/MMBtu。

h 在 U.S.EPA（1995），表 3.2-2 中，多环芳烃（PAH）的排放系数是 2.7×10^{-5} lb/MMBtu。

i 在 U.S.EPA（1995），表 3.2-3 中，多环芳烃（PAH）的排放系数是 1.4×10^{-4} lb/MMBtu。

j 来源：U.S.EPA（1995），AP-42 的 3.2 节，表 3.2-3 中不受控燃烧源的排放系数，前面带小于号的排放系数基于方法检测限。

表 4-5　燃气轮机燃烧不同燃料排放系数汇总

单位：lb/MMBtu

CAS 号	物质	燃气轮机各种燃料燃气轮机排放系数[a,b]			
		馏分油，无特定型号[c]	天然气，无特定型号[d]	天然气/炼油厂燃料气/液化石油气，管式燃烧气	天然气/炼油厂燃料气/液化石油气，非管式燃烧气
83-32-9	苊	—[e]	—[f]	2.2×10^{-8}	3.3×10^{-9}
208-96-8	苊烯	—[e]	—[f]	1.1×10^{-8}	2.9×10^{-9}
75-07-0	乙醛	—	4.0×10^{-5}	4.1×10^{-6}	2.7×10^{-5}
107-02-8	丙烯醛	—	6.4×10^{-6}	—	$\mathbf{1.7\times10^{-5}}$
120-12-7	蒽	—[e]	—[f]	2.5×10^{-8}	3.4×10^{-8}
7440-38-2	砷	$<1.1\times10^{-5}$	—	—	—
71-43-2	苯	5.5×10^{-5}	1.2×10^{-5}	—	—
56-55-3	苯并蒽	—[e]	—[f]	1.5×10^{-8}	2.8×10^{-9}
50-32-8	苯并[*a*]芘	—[e]	—[f]	—	—
205-99-2	苯并[*b*]荧蒽	—[e]	—[f]	2.5×10^{-8}	3.3×10^{-9}
191-24-2	苯并[*g,h,i*]苝	—[e]	—[f]	—	1.9×10^{-9}
207-08-9	苯并[*k*]荧蒽	—[e]	—[f]	—	2.3×10^{-9}
7440-41-7	铍	$<3.1\times10^{-7}$	—	—	—
106-99-0	1,3-丁二烯	$<1.6\times10^{-5}$	$<4.3\times10^{-7}$	—	—
7440-43-9	镉	4.8×10^{-6}	—	2.9×10^{-6}	5.3×10^{-6}
18540-29-9	铬（六价）	2.2×10^{-6}[g]	—	$\mathbf{7.0\times10^{-6}}$	$\mathbf{1.5\times10^{-6}}$
7440-47-3	铬（总）	1.1×10^{-5}	—	5.0×10^{-5}	1.3×10^{-5}
218-01-9	䓛	—[e]	—[f]	1.1×10^{-7}	4.9×10^{-9}
7440-50-8	铜	—	—	1.2×10^{-5}	4.1×10^{-5}
53-70-3	二苯蒽	—[e]	—[f]	—	—
100-41-4	乙苯	—	3.2×10^{-5}	—	—
206-44-0	萤蒽	—[e]	—[f]	9.9×10^{-8}	1.2×10^{-8}
86-73-7	芴	—[e]	—[f]	—	1.8×10^{-9}
50-00-0	甲醛	2.8×10^{-4}	7.1×10^{-4}	3.1×10^{-3}	3.1×10^{-4}
7783-06-4	硫化氢	—	—	—	—
193-39-5	茚并[1,2,3-*c,d*]芘	—[e]	—[f]	—	1.8×10^{-9}
7439-92-1	铅	1.4×10^{-5}	—	$\mathbf{3.6\times10^{-5}}$	2.8×10^{-5}
7439-96-5	锰	7.9×10^{-4}	—	4.8×10^{-5}	1.3×10^{-4}
7439-97-6	汞	1.2×10^{-6}	—	4.4×10^{-6}	1.5×10^{-5}

CAS 号	物质	燃气轮机各种燃料燃气轮机排放系数[a,b]			
		馏分油，无特定型号[c]	天然气，无特定型号[d]	天然气/炼油厂燃料气/液化石油气，管式燃烧气	天然气/炼油厂燃料气/液化石油气，非管式燃烧气
91-20-3	萘	3.5×10^{-5}[e]	1.3×10^{-6}[f]	3.7×10^{-5}	7.3×10^{-7}
7440-02-0	镍	$<4.6\times10^{-6}$	—	7.7×10^{-5}	1.7×10^{-4}
85-01-8	菲	—[e]	—[f]	6.4×10^{-7}	6.5×10^{-8}
108-95-2	酚	—	—	2.2×10^{-5}	6.7×10^{-6}
115-07-1	丙烯	—	—	—	1.6×10^{-3}
129-00-0	芘	—[e]	—[f]	1.2×10^{-7}	2.3×10^{-8}
7782-49-2	硒	$<2.5\times10^{-5}$	—	—	—
108-88-3	甲苯	—	1.3×10^{-4}	**1.6×10^{-4}**	3.1×10^{-4}
1330-20-7	二甲苯	—	6.4×10^{-5}	**3.7×10^{-4}**	7.7×10^{-4}
7440-66-6	锌	—	—	1.2×10^{-4}	5.0×10^{-3}

注：lb/MMBtu—磅/百万英热单位。

a 来源：Hansell 和 England（1998），除非另有说明。

b 粗体的值表示所有的测试值低于检测极限。

c 来源：U.S.EPA（1995），3.1 节，表 3.1-4 和表 3.1-5，排放系数基于精制油平均热值（HHV）139 MMBtu/10^3 gal。

d 来源：U.S.EPA（1995），3.1 节，表 3.1-3，排放系数基于 60°F 时精制油平均热值（HHV）1 020 MMBtu/10^3 gal。

e 总多环芳烃（PAH）排放系数为 4.0×10^{-5} lb/MMBtu。

f 总 PAH 排放系数为 2.2×10^{-6} lb/MMBtu。

g 假设六价铬排放系数是总铬排放系数的 20%。燃油锅炉六价铬排放系数为总铬排放系数的 30%（基于检出限，可能会高估六价铬的排放量），燃油公用工程六价铬排放系数为总铬排放系数的 18%，因此，对以馏分油为燃料的燃气轮机六价铬排放系数的合理估计值是 20%。

5 工艺排放口

炼油厂有很多工艺和设备会将污染物通过工艺排口直接外排。大多数工艺排口可使用火炬、热焚烧器或其他废气污染控制技术加以控制。本章介绍了关键工艺排放口以及考虑控制手段在内的排放估算方法。在有些炼油厂，工艺尾气被引入燃料气系统而不是经控制设施处理后排入大气，这些气体与燃料气一起在固定源燃烧设施（工艺加热器或锅炉）或火炬中燃烧。因此，这些废气的排放量可能包含在固定燃烧源（第 4 章）或火炬（第 6 章）的排放估算中。工艺排放废气估算应使用本章的方法，而不能使用炼油厂燃料气系统的估算方法。另外，本章还提供了催化裂化装置（CCU）、焦化装置、催化重整装置（CRU）、硫磺回收装置和其他工艺装置（制氢、沥青氧化、煅焦、放空系统和抽真空系统）的排放估算方法。

表 5-1 汇总了工艺排放口污染物测量或估算方法，并按预期精确度对方法进行了排序。在给出的测量方法（等级）中，可能还有确定具体组分排放量的其他方法。工艺排放口 1 级和 2 级方法（例如，采用 CEMS）在第 4 章已有描述。尽管本章在各个工艺放空估算中会提及这些方法，但是关于计算实例以及使用 CEMS 确定质量排放速率时应考虑的事项，还应查阅第 4 章的相关内容。

表 5-1 工艺排放口排放量多级估算方法汇总

等级	流量估算方法	组合分析数据
1	连续流量计	连续气体组成分析器
2	工程估算（如 F 系数）	连续气体组成分析器
3	连续流量计或工程估算	临时采样
4	测量的工艺速率	基于源测试的特定污染源排放系数
5	测量的工艺速率	默认排放系数

5.1 催化裂化装置

催化裂化装置（CCU）催化剂再生器排放口通常是炼油厂最大的单一排放口。催化裂化是一种将重馏分裂化成更轻、更有用馏分（像加热油或汽油）的催化工艺过程。催化裂化装置由一台反应器、一台催化剂再生器（通常叫再生器）、用于热量回收和控制排放的工艺设备和烟囱组成。几乎所有催化裂化装置都采用流化床反应器工艺，使用空气或油气流在反应器和再生器之间输送细微的催化剂颗粒。这类流化的催化裂化系统一般被称作流化催化裂化装置（FCCU）。有2～3个炼油厂在移动床反应器系统使用较大的催化剂小球，通常被称作热催化裂化装置（TCCU）。尽管可以得到某个热催化裂化装置PM、SO_2和NO_x的排放数据，但几乎所有可得到的排放数据均专用于流化催化裂化装置。当烧焦速率正常时，热催化裂化装置排放量类似于相似操作（不受控的）的流化催化裂化装置排放。因此，虽然本章的排放清单方法主要基于流化催化裂化装置的工况和排放数据，但除非可以得到直接排放数据，上述排放清单法也适用于热催化裂化装置系统。

催化裂化装置催化剂再生器排放口释放的污染物种类很多，包括PM、SO_2、NO_x、CO、VOC、金属HAP、有机HAP和氨气。作为裂化反应的副产物，焦炭附着在催化剂颗粒上，降低了催化剂的活性，积碳催化剂从催化裂化装置反应器返回到再生器中，通过连续烧焦进行再生。催化裂化装置再生器有两种基本型：完全燃烧再生器和部分燃烧再生器。完全燃烧再生器一般在1 200～1 400℉条件下操作，出口烟气中氧气过剩并且一氧化碳含量较低（<500 ppmv）。部分（或不完全）燃烧再生器一般在1 000～1 200℉、限制氧含量和一氧化碳在1%～5%的条件下操作。离开再生器之前，再生烟气携带的催化剂颗粒被内置旋风分离器脱除，然后返回至再生器催化剂床层，以循环至反应器重复使用。

在常规基础上，除去系统内少量的循环催化剂，通常被称作平衡催化剂（E-cat），然后添加新的催化剂来保持催化剂的活性和补偿催化剂的损失。各种添加剂也随新鲜催化剂加入到反应-再生系统，以降低NO_x或SO_2的排放或促进完全燃烧（从而降低CO排放）。尽管催化裂化装置排放口是催化裂化装置的主要排放源，但是处置新鲜催化剂或废平衡剂（E-cat）时排放的粉尘也应计算并包含在催化裂化装置系统的排放清单中。

再生烟气从催化裂化装置再生器排出后，可通过热量回收或污染控制设施减少污染物的排放。对于一个完全燃烧式催化裂化装置，废热锅炉经常用于回收烟气的余热。热量回收系统也具有在 PM 或其他附加控制系统前冷却烟气的功能。催化裂化装置最常见的控制设备是静电除尘器（ESP）或湿式洗涤器。对于部分燃烧式催化裂化装置，首要控制系统一般是 CO 锅炉，它可以把再生烟气中 CO 燃烧为 CO_2 并回收燃烧热和烟气余热（一般副产蒸汽）。

5.1.1 催化裂化装置 1 级和 2 级方法

对于 SO_2、NO_x、CO 和 VOC，许多催化裂化装置都有 CEMS 系统，可测定废气中这些污染物的含量。尽管催化裂化装置很少有 PM 的检测系统，但是如果使用了 PM 的 CEMS 系统，即使在 5.1.2.1 节和 5.1.2.2 节中提到的一些 PM 方法存在争议，这些检测也应该作为催化裂化装置的 1 级或 2 级方法。同样的，如果具体 HAPs 也使用 CEMS，这些测量应作为催化裂化装置的 1 级或 2 级方法使用并申报。气体流量可直接检测，但在大多数情况下，可以用空气送风率和组分监视器（与基于烧焦速率的 *F* 系数相似）计算烟气流量。可以使用 40 CFR 第 63 部分 UUU 分项的方程根据气体组成分析仪的测量结果估算流量。该分析仪一般用于检测再生器燃烧参数。当有 CEMS 或直接流量检测器时，使用这些检测数据可计算年度污染物排放量。

5.1.2 催化裂化装置 3 级和 4 级方法

对于 VOC、PM 和特征污染物 HAP，许多炼油厂已经对其催化裂化装置进行了源测试。一般来讲，这种测试并不频繁，因此，测试结果只能代表某特定时间和工况的排放速率。与其假设某运行周期测量的质量排放速率代表了所有运行过程，不如认为该数据最适合用于开发特定污染源排放系数。这种排放系数是用测量的排放速率（lb/h）除以加工量（每小时通过量）。通常，最好用烧焦速率校正催化裂化装置催化再生器排放口的排放；但是，如果催化裂化装置进料平稳且操作情况无明显波动，则可以使用基于产量的排放系数。如果已对催化裂化装置进行了多次测试，催化裂化装置或它的控制系统没有进行大幅度改造，则应使用排放系数的算术平均值来估算年平均排放量。如果催化裂化装置或其控制系统进行了改造，则应使用最新的源测试结果确定特定排放系数。为了估算小时排放量的最大值，应使用各轮测试开发出的最高排放系数和催化裂化装置最大加工量（或烧焦速率）。

实例 5-1：特定污染源排放系数的开发

为了确定催化裂化装置的 PM 排放速率，对排放源进行了测试。共进行三轮测试；第 1 轮、第 2 轮和第 3 轮测量的 PM 排放速率分别是 20.2 lb/h、25.1 lb/h 和 17.6 lb/h。第 1 轮、第 2 轮和第 3 轮测试的进料量分别是 1 600 bbl/h、1 700 bbl/h 和 1 500 bbl/h；烧焦速率是 25 000 lb/h、29 000 lb/h 和 23 000 lb/h。确定适合的催化裂化装置排放系数用于年度排放量计算。

首先，计算每轮测试的排放系数，然后取这些排放系数的平均值。可以使用不同的标准化系数来评估这些排放系数，如产量和烧焦速率。具体如下：

第 1 轮：排放量/产量＝20.2(lb/h)÷1 600(bbls/h)＝0.012 6 lb/bbl＝12.6 lb/Mbbl

排放量/烧焦速率＝20.2 lb/h÷25（1 000 lb/h）＝0.808 lb/1 000 lbs 烧焦

第 2 轮：排放量/产量＝25.1（lb/h）÷1.7（Mbbl/h）＝14.8 lb/Mbbl

排放量/烧焦速率＝25.1 lb/h÷29（1 000 lb/h）＝0.866 lb/1 000 lbs 烧焦

第 3 轮：排放量/产量＝17.6（lb/h）÷1.5（Mbbl/h）＝11.7 lb/Mbbl

排放量/烧焦速率＝17.6 lb/h÷23（1 000 lb/h）＝0.765 lb/1 000 lb 烧焦

平均：排放量/产量＝（12.6＋14.8＋11.7）÷3＝13.0 lb/Mbbl

排放量/烧焦速率＝（0.808＋0.866＋0.765）÷3＝0.813 lb/1 000 lbs 烧焦

有很多方法可用来确定最合适的排放系数。一种方法是比较测试范围和三轮平均值。对于以产量为基础的排放系数，最高的单轮排放系数比平均值高 14%[100%×（14.8−13）÷13]，最低的单轮排放系数比平均值低 10%。对于烧焦速率的排放系数，最高的单轮排放系数比平均值大 6.5%[100%×（0.866−0.813）÷0.813]，最低单轮排放系数比平均值低 5.9%。烧焦速率排放系数的下限（以平均值的百分数）表明，通过烧焦速率标准化的排放量，要考虑所观察到的排放与实际产量大大不同。因而，在本实例中用烧焦速率排放系数而不用基于产量的排放系数。

在本实例中，各轮的最高运行排放系数采用 0.866 lb/1 000 lbs 烧焦，结合年间最大小时烧焦速率估算该催化裂化装置的最大小时排放速率。

尽管可以用源测试数据开发 PM、VOC、有机 HAP 组分或金属 HAP 组分的特定污染源排放系数，但是对于 PM 仍有一些专用术语和呈报做法值得另行指导。另外，已经根据特定点 PM 排放速率开发出的催化裂化装置金属 HAP 排放准 4 级估算方法需要额外加以说明。以下章节对提供完整的 PM 排放估算和从 PM 源测试信息中估算 HAP 排放做出了附加指导。

5.1.2.1 PM 排放清单和测试方法注意事项

PM 排放清单有其自身的术语和结构。为了正确呈报 PM 排放，需要理解呈报术语和 PM 测试方法。本节提供了 PM 排放的指南和背景信息（主要是 PM 测试方法），尤其是测试催化裂化装置排放口常用的一些方法。

PM 排放清单术语

PM 排放清单有其自己的术语和结构。完整的 PM 排放清单包括下列内容：

- PM_{10}-PRI：粒径小于或等于 10 μm 的 PM。PM_{10}-PRI＝PM_{10}-FIL＋PM-CON。
- PM_{10}-FIL：粒径小于等于 10 μm 的 PM 中可过滤的部分（或前半段）。
- PM-CON：可冷凝的 PM（或后半段）。所有可冷凝 PM 粒径都小于 2.5 μm。
- $PM_{2.5}$-PRI：粒径小于等于 2.5 μm 的 PM。$PM_{2.5}$-PRI＝$PM_{2.5}$-FIL＋PM-CON。
- $PM_{2.5}$-FIL：粒径小于等于 2.5 μm 的 PM 中可过滤的部分（或前半段）。

尽管完整的 PM 排放清单只包括粒径小于等于 10 μm 的 PM 排放，一些测量方法也收集粒径大于 10 μm 的 PM 颗粒。使用下列术语表示粒径大于 10 μm 的 PM 排放。

- PM-PRI：所有粒径的 PM 的排放。PM-PRI＝PM-FIL＋PM-CON。
- PM-FIL：所有粒径的 PM 中可过滤的部分（或前半段）。

U.S.EPA 方法 5、方法 5B 和方法 5F 是最常用的催化裂化装置 PM 排放测量方法。方法 5 采样环节由采样探头、伴热管线和过滤器以及一系列空气采样器（保存在冰浴器中）组成。方法 5、方法 5B 或方法 5F 采样测量的 PM 包含在采样探头和过滤器中，通常称之为“前半部分”或“可过滤的”PM 捕捉。在采样环节的空气采集器段内冷凝的部分 PM 被称作“后半部分”捕捉或“可冷凝”的 PM。

U.S.EPA 方法 5、方法 5B 和方法 5F 之间的主要区别之一是方法 5 的采样管和过滤器需保持在 250℉，而方法 5B 和方法 5F 需保持在 325℉。尽管上述方法一般不用于催化裂化装置，但 U.S.EPA 还有其他的 PM 测试方法。U.S.EPA 方法 17 与方法 5 相似，只是方法 17 中采样管的过滤器在烟囱里，因此“可过滤的”PM 含量是在烟囱温度条件下测得。U.S.EPA 方法 201 与方法 17 类似，只是在过滤器之前多了一台旋风分离器或其他设备过滤去除直径大于 10 μm 的颗粒物，以便方法 201 直接确定 PM_{10}-FIL。U.S.EPA 方法 201A，前身为 U.S.EPA 其他测试方法 27（OTM27），类似于 U.S.EPA 方法 201 在烟囱温度下采样，但它采用的是一系列旋风分离器分别去除直径大于 10 μm 和 2.5 μm 的颗粒物。从第二个旋风分离器捕捉的颗粒物可以用于确定直径 2.5～10 μm 的 PM 排放量。OTM27 方法捕捉到的“可过滤物”可直接测量 $PM_{2.5}$-FIL。因而，U.S.EPA 方法 201A 为直接确定 PM-FIL、PM_{10}-FIL 和 $PM_{2.5}$-FIL 提供了一种方法。如果使用 PM CEMS，测量的仅是可过滤 PM（如 PM-FIL）。

方法 5、方法 17 或方法 201 变形的方法只描述了确定“前半部分”或“可过滤”PM 的程序。U.S.EPA 方法 202，前身为 U.S.EPA 其他测试方法 28（OTM28），采用干燥冷凝罐后的液体冲击器，并规定了可冷凝 PM（如 PM-CON）的质量确定步骤。尽管方法 202 一般参考方法 17（方法 201 或方法 202A）的采样环节，但它也可以与 U.S.EPA 方法 5、方法 5B 或方法 5F 结合使用。由于方法 5 对过滤器温度的要求与方法 5B 或方法 5F 以及方法 17 不同，所以，可过滤以及可冷凝的那部分 PM（采样温度的函数）随使用的 PM 采样方法不同而变化。由于催化裂化装置的大多数数据是使用 U.S.EPA 方法 5B 或方法 5F 获得的，可冷凝 PM 默认排放系数最适合采用方法 5B 或方法 5F 收集到的可过滤数据，但也可与方法 5 的采样数据一同使用。如果使用方法 202，出于排放清单原因，不管使用的何种采样方法（如采样温度），“后半部分捕捉”可以认为是 PM-CON。

PM 微粒与催化裂化装置微粒的比较

从催化裂化装置再生器排出的细颗粒通常被称作“微粒”或“流化催化裂化装置微粒”。在本排放协议文件中，从催化裂化装置再生器排出的细颗粒物被称为催化裂化装置微粒。请注意，催化裂化装置微粒不等于 PM 微粒，PM 微粒是颗粒直径小于或等于 2.5 μm 的颗粒物。一般来讲，我们使用 $PM_{2.5}$ 表示直径小于或等于 2.5 μm 的颗粒。正如表 5-2 所示，只有一部分催化裂化装置的微粒是 PM 微粒。

小结：PM CEMS 和 U.S.EPA 的方法 5（包括方法 5B 或方法 5F）和方法 17 提供了 PM-FIL 的测量方法；U.S.EPA 方法 201 提供了 PM-FIL 和 PM10-FIL 的测量方法；U.S.EPA 方法 201A 提供 PM-FIL、PM_{10}-FIL 和 $PM_{2.5}$-FIL 的测量方法。U.S.EPA 方法 202 提供了 PM-CON 的测量方法。需要重点注意的是：在方法 5F 中，通过确定硫酸铵颗粒并从总捕捉颗粒物中减去，以此确定非硫酸盐 PM 排放量。尽管非硫酸盐 PM 值可用于规定用途（炼油厂 NSPS 或炼油厂 MACT Ⅱ），但排放清单中报告的排放量应包括总可过滤 PM 的量。也就是说，为了呈报排放清单，应使用减去硫酸盐 PM 排放之前的总 PM 来确定 PM-FIL。硫酸盐颗粒物 PM 应 100%视为 PM 细颗粒（如 $PM_{2.5}$）。以下部分提供了典型催化裂化装置颗粒粒径分布的附加指南。

5.1.2.2 催化裂化装置 PM 粒径分布估算

AP-42 不包括不受控的催化裂化装置 PM 排放的 PM 粒径分布数据，但含有不同类型 PM 控制设备的默认控制效率。在炼油厂 MACT 2 规则（40 CFR 第 63 部分 UUU 小结；摘要 No.A-97-36，项目号Ⅳ-D-19，附件 3、附件 6 和附件 9）的摘要中给出了有限数量的颗粒粒径分布研究成果。从这些数据中，可以确定直径小于 2.5 μm 和 10 μm 的颗粒物占总可过滤 PM 的质量分数，表 5-2 提供了具有代表性的数据。表 5-2 也提供了受控的催化裂化装置排放的 PM 粒径分布默认值。受控的催化裂化装置默认粒径分布系数是根据 AP-42 中不受控的 PM 粒径分布和控制装置的默认控制效率得到。由于不同控制装置排出的 PM 的粒径分布相似，对受控的催化裂化装置单独提供了一套粒径分布系数。所考虑的控制装置包括四级旋风分离器、湿式洗涤器、文丘里洗涤器、ESP 和纤维过滤器。所有的 PM-CON 均被认为小于 2.5 μm。这里提供粒径分布数据指南专用于流化催化裂化装置，热催化裂化装置的操作设施应使用特定点粒径分布数据（如果有的话）；否则，对于再生器后没有 PM 控制装置的催化裂化装置，应当采用表 5-2 中默认系数，根据颗粒粒径估计 PM 排放量。

表 5-2 催化裂化装置排出可过滤 PM 的默认粒径分布

源描述	小于 2.5 μm 的 PM-FIL 分数	小于 10 μm 的 PM-FIL 分数
催化裂化装置，再生器后无 PM 控制装置	0.30	0.50
催化裂化装置，再生器后有 PM 控制装置（四级旋风分离器、湿式洗涤器、ESP 或纤维过滤器）	0.80	0.97

实例 5-2：PM 排放清单的计算

对于带有 ESP 控制设施的 50 000 bbl/cd 催化裂化装置装置，可以得到下列信息。平均情况下，催化裂化装置烧焦速率 36 000 lb/h，年运行时间为 8 700 h。在使用 U.S.EPA 方法 5F 的最近一次源测试中，催化裂化装置的非硫酸盐 PM 排放量 0.7 lb/1 000 lb 烧焦，PM 排放量（包括硫酸盐）0.9 lb/1 000 lb 烧焦。“后半部分”捕捉经过分析确定为 0.45 lb/1 000 lb 烧焦。

PM-FIL＝0.9（lb/1 000 lb 烧焦）×36（1 000 lb/h 烧焦）×8 700（h/a）＝281 880 lb/h
＝140.9 t/a

PM-CON＝0.45（lb/1 000 lb 烧焦）×36（1 000 lb/h 烧焦）×8 700（h/a）

$=140\ 940\ \text{lb/h}=70.5\ \text{t/a}$

PM-PRI = PM-FIL + PM-CON = 140.9 + 70.5 = 211.4 t/a

对于方法 5F，加以考虑了硫酸盐 PM，因为所有这类 PM 均小于 2.5 μm。对于方法 5 或方法 5B，PM_{10}-FIL =（表 5-2 中小于 10 μm 的分数）×PM-FIL。对于方法 5F，PM_{10}-FIL =（表 5-2 中小于 10 μm 的分数）×$PM_{非硫酸盐}$ + $PM_{硫酸盐}$。对于 $PM_{2.5}$-FIL 的计算需要类似的考虑。由于催化裂化装置烟气是受控的，在计算 PM_{10}-FIL 时表 5-2 中的相应分数是 0.97，在计算 $PM_{2.5}$-FIL 时是 0.80。

$PM_{非硫酸盐}$ = 0.7（lb/1 000 lb 烧焦）×36（1 000 lb/h 烧焦）×8 700（h/a）

= 221 9 240 lb/h = 109.6 t/a

$PM_{硫酸盐}$ = PM-FIL-$PM_{废硫酸盐}$ = 140.9−109.6 = 31.3 t/a

PM_{10}-FIL =（表 5-2 中小于 10 μm 的分数）×$PM_{非硫酸盐}$ + $PM_{硫酸盐}$

= 0.97×109.6 + 31.3 = 137.6 t/a

PM_{10}-PRI = PM_{10}-FIL + PM-CON = 137.6 + 70.5 = 208.1 t/a

$PM_{2.5}$-FIL =（表 5-2 中小于 2.5 μm 的分数）×$PM_{非硫酸盐}$ + $PM_{硫酸盐}$

= 0.8×109.6 + 31.3 = 119.0 t/a

$PM_{2.5}$-PRI = $PM_{2.5}$-FIL + PM-CON = 119.0 + 70.5 = 189.5 t/a

5.1.3 催化裂化装置金属 HAP 排放估算 5A 级方法

在催化裂化装置生产过程中，金属沉积在催化剂颗粒上，使催化剂慢慢失活。同样在生产过程中，催化剂颗粒慢慢破裂为更细的颗粒，这些细颗粒不能被催化裂化装置再生器内置旋风分离器回收。为了保持催化剂的活性，生产过程中要定期排出一部分循环催化剂（例如，E-cat）并补充新鲜催化剂。新催化剂颗粒通常有不规则形状（棱角），在催化剂循环过程中会破裂。因此，从催化裂化装置再生器排出的催化裂化装置微粒中新鲜催化剂的比例略高于平衡催化剂。这是非常重要的，因为与已循环了几天或几周的催化剂相比，新鲜催化剂很少有金属沉积。可成对得到的平衡催化剂和催化裂化装置微粒的数据表明，催化裂化装置微粒上金属 HAP 浓度通常低于平衡催化剂，这进一步支持了催化裂化装置微粒中新鲜催化剂比例高于平衡催化剂的假设。

如果进行了金属 HAP 排放测试，则能确定特定点金属 HAP 排放系数（使用 5.1.2 节中提供的方法）并直接作为 4 级方法来估算金属 HAP 排放速率。然而，很少工厂对其催化裂化装置进行了金属 HAP 特定排放测试。另一方面，几乎所有工厂均定期检测催化裂化装置平衡催化剂（如催化裂化装置中的催化剂，一般称作“平衡催化剂”）中的金属污染物，以监视催化剂活性及是否需要更换。有些企业也偶尔检测催化裂化装置微粒中金属 HAP 的浓度。

如果企业有特定点的 PM 排放系数，可以根据催化裂化装置微粒或平衡剂分析数据，采用本章中描述的方法计算特定点 HAP 排放速率。催化裂化装置金属 HAP 排放估算 5A 级方法比默认排放系数更具代表性，但准确性不如直接测量获得的特定 HAP 排放系数。该方法涉及使用特定（非硫酸盐，如果可得到）PM 排放速率，根据催化裂化装置微粒或平衡剂上金属 HAP 的浓度，使用本章提供的步骤估算 PM 上的金属 HAP 浓度。该方法不适用于汞（Hg），因为它假设金属与催化剂颗粒有关且不在气相中。

如果可以得到催化裂化装置微粒的金属 HAP 浓度，假设排放的 PM 与催化裂化装置微粒金属 HAP 浓度相同，可以使用这些数据估算排放 PM 中的金属 HAP 浓度。如果没有催化裂化装置微粒中金属 HAP 浓度，可以按平衡剂金属 HAP 浓度的 80%估算排放 PM 中的金属 HAP 组成。

催化裂化装置微粒或平衡剂中镍和钒的浓度可以通过分析检测获得，因为这两种物质是降低催化裂化装置催化剂活性的主要金属，其他金属的浓度也可以通过分析检测获得。表 5-3 列出了催化裂化装置微粒中常见的金属 HAP。如果不能确定催化裂化装置微粒或平衡剂上这些金属 HAP 的浓度，则应使用检测的镍浓度和表 5-3 中提供的“其他金属 HAP 与镍的浓度比率”进行估算。

方程（5-1）是根据年度 PM 排放速率和催化裂化装置微粒金属 HAP 浓度，计算年度金属 HAP 排放量的基本方程。

$$E_i = \text{PM-FIL} \times \frac{C_i}{1\,000\,000\ \text{mg/kg}} \tag{5-1}$$

式中：E_i——金属 HAP i 的排放速率，t/a；

PM-FIL——来自特定点 PM 排放系数的可过滤 PM 排放速率；如果使用 U.S.EPA 方法 5F，则使用 $\text{PM}_{非硫酸盐}$而不使用 PM-FIL，t/a；

C_i——催化裂化装置微粒上金属 HAP i 的浓度，mg/kg；

$C_i=0.8\times C_{平衡剂}$，如果只得到平衡催化剂浓度；

$C_i=C_{镍}\times$（表 5-3 的系数），如果无法得到其他金属 HAP 浓度。

注意事项：当无法得到其他金属 HAP 浓度时：$E_i=E_{镍}\times$（表 5-3 的系数）。如果得到钒的浓度但得不到镍的浓度，可以用钒的浓度除以表 5-3 中钒的默认比率后计算出镍的浓度，然后根据计算的镍浓度和表 5-3 中的默认比率计算其他金属 HAPs 的浓度。

表 5-3 催化裂化装置微粒金属 HAP 组成的默认比率[a]

金属 HAP	金属 HAP 与镍的浓度比率
锑	0.065
砷	0.010
铍	0.003
镉	0.013
铬（总）[b]	0.25[b]
钴	0.052
铅	0.08
锰	0.13
镍	1.00
硒	0.025[c]
钒	1.32
锌[d]	0.74

注：a 浓度比率是根据 6 个炼油厂静电除尘器粉尘分析结果的平均值。

b 可以评估六价铬的数据有限。如果得不到特定数据，建议使用总铬排放量的 10%作为默认值估算与催化裂化装置相关的六价铬排放量。

c 硒可变性很强，检出限值高低不等。因此，这个值有较高的不确定性。

d 钒和锌不是 HAPs，但作为关注的其他污染物在此列出（和表 1-1 中）。

实例 5-3：金属 HAP 排放量估算的 5A 级方法

在前面的实例中计算出 $PM_{非硫酸盐}$排放量为 109.6 t/a。如果只能得到平衡剂的镍浓度，那么平均浓度为 1 200 mg/kg 时金属 HAP 排放量是多少？

根据平衡剂上镍浓度计算排出 PM 中的镍浓度：

$C_{镍}=0.8\times1\,200=960$ mg/kg

使用下列方程，根据 PM 上的镍浓度来计算镍的排放量：

$E_{镍}=109.6\text{t/a}\times$（960 mg/kg）÷（1 000 000 mg/kg）$=0.105$ t/a

使用下列方程，根据镍浓度及估算其他金属 HAP 的排放量：

$E_{锑}=0.105\ \text{t/a}\times0.065=0.006\,8\ \text{t/a}$

$E_{砷}=0.105\ \text{t/a}\times0.010=0.001\,05\ \text{t/a}$

$E_{铍}=0.105\ \text{t/a}\times0.003=0.000\,3\ \text{t/a}$

$E_{镉}=0.105\ \text{t/a}\times0.013=0.001\,4\ \text{t/a}$

$E_{铬}=0.105\ \text{t/a}\times0.25=0.026\ \text{t/a}$

$E_{钴}=0.105\ \text{t/a}\times0.052=0.005\,5\ \text{t/a}$

$E_{铅}=0.105\ \text{t/a}\times0.08=0.008\,4\ \text{t/a}$

$E_{锰}=0.105\ t/a\times0.13=0.014\ t/a$

$E_{硒}=0.105\ t/a\times0.025=0.002\ 6\ t/a$

$E_{钒}=0.105\ t/a\times1.32=0.14\ t/a$

$E_{锌}=0.105\ t/a\times0.74=0.088\ t/a$

尽管在催化裂化装置再生器排放口总铬排放浓度高出检出限，但进行了很少量测试来确定六价铬的排放量。已经完成的少量测试中在检出限以上没有发现六价铬，但检出限已与检测到的总铬排放量相比较。燃煤电厂的六价铬排放显示，六价铬排放是总铬排放的 11%（U.S.EPA，1998c）。基于这些有限的数据，建议催化裂化装置排放口六价铬的排放量为总铬排放量的 10%。因而，在所提供的计算范例中，六价铬排放量估算为 0.002 6 t/a。

也应该估算催化裂化装置的汞排放，然而，不能用 PM 排放量校正汞排放量，因为汞的排放与颗粒物排放关系不大。应该用产量或烧焦速率校正汞排放量。因此，对于汞排放量的估算应独立于其他金属 HAP。如果根据现场的源测试数据得到汞排放数据，可以使用源测试数据作为金属 HAP 排放估算 4 级方法，来开发特定污染源排放系数。否则，用默认的排放系数（5B 级方法）而非 5A 级方法来估算汞排放量。

5.1.4 催化裂化装置 5B 级方法

对于多数有机 HAP（如甲醛、苯、苯并[*a*]芘、二噁英/呋喃）和其他污染物（如氰化氢和 Hg），可以得到默认的排放系数。当没有直接排放检测数据或特定污染源排放系数时，应使用表 5-4 中的默认排放系数计算催化裂化装置再生器排放口的污染物排放量。注意：如果满足 500 ppmv 的一氧化碳排放限值，所有催化裂化装置被视为“有机物受控”。

表 5-4 催化裂化装置催化剂再生器排放口有机 HAP 排放系数

CAS 号	化合物	排放系数/（lb/MMbbl）[a]	排放系数/（lb/1 000lb 烧焦）[b]
挥发性有机物			
75-07-0	乙醛	20	0.001 3
67-64-1	丙酮	2.4	1.6×10^{-4}
107-02-8	丙烯醛	1.0	6.6×10^{-5}
71-43-2	苯	18	1.1×10^{-3}
74-83-9	溴甲烷	2.1	1.4×10^{-4}
106-99-0	1,3-丁二烯	0.033	2.0×10^{-6}

CAS 号	化合物	排放系数/（lb/MMbbl）[a]	排放系数/（lb/1 000lb 烧焦）[b]
100-41-4	乙苯	0.24	1.6×10^{-5}
50-00-0	甲醛	260	0.016
75-09-2	亚甲基氯	6.7	4.4×10^{-4}
108-95-2	酚	8.7	5.7×10^{-4}
108-88-3	甲苯	3.5	2.1×10^{-4}
75-69-4	三氯氟甲烷	2.4	1.6×10^{-4}
1330-20-7	二甲苯	3.2	2.1×10^{-4}
半挥发性和非挥发性有机物（不含二噁英和呋喃）			
83-32-9	苊	0.003 3	2.2×10^{-7}
208-96-8	苊烯	0.13	7.8×10^{-6}
120-12-7	蒽	0.10	6.7×10^{-6}
56-55-3	苯并[*a*]蒽	0.000 52	3.8×10^{-8}
50-32-8	苯并[*a*]芘	0.011	7.1×10^{-7}
205-99-2	苯并荧蒽	0.003 5	2.4×10^{-7}
192-97-2	苯并[*e*]芘	0.000 45	3.3×10^{-8}
191-24-2	苯并[*g*,*h*,*i*]苝	0.004 6	3.1×10^{-7}
207-08-9	苯并[*k*]荧蒽	0.002 6	1.8×10^{-7}
218-01-9	䓛	0.003 3	2.3×10^{-7}
53-70-3	二苯并蒽	0.004 2	2.8×10^{-7}
206-44-0	荧蒽	0.093	6.1×10^{-6}
86-73-7	芴	0.037	2.4×10^{-6}
193-39-5	茚并[1,2,3-*c*,*d*]芘	0.004 4	3.0×10^{-7}
91-57-6	2-甲基萘	0.026	1.8×10^{-6}
91-20-3	萘	1.0	7.0×10^{-5}
85-01-8	菲	0.24	1.6×10^{-5}
129-00-0	芘	0.003 1	2.2×10^{-7}
二噁英/呋喃			
57117-31-4	呋喃：5F 23478	5.5×10^{-7}	3.2×10^{-11}
57117-44-9	呋喃：6F 123678	1.1×10^{-6}	6.3×10^{-11}
35822-46-9	二噁英：7D 1234678	9.4×10^{-7}	5.6×10^{-11}
无机物			
7664-41-7	氨	13 000	0.57
75-15-0	二硫化碳	0.56	3.7×10^{-5}
7647-01-0	氯化氢	1 800	0.11
74-90-8	氰化氢	770	0.049

CAS 号	化合物	排放系数/（lb/MMbbl）[a]	排放系数/（lb/1 000lb 烧焦）[b]
7439-97-6	汞	1.1	6.0×10^{-5}

注：a 催化裂化装置有机物受控下的排放系数，单位为磅/百万桶催化裂化装置进料。
b 催化裂化装置有机物受控下的排放系数，单位为磅/千磅烧焦。

表 5-4 给出的排放系数是基于炼油厂 MACT 2 规则所收集到的排放数据。虽然在如何处理离散点和非检出限值方面略有不同，但表 5-4 中的排放系数与 Bertrand 和 Siegell（2002）开发的平均排放系数基本一致。

当缺乏 PAH 和呋喃的排放数据时，这些化合物的排放估算有很大的不确定性。加利福尼亚空气资源委员会（CARB）在 U.S.EPA 的协助下，进行了一次完全燃烧流化催化裂化装置排放源测试（无后燃烧装置）。在所有测试中唯一检测到的二噁英的异构体是八氯二苯并对二噁英（OCDD）；在一次测试中检出了八氯二苯并呋喃（OCDF）和七氯二苯并二噁英（hepta-CDD）。所有检测出的二噁英/呋喃的量都在分析方法检出限以下。所有多氯联苯（PCBs） 异构体都低于检出限。在炼油厂 MACT Ⅱ排放系数的开发体系中不包括这个附加的源测试，但它确定了催化裂化装置催化剂再生器排放口二噁英/呋喃和 PCBs 的低排放量。

5.2 流化焦化装置

焦化装置是采用热裂化的方式把重质烃类裂化成更轻、更有用馏分，如加热油或汽油。焦化装置主要有三种类型：传统的流化焦化、灵活焦化和延迟焦化。与催化裂化装置再生器一样，传统的流化焦化装置是炼油厂最大的工艺排放源之一。不过，在美国仅有少数的传统流化焦化工艺在运行。灵活焦化工艺也很少，其不直接向大气排气。这些装置生产可以作为工艺加热炉和锅炉的燃料的低热值合成气。可用第 4 章中描述的方法来估算灵活焦化合成气燃烧产生的排放。目前，美国炼油厂新建的焦化装置基本都是延迟焦化，这个将在 5.3 节讨论。

流化焦化装置与催化裂化装置有几个相似之处。焦化装置包含一个燃烧器单元和一个反应器单元。在燃烧器单元，焦化反应的热量是由燃烧一部分自身产生焦炭来提供。在反应器单元，由于发生热裂化过程会产生细小的焦炭颗粒。在离开焦化装置之前，烟气携带的焦炭颗粒被内置旋风分离器脱除并作为产品回收，所生成的部分焦炭循环到燃烧器单元。焦炭燃烧器在有限空气环境下操作，充分燃烧转入的焦炭（为焦化反应提供热量），同时防止氧气进入反应器单元。焦化装置燃烧器排出的烟气含有高浓度的 CO，通常在 CO 锅炉内燃烧以回收其余热。CO 锅炉也起到燃烧烟气中夹带有机物的作用。然后将这些烟气进一步被处理去除其中的 PM 或 SO_2。流化焦化装置工艺排放口排放的污染物种类较多，包括 PM、SO_2、NO_x、CO、VOC、金属 HAP、有机 HAP 和氨气。

排放估算时要特别考虑流化焦化装置产生的燃料气中总硫化物的量。现在已发现焦化装置能够产生数量相当可观的甲硫醇和其他还原性硫化物。这些总硫化合物并不像硫化氢那样能从酸性气中有效脱除。因而，对于接收流体焦化装置产生燃料气的燃烧装置，其 SO_2 排放量还应考虑 H_2S 监视器测量不了的其他硫（详见第 4 章）。

需特别注意的是，流化焦化装置生产的焦炭在储运过程中可能会有较大的PM排放。在第 10 章中将对这些扬尘 PM 排放方法进行描述。

5.2.1 流化焦化装置 1 级和 2 级方法

对于 SO_2、NO_x、CO 和 CO_2，大多数装置将用 CEMS 检测废气的成分。废气的流量可以直接检测，但在很多情况下，要根据鼓风速率和组分监视器（与 F 系数相似）来计算。

5.2.2 流化焦化装置 3 级和 4 级方法

PM（如果没有连续监控，也适用于 SO_2 和 NO_x）的源测试数据应该是可以获得的，因此，可以得到特定污染源排放系数。污染物排放量主要是烧焦速率的函数，然而，用来评估该假设的数据是有限的。

5.2.3 流化焦化装置 5 级方法

对于流化焦化装置没有提供默认的排放系数。

5.3 延迟焦化装置

焦化装置是通过加热把重质烃类裂化成更轻、更有用馏分，如加热油或汽油。在美国多数运行的焦化装置都是延迟焦化装置。与多数其他炼油装置连续操作不同，延迟焦化装置是半间歇系统操作。多数延迟焦化装置由一台大型工艺加热炉、两台焦化塔、一台产品分馏塔和切焦设备组成。工艺加热炉把重质进料加热到接近裂化的温度，然后送入一台焦化塔。当发生裂化反应时，在焦化塔中生成焦炭，像海绵的固体焦在焦化塔中沉积。一旦焦炭塔填满，将进料切换到备用焦炭塔。在焦炭塔中注水使焦炭冷却，水迅速转化为水蒸气，水蒸气有助于冷却焦炭并吹扫焦孔中的有机物。当焦炭塔冷却到一定温度后，打开焦炭塔，使用高压水把焦炭从塔中除去，完成后封闭焦炭塔，准备重新使用。一般来说，单个焦炭塔在线收油需 14～18 h，然后脱线冷却和脱焦也需 14～18 h，因此，整个周期需要 28～36 h。

在反应过程中，延迟焦化装置是一个封闭系统。当焦炭塔脱线时，初始蒸汽工艺废气通过装置的分馏塔回收。在蒸汽循环的过程中，气体被送入排污系统回收液相，气体一般被送入火炬或其他控制设施，但也可能排放到大气中。在蒸汽工艺处理过程接近结束时，打开工艺排放口（打开焦炭塔之前），将剩余的水蒸气和有机物蒸汽释放到大气中。延迟焦化装置排放的主要是甲烷和乙烷，也包括各种挥发性和半挥发性有机物。

尽管本节主要说明延迟焦化装置工艺排放口的排放，但打开焦炭塔和焦炭塔的切焦过程中，该装置也会排放扬尘。在切焦过程中，保留在焦孔内部的烃类物质被释放入大气。目前，尚没有准确的方法估算切焦过程中直接向大气中排放的有机物的量。在第 10 章中，提供了切焦过程以及焦炭储运和装卸过程中 PM 排放量的估算方法。切焦水会吸收一些烃类，这些水也变为有机物排放源；因此，用于储存切焦液体的开口罐、存储池的有机物排放均应使用 7.2.5 节提供的方法进行估算。

与流化焦化装置类似，排放估算时要考虑延迟焦化装置产生的燃料气中存在的总硫化物。现在已发现焦化装置能够产生数量相当可观的甲硫醇和其他还原性硫化物。这些总硫化合物并不像硫化氢那样能从酸性气中有效脱除。因而，对于接收延迟焦化装置产生燃料气的燃烧装置，其 SO_2 排放量还应考虑 H_2S 监视器测量不了的其他硫（详见第 4 章）。

5.3.1 延迟焦化装置 1 级和 2 级方法

延迟焦化装置的排放是周期性的，主要是在生焦循环后装置泄压过程中产生，排放时间相对较短。因此，一般延迟焦化装置不使用 CEMS。如果使用 CEMS 的话，可以参照工艺排放口 1 级方法。由于使用 F 系数不能估算气体流量，因此，工艺排放口 2 级方法不适用于延迟焦化装置工艺排放口。

5.3.2 延迟焦化装置 3 级和 4 级方法

近期，在延迟焦化装置工艺排放方面开展了数量有限的源测试。对于已经完成源测试的企业，可以制定和使用特定污染源排放系数。预计污染物排放将是焦化塔总体积和初始排放压力的函数，然而，对于某特定的焦化装置，这些变量是不变的，可以使用从源测试得到的每个周期的排放速率。

5.3.3 延迟焦化装置5级方法

根据 5 套延迟焦化装置的源测试数据（SCAQMD，2004a，2004b，2004c，2004d；URS 公司，2008），确定了平均浓度和排放系数（见表 5-5）。在焦炭塔压力较高时，装置泄压时的排放量较高。需要指出的是，排放量也取决于泄压前蒸汽吹扫时间和焦炭塔的温度（蒸汽排气孔打开后产生多少额外的蒸汽）。由于延迟焦化装置蒸汽放空的复杂性，并且获得的测试数据有限，因此，目前还没有计算不同工艺变量（排放压力、塔温和排放前的蒸汽吹扫时间）的相互关系方程。当不能获得特定点测量或实测数据时，使用表 5-5 中默认的排放速率。

表 5-5 延迟焦化装置工艺排放口平均排放浓度和排放系数

CAS 号	化合物	排放口浓度/ppmv（湿基）	排放系数/（lb/循环）[a]
106-99-0	甲烷	7 600	200
74-84-0	乙烷	1 060	42
VOC	非甲烷/非乙烷 VOC	820[b]	57
71-43-2	苯	9.4	0.1
108-88-3	甲苯	24	5.6
100-41-4	乙苯	1.7	0.03
1330-20-7	二甲苯	15	0.24
108-95-2	酚		0.12
1319-77-3	混合甲酚		0.23
105-67-9	2,4-二甲基酚		0.086
62-53-3	苯胺		0.057
POM	总 POM		6.4
83-32-9	苊		0.070
208-96-8	苊烯		0.004
120-12-7	蒽		0.15
56-55-3	苯并[*a*]蒽		0.031
50-32-8	苯并[*a*]芘		0.027
205-99-2	苯并[*b*]荧蒽		0.007
191-24-2	苯并[*g,h,i*]苝		0.014
207-08-9	苯并[*k*]荧蒽		0.005
218-01-9	䓛		0.032
53-70-3	二苯[*a,h*]蒽		0.010
206-44-0	荧蒽		0.024
86-73-7	芴		0.18

CAS 号	化合物	排放口浓度/ppmv（湿基）	排放系数/（lb/循环）[a]
193-39-5	茚并[1,2,3-*c*,*d*]芘		0.007
91-20-3	萘		1.7
85-01-8	菲		0.46
129-00-0	芘		0.080
91-57-6	2-甲基萘		2.9

注：a 排放量，磅/次或磅/循环（单一的焦炭塔）。
b VOC 浓度，以丙烷计。

5.4 催化重整装置

催化重整装置（CRU）是由一系列催化反应器组成，可将石脑油转化为高辛烷值汽油的炼油装置。石脑油重整过程中没有大气排放口，但随着催化剂活性的降低，催化剂必须再生。CRU 催化剂再生有三种基本类型：连续再生、循环再生和半再生。连续再生工艺中 CRU 催化剂再生器始终运行，在 CRU 和再生器之间有一小股催化剂连续循环。循环 CRU 工艺中，实质有一台多余的 CRU 反应器。当催化剂需要再生时，反应器轮流从生产过程中脱线再生。脱线反应器的再生是一个间歇过程。再生完成后，反应器恢复使用，下一台反应器进行脱线和再生，这个过程一直持续到所有反应器都被再生为止。在循环 CRU 工艺中，每年再生时间为 1 000～4 000 h 不等。半再生 CRU 运行 8～18 个月再生一次，然后整个装置停车并进行再生，完成再生周期一般需要 1～2 周。

催化剂再生过程中，存在几个潜在的大气排放源。尽管排放点位置可能根据催化剂再生是连续、循环还是半再生而发生变化，但无论采用何种方式再生，再生过程产生排放的均有三处。对于连续再生，主要从以下三个排放口排放：①初始泄压和吹扫排放口；②烧焦压力控制排放口；③再生后催化剂吹扫排放口。对于循环和半再生装置，初始泄压和吹扫排放口通常是一个明显的排放点，但烧焦和最终的催化剂再生吹扫排放一般在再生周期的不同时间从一个单独大气排放口排放。

在 CRU 催化剂再生前，初始泄压和吹扫循环可脱除催化剂中的烃类。在初始吹扫的排放气中可能含有高浓度有机 HAP，像苯、甲苯、二甲苯和己烷。初始泄压和吹扫循环产生的气体，通常被排入炼油厂燃料气系统或直接排入焚烧设施（如火炬或工艺加热炉）。通常情况下，烧焦循环是所有催化剂再生循环中最大（气体体积）的排放源。CRU 烧焦排放口主要含有的 HAP 是氯化氢和氯气，它们是在燃烧过程中形成的水将 CRU 的催化剂中氯原子滤出形成的。在 CRU 催化剂返回到重整过程或反应器重新在线之前，进行最后的吹扫和还原循环来脱除系统中的氧和剩余的氯化剂并还原催化剂。最后吹扫的排放气可能有低浓度的氯化剂（通常是一种有机 HAP，如三氯乙烯或六氯乙烯）和系统中残留的 HCl 或 Cl_2。最后的吹扫气通常排入大气或炼油厂燃料气系统，这取决于其中的氧含量（安全方面考虑，限制含氧气体排入炼油厂燃料气系统）。

催化重整装置排放估算方法

描述 CRU 催化剂再生排放特征的数据很少，主要是因为其排放频次很低，排放口流量慢且通常多变，排放口直径也很小。所有这些因素使得传统的源测试很困难。现有大多数数据都来自于不受控烧焦排放口的 HCl 和 Cl_2 排放（20 个 HCl 排放点数据，10 个 Cl_2 排放点数据）。数量有限的有机化学品有几个数据点。这些数据已编入炼油厂 MACT Ⅱ（U.S.EPA，1998b）的背景信息文件（BID）中。在炼油厂 MACT Ⅱ项目 CARB 中，部分炼油厂在 U.S.EPA 的资助下，对连续 CRU 催化剂再生器烧焦排放口进行了二噁英/呋喃、PCBs 和 PAHs 的源测试。在炼油厂 MACT Ⅱ背景信息文件编写时，尚未获得这些源测试结果来制定这些化合物的排放系数。表 5-6 列出了不受控的烧焦排放系数。这些排放系数通过用 CRU 工艺产量来规范。并假设同样适用于所有类型的 CRU 再生器。

表 5-6 CRU 催化剂再生排放口排放系数

CAS 号	化合物名称	排放系数/（lb/1 000 bbl）[a]
1746-01-6	二噁英毒性当量（TEQ）[b]	5.7×10^{-9}
1336-36-3	多氯化联苯[c]	2.6×10^{-6}
91-20-3	萘	3.5×10^{-5}
91-57-6	2-甲基萘	1.3×10^{-6}
208-96-8	苊烯	3.0×10^{-8}
83-32-9	苊	4.3×10^{-8}
86-73-7	芴	2.0×10^{-7}
85-01-8	菲	6.1×10^{-7}
120-12-7	蒽	9.1×10^{-8}
206-44-0	荧蒽	1.0×10^{-7}
129-00-0	芘	1.5×10^{-8}
56-55-3	苯并[*a*]蒽	9.0×10^{-10}
218-01-9	䓛	2.9×10^{-9}
205-99-2	苯并[*b*]荧蒽	1.5×10^{-9}
207-08-9	苯并[*k*]荧蒽	7.5×10^{-10}
192-97-2	苯并[*e*]芘	2.9×10^{-9}

CAS 号	化合物名称	排放系数/（lb/1 000 bbl）[a]
193-39-5	茚并[1,2,3-*c*,*d*]芘	1.7×10^{-9}
53-70-3	二苯并［*a*,*h*］蒽	7.8×10^{-10}
191-24-2	苯并[*g*,*h*,*i*]芘	4.0×10^{-9}
71-43-2	苯	0.004
108-88-3	甲苯	0.009 6
1330-20-7	二甲苯	0.007
7647-01-0	氯化氢	4.2[d]
7782-50-5	氯气	0.23[d]

注：a 排放系数为催化重整装置每加工 1 000 桶的原料所排放污染物排放，单位为磅。

b 二噁英 TEQ：风险分析所用的 2,3,7,8-四氯二苯并二噁英的毒性当量，有具体的二噁英/呋喃异构体排放数据。

c 所有氯代联苯排放因数总和，每种氯化联苯均有数据（如单-，二-，三-……，十氯联苯）。

d 不受控烧焦放空的排放系数，应根据这些污染物控制装置的效率估算受控排放。单级洗涤器（包括直接碱注射液）估计对 HCl 和 Cl_2 的去除效率可达到 92%，多级洗涤器对 HCl 和 Cl_2 的去除效率可达到 97%。

烧焦排放口的控制装置通常采用湿式洗涤器。在由湿式洗涤器控制的系统上进行了二噁英/呋喃和挥发性有机物的源测试。由于这些化合物溶解性有限并且排放时使用湿式洗涤器的洗涤介质循环速率，洗涤器可能对这些化合物的减排效果有限。因而，建议对于受控的和不受控的 CRU，这些化合物均使用相同的排放系数。湿式洗涤器用来降低 HCl 和 Cl_2 的排放，这些放空所用的湿式洗涤器分为两类：单级洗涤器和多级洗涤器。单级洗涤器预计对 HCl 和 Cl_2 的去除效率可达到 92%，多级洗涤器对 HCl 和 Cl_2 的去除效率可达到 97%。

大多数吹扫循环的排放被引入燃料气系统或火炬，本章未涉及该类源的排放，这些排放包括在燃料气燃烧源（工艺加热炉和锅炉）或火炬排放估算中。还没有获得相关数据来梳理总结吹扫循环排放中小剂量排放的特征，但吹扫循环的排放应在排放清单中申报。

5.5 硫磺回收装置

所有原油都含有硫化物杂质。在炼油厂裂化和加氢处理过程中硫化物被转化为 H_2S。使用胺洗涤塔从工艺气流中脱除 H_2S。然后加热胺洗涤溶液释放 H_2S，形成富含 H_2S 的酸性气，在硫磺回收装置处理此酸性气并生产高纯度的硫磺，然后将其作为产品出售。多数硫磺回收装置使用克劳斯反应，一般被称为克劳斯装置或克劳斯硫磺回收装置。在小型炼油厂还有其他两种硫磺回收装置，但所有大型硫磺回收装置都使用克劳斯工艺。硫磺回收装置（SRU）的废气一般叫作“尾气”。

硫磺回收装置由并联操作的一套或多套 SRU 组成，也可以包含有一套或多套尾气处理单元或用于尾气焚烧的焚烧炉。

硫磺回收装置最后排放的主要 HAP 组分是羰基硫（COS）和二硫化碳（CS_2）。这些 HAP 组分是 SRU 和尾气处理单元（TGTU）反应的副产物；焚烧炉的不完全燃烧也生成 COS。工艺过程中也可能释放未反应的 H_2S。硫磺回收装置排放通常受焚烧炉控制，目的是氧化未反应的 H_2S 或将来自液硫池残气中的 H_2S 氧化为 SO_2。有些硫磺回收装置采用还原控制，因此排放出的是 H_2S 而不是 SO_2。硫磺回收装置的酸性气进料会含有少量的轻烃。因而，在估算硫磺回收装置排放时，特别是针对 Lo-Cat 或其他不带有热破坏设施的硫磺回收装置时，考虑硫回收进料中的烃是很重要的。

当硫磺回收装置运行时，硫磺回收装置排放口流量相当小，那么从硫磺回收装置的 SO_2 排放量也相对较少。如果由于故障硫磺回收装置失常或发生故障需要停车时，可暂时把酸性气导入备用的硫磺回收装置或直接排向火炬或焚烧炉。如果在这种情况下排到火炬或焚烧炉中，SO_2 排放量会非常大。因此，精确计算硫磺回收装置开车、停车或故障（SSM）时的 SO_2 排放是非常必要的。

5.5.1 硫磺回收装置 1 级和 2 级方法

对于大多数硫磺回收装置而言，特别是克劳斯硫磺回收装置，将有连续的 SO_2 浓度在线检测设备。当有流量检测器时，使用第 4 章描述的 CEMS 法可以计算质量排放速率。然而，与燃烧源不同，没有 F 系数法用于估算排放速率。如果已知硫磺回收装置的进料流量和 H_2S 浓度、焚烧炉空气或氧的进料流量（把 1/3 的 H_2S 转化为 SO_2）和回收的硫磺量，则可以通过计算确定/量化排放量，但这个计算不是没有意义的。因为，没有提供一种简单的硫磺回收装置 2 级计算方法。非克劳斯硫磺回收装置可以检测 H_2S 或还原硫化合物浓度而不是 SO_2 的浓度，此外，还要为硫磺回收装置提供 H_2S 的排放估算。

5.5.2 硫磺回收装置 3 级和 4 级方法

排放量可以根据进口流量的检测值和回收效率估算得出。对于大多数克劳斯装置来说，特别对于带有尾气处理/回收单元的装置，质量平衡方法估算硫磺回收装置产生的排放很不准确（例如，减去两个大数时，差值仅是初始值的百分之几，初始值的不确定性可能与差值一样大）。三级克劳斯装置的硫回收率预计是 95%～97%。三级克劳斯与尾气处理单元联合的硫回收效率为 99.7%～99.9%。由于回收效率的不同，质量平衡方法的效果（例如，从 SRU 进料硫与生产的硫磺的差计算

的 SO_2 或其他硫化合物的排放）也会有很大的不同。因此，当计算硫磺回收装置硫化合物排放量时，硫磺回收装置质量进料流量的测量值和假定硫回收效率（基于克劳斯反应器的数量和是否存在尾气处理单元）可能比使用质量平衡方法更精确。也可以用一种类似的方法计算硫磺回收装置 CO_2 的排放，特别是在带有火炬或焚烧炉的系统的 CO_2 排放。由于几乎所有引入硫磺回收装置的 CO_2 和烃类都是以 CO_2 的形式排出，可以通过检测的硫磺回收装置进口碳含量和气体流量精确估算 CO_2 排放。

考虑到硫磺回收装置工程/质量平衡计算中存在的不确定性，特定污染源排放系数可能比使用工程/质量平衡方法计算硫磺回收装置排放更有效率，尤其是对硫化合物的排放量。与此同时，也推荐特定污染源排放系数用于未附带焚烧炉的还原尾气处理单元和非克劳斯硫磺回收装置。在这个系统应说明对于轻烃的估算。例如，Lo-Cat®系统使用氧化罐，在此罐中 H_2S 被化学氧化为 SO_2。酸性气中夹带的轻烃预计会从氧化罐的排放口释放出来。应在硫磺回收装置排放清单中申报氧化罐的排放报告。

5.5.3 硫磺回收装置 5 级方法

炼油厂 MACT Ⅱ BID（U.S.EPA，1998b）列出了焚烧炉控制的 SRU 的总硫 HAP 化合物排放系数的范围。根据已有的数据和美国石油炼制协会提供的其他数据，假设排放的硫 HAP 75%是 COS、25%是 CS_2。受控的排放系数是根据 5 套 SRU 报告数据的汇总。估算不受控硫 HAP 的排放时，假设控制效率为 98%（不受控的排放量是受控的排放量的 50 倍）。排放系数见表 5-7。

表 5-7 硫磺回收装置的排放系数 单位：lb/t

CAS 号	化合物名称	受控的 SRU 排放系数[a]	不受控的 SRU 排放系数[a]
43-58-1	羰基硫	0.12	5.85[b]
75-15-0	二硫化碳	0.040	2.00[b]

注：a 排放系数，单位为磅 HAP/长吨所产生的硫。

b 估计数值为 50 乘以受控 SRU 排放系数。

5.6 其他各种工艺排放口

炼油厂还有许多其他工艺排放口，但是对于这些排放口的数据有限，因此没有默认排放系数。对于这些排放口，本节在工艺、放空源和与放空相关的污染物等方面进行了简短描述。对于所有这些来源，本章引言中表 5-1 给出了方法的层级。与连续检测系统相关的大气排放，应说明吹洗气体的流量和组成，并用工艺排放口 1 级方法进行估算。对于无法得到测量数据的其他工艺排放口，可以用工程模型来估算不受控的排放量。如果后来增设了控制设施，可以根据控制装置的效率估算实际排放量。本节的目的是为这些特定工艺排放口提供 5 级方法的默认排放系数。

5.6.1 制氢装置排放口

蒸汽甲烷重整是炼油厂生产氢气的主要手段。制氢装置通常用炼油厂燃料气做原料。在原料与水蒸气高温（750～800℃）的反应器中反应生产 CO 和 H_2 的混合物。在一系列催化反应器内发生水-气转移反应，将 CO 和水蒸气转换为 CO_2 和 H_2。最后，使用液体吸收系统或变压吸附把 CO_2 从氢气产品中脱除。制氢装置放空中含有相对较高浓度的甲醇，还可能含有甲醛和其他轻烃；然而，目前尚无制氢排放口默认的排放系数。

5.6.2 沥青装置排放口

通过沥青氧化将沥青聚合、稳定，以改进其风化特性。在沥青涂覆产品和特定道路沥青生产过程中使用空气氧化沥青。在炼油厂、沥青加工厂和沥青涂覆厂可以完成空气沥青氧化。沥青氧化是指在温度 260℃（500℉）下，用空气对熔融的液态沥青鼓泡氧化 1～10 h。时间长短取决于需要的产品特性，如软化点和渗透速度。公路沥青一般用较短时间；涂覆沥青通常用较长时间。沥青氧化是放热反应，需要冷却。沥青氧化釜的排放主要是含有高浓度气态烃和多环有机物的颗粒物。沥青氧化釜通常采用湿式氧化塔控制以去除酸性气、携带的油、颗粒物和可冷凝有机物，和/或采用热焚烧炉把烃和酸性气氧化为 CO_2 和 SO_2。

AP-42（U.S.EPA，1995）的 11.2 节给出了沥青氧化的总 PM 和 TOC 排放系数；表 5-8 也列出了这些排放系数。

Tumbore（1998）提供了受控的沥青氧化排放估算及汇总数据。本次审核的主要结果如下：

- AP-42 排放系数忽略了 SO_2 的排放，SO_2 通常是加工过程中排放量最大的。对于燃气控制系统，沥青氧化反应产生的 H_2S 有 70%～80%转化为 SO_2 排放，其余的 SO_2 来源于携带或冷凝的油。
- AP-42 排放系数忽略了 HCl 排放，当使用氯化铁作为加工过程催化剂时，这是不能忽略的。

表 5-8 沥青氧化的排放系数（U.S.EPA，1995）

操作	可过滤 PM[a]	TOC[b]
	排放系数（数据质量评价）/（lb/t）（加工后的沥青）	
不受控的		
饱和沥青[c]	6.6	1.3
涂层沥青[d]	24	3.4
受控的		
饱和沥青[c]	0.27	0.004 3
涂层沥青[d]	0.81	0.017

注：a 用 U.S.EPA 方法 5A 在温度为 108°F 采样捕获可过滤的（前半部）颗粒物。
b 用 U.S.EPA 方法 25A 测量总有机化合物。
c 饱和氧化 1.5 h。
d 涂层氧化 4.5 h。

“污染物排放清单指南 2006”（EMEP/CORINAIR，2006）对沥青氧化有机物排放提供了以下形态分布（见表 5-9）。尽管未规定，但假设表 5-9 中的形态分布代表了不受控的沥青氧化排放。

表 5-9 沥青氧化-非甲烷挥发性有机物组分的形态[a]

化合物	重量/%
乙烷	6.0
丙烷	18.8
丁烷	30.5
戊烷	17.2
己烷	8.4
庚烷	9.8
辛烷	7.4
环烷	1.9
苯	0.1

注：a EMEP/CORINAIR，2006。

另外，API 和美国西部州石油协会（WSPA）完成了石油炼制源的排放源测试，并为受控的沥青氧化搜集了排放系数（Hansell and England，1998）。表 5-10 列出了平均排放系数。在估算受控沥青氧化装置的组分排放量时，推荐使用这些系数。

表 5-10 受控沥青氧化的排放系数汇总

CAS 号	物质	排放系数[a]			
		带有氧化气循环和热氧化炉/(lb/MMcf)[b]	带有氧化气循环和热氧化炉/(lb/MMBtu)[b]	不带有氧化气循环和热氧化炉/(lb/MMcf)[b]	不带有氧化气循环和热氧化炉/(lb/MMBtu)[b]
75-07-0	乙醛	1.8×10^{-3}	1.67×10^{-6}	4.3×10^{-3}	4.1×10^{-6}
7440-28-2	砷	**1.3×10^{-2}**	**1.2×10^{-5}**	**1.2×10^{-2}**	**1.1×10^{-5}**
71-43-2	苯	**3.2×10^{-1}**	**3.0×10^{-4}**	**2.8×10^{-1}**	**2.6×10^{-4}**
7440-41-7	铍	**2.6×10^{-3}**	**2.5×10^{-6}**	**2.3×10^{-3}**	**2.2×10^{-6}**
7440-43-9	镉	**5.3×10^{-3}**	**4.9×10^{-6}**	**4.7×10^{-3}**	**4.4×10^{-6}**
18540-29-9	铬（六价）	3.2×10^{-3}	3.0×10^{-6}	**3.3×10^{-3}**	**3.1×10^{-6}**
7440-47-3	铬（总）	4.2×10^{-2}	3.9×10^{-5}	**1.4×10^{-2}**	**1.3×10^{-5}**
7440-50-8	铜	4.8×10^{-2}	4.5×10^{-5}	3.8×10^{-2}	3.6×10^{-5}
100-41-4	乙苯	**8.6×10^{-1}**	**8.1×10^{-4}**	**7.6×10^{-1}**	**7.2×10^{-4}**
50-00-0	甲醛	3.6×10^{-3}	3.3×10^{-6}	1.3×10^{-2}	1.2×10^{-5}
7647-01-0	氯化氢	2.2×10^{-3}	2.1×10^{-6}	8.2×10^{-4}	7.7×10^{-7}
7783-06-4	硫化氢	**2.1**	**2.0×10^{-3}**	**1.8**	**1.7×10^{-3}**
7439-92-1	铅	**5.3×10^{-2}**	**4.9×10^{-5}**	**4.7×10^{-2}**	**4.4×10^{-5}**
7439-96-5	锰	1.2×10^{-1}	1.2×10^{-4}	2.1×10^{-1}	2.0×10^{-4}
7439-97-6	汞	9.1×10^{-3}	8.5×10^{-6}	8.5×10^{-3}	8.0×10^{-6}
7440-02-0	镍	**6.7×10^{-2}**	**6.3×10^{-5}**	**6.0×10^{-2}**	**5.7×10^{-5}**
108-95-2	酚	7.6×10^{-2}	7.1×10^{-5}	4.6×10^{-2}	4.4×10^{-5}
7782-49-2	硒	**1.3×10^{-2}**	**1.2×10^{-5}**	**1.2×10^{-2}**	**1.1×10^{-5}**
1330-20-7	二甲苯（总）	**8.6×10^{-1}**	**8.1×10^{-4}**	**7.6×10^{-1}**	**7.2×10^{-4}**
7440-66-6	锌	8.4×10^{-1}	7.9×10^{-4}	5.4×10^{-1}	5.0×10^{-4}

注：lb/MMcf—磅/百万英尺^{3}的沥青烟气，lb/MMBtu—磅/百万英热单位。

a 粗体字数值表示所有试运行值低于检出限。

b 来源：Hansell 和 England（1998）。

5.6.3 煅焦

煅焦是 API 和 WSPA 试验的工艺之一，已建立了此工艺的排放系数（Hansell and England，1998）。表 5-11 给出了由喷雾干燥器和织物过滤器受控的煅焦装置的平均排放系数。

表 5-11 受控焦炭煅烧的排放系数汇总

CAS 号	物质	平均排放系数 [a]	
		lb/t 焦炭 [b]	lb/MMBtu[b]
83-32-9	苊	1.5×10^{-8}	4.4×10^{-8}
208-96-8	苊烯	1.8×10^{-8}	5.6×10^{-8}
75-07-0	乙醛	1.0×10^{-3}	3.1×10^{-3}
107-02-8	丙烯醛	**3.4×10^{-4}**	**1.0×10^{-3}**
120-12-7	蒽	1.8×10^{-8}	5.4×10^{-8}
7440-36-0	锑	4.6×10^{-5}	1.4×10^{-4}
7440-28-2	砷	**4.7×10^{-6}**	**1.5×10^{-5}**
7440-39-3	钡	2.0×10^{-5}	6.1×10^{-5}
71-43-2	苯	3.2×10^{-4}	1.0×10^{-3}
56-55-3	苯并[*a*]蒽	8.7×10^{-9}	2.6×10^{-8}
50-32-8	苯并[*a*]芘	**8.1×10^{-9}**	**2.4×10^{-8}**
205-99-2	苯并[*b*]荧蒽	**8.1×10^{-9}**	**2.4×10^{-8}**
191-24-2	苯并[*g,h,i*]苝	**8.1×10^{-9}**	**2.4×10^{-8}**
207-08-9	苯并[*k*]荧蒽	**8.1×10^{-9}**	**2.4×10^{-8}**
7440-41-7	铍	1.9×10^{-6}	6.0×10^{-6}
7440-43-9	镉	**9.3×10^{-6}**	**2.9×10^{-5}**
18540-29-9	铬（六价）	6.3×10^{-7}	2.1×10^{-6}
7440-47-3	铬（总）	2.1×10^{-5}	6.9×10^{-5}
218-01-9	䓛	1.3×10^{-8}	3.7×10^{-8}
7440-50-8	铜	**9.3×10^{-6}**	**2.9×10^{-5}**
53-70-3	二苯并[*a,h*]蒽	**8.1×10^{-9}**	**2.4×10^{-8}**
1746-01-6	二噁英：4D 2378	**1.1×10^{-11}**	**3.7×10^{-11}**
	二噁英：4D Other	1.4×10^{-10}	4.4×10^{-10}
40321-76-4	二噁英：5D 12378	**9.6×10^{-12}**	**2.9×10^{-11}**
	二噁英：5D Other	8.5×10^{-11}	2.7×10^{-10}
39227-28-6	二噁英：6D 123478	9.9×10^{-12}	3.5×10^{-11}
57653-85-7	二噁英：6D 123678	1.4×10^{-11}	4.4×10^{-11}
19408-74-3	二噁英：6D 123789	1.3×10^{-11}	4.2×10^{-11}
	二噁英：6D Other	6.4×10^{-11}	2.1×10^{-10}
35822-46-9	二噁英：7D 1234678	1.4×10^{-10}	4.2×10^{-10}
	二噁英：7D Other	1.3×10^{-10}	4.1×10^{-10}
3268-87-9	二噁英：8D	1.8×10^{-9}	5.3×10^{-9}
206-44-0	荧蒽	3.6×10^{-8}	1.1×10^{-7}
86-73-7	芴	5.6×10^{-8}	1.7×10^{-7}
50-00-0	甲醛	**3.4×10^{-4}**	**1.0×10^{-3}**
51207-31-9	呋喃：4F 2378	1.3×10^{-11}	4.2×10^{-11}

CAS 号	物质	平均排放系数[a]	
		lb/t 焦炭[b]	lb/MMBtu[b]
	呋喃：4F Other	1.4×10^{-10}	4.4×10^{-10}
57117-41-6	呋喃：5F 12378	1.4×10^{-11}	4.4×10^{-11}
57117-31-4	呋喃：5F 23478	1.3×10^{-11}	4.1×10^{-11}
	呋喃：5F Other	1.2×10^{-10}	3.8×10^{-10}
70648-26-9	呋喃：6F 123478	2.4×10^{-11}	7.9×10^{-11}
57117-44-9	呋喃：6F 123678	2.2×10^{-11}	7.1×10^{-11}
72918-21-9	呋喃：6F 123789	9.2×10^{-12}	3.0×10^{-11}
60851-34-5	呋喃：6F 234678	2.0×10^{-11}	6.5×10^{-11}
	呋喃：6F Other	1.5×10^{-10}	4.8×10^{-10}
67562-39-4	呋喃：7F 1234678	1.5×10^{-10}	4.8×10^{-10}
55673-89-7	呋喃：7F 1234789	2.6×10^{-11}	8.0×10^{-11}
	呋喃：7F Other	5.2×10^{-11}	1.8×10^{-10}
39001-02-0	呋喃：8F	1.5×10^{-10}	4.1×10^{-10}
193-39-5	茚并[1,2,3-*c*,*d*]芘	**8.1×10^{-9}**	**2.4×10^{-8}**
7439-92-1	铅	6.2×10^{-5}	1.9×10^{-4}
7439-96-5	锰	4.6×10^{-5}	1.4×10^{-4}
7439-97-6	汞	4.6×10^{-5}	1.5×10^{-4}
91-20-3	萘	2.4×10^{-6}	7.3×10^{-6}
7440-02-0	镍	9.1×10^{-5}	2.9×10^{-4}
85-01-8	菲	1.9×10^{-7}	5.7×10^{-7}
7723-14-0	磷	**4.7×10^{-4}**	**1.5×10^{-3}**
129-00-0	芘	2.7×10^{-8}	7.9×10^{-8}
7782-49-2	硒	**4.7×10^{-6}**	**1.5×10^{-5}**
108-88-3	甲苯	5.3×10^{-5}	1.6×10^{-4}
1330-20-7	二甲苯（间，对）	$\underline{3.1\times10^{-5}}$	$\underline{8.9\times10^{-5}}$
95-47-6	二甲苯（邻）	**4.5×10^{-5}**	**1.3×10^{-4}**
7440-66-6	锌	1.2×10^{-4}	3.7×10^{-4}

注：lb/t 焦炭—磅/吨石油焦炭，lb/MMBtu—磅/百万英制热量单位。

缩写：4D 2378—2,3,7,8-四氯二苯并二噁英；5D 12378—1,2,3,7,8-五氯二苯并-对-二噁英；6D 123478—1,2,3,4,7,8-六氯二苯并-对-二噁英；6D 123678—1,2,3,6,7,8-六氯二苯并-对-二噁英；6D 123789—1,2,3,7,8,9-六氯二苯并-对-二噁英；7D 1234678—1,2,3,4,6,7,8-七氯二苯并-对-二噁英；8D—八氯二苯并二噁英；4F 2378—2,3,7,8-四氯二苯并呋喃；5F 12378—1,2,3,7,8-五氯二苯并呋喃；5F 23478—2,3,4,7,8-五氯二苯并呋喃；6F 123478—1,2,3,4,7,8-六氯二苯并呋喃；6F 123678—1,2,3,6,7,8-六氯二苯并呋喃；6F 123789—1,2,3,7,8,9-六氯二苯并呋喃；6F 234678—2,3,4,6,7,8-六氯二苯并呋喃；7F 1234678—1,2,3,4,6,7,8-七氯二苯并呋喃；7F 1234789—1,2,3,4,7,8,9-七氯二苯并呋喃；8F—八氯二苯并呋喃。

a 为受喷雾干燥器和织物过滤器控制的煅焦装置提供的平均系数。粗体字数值表示所有试运行值低于检出限；带下划线的数值表示试运行值 75%低于检出限。

b 来源：Hansell 和 England（1998）。

5.6.4 放空系统

放空系统用于泄压过程中回收工艺气流中携带的液体。其余不冷凝气体可能被压缩、回收作为燃料气或被导入热处理装置（热氧化炉或火炬）。这些措施中的任何一个都可被认为是“受控的”放空系统。在“未受控”的放空系统，不凝气将直接排入大气。作为燃料气回收的放空气体，它们产生的排放计入点源燃烧设施的排放（见第4章）。对于排入火炬的放空气体，如果使用火炬1级、2级、3级或4级方法，这些气体产生的排放计入火炬排放（见第6章）。

AP-42（U.S.EPA，1995）包含不受控放空系统及回收气体送入火炬焚烧的默认排放系数。对于用火炬控制的系统，应优先使用在第6章中提供的测量方法，而不使用默认排放系数，但这些系数可以提供放空气体产生的部分火炬排放的估算。表5-12列出了AP-42对放空系统的默认排放系数。对于排入到控制装置而不是排入火炬的放空气体，如果可以得到适当的数据，使用本章提供的直接工艺排放口测量方法。如果没有合适的数据，对于热氧化炉、催化氧化炉或类似的燃烧控制系统的放空排放采用表5-12中给出的“带有气体回收和火炬的泄放系统”的排放系数；对于其他控制系统，使用表5-12提供的未受控放空默认总烃排放系数，并根据控制装置的效率和表3-2中给出的默认控制效率进行调整。

表5-12 放空系统的默认排放系数

工艺描述	污染物	排放系数[a]/（lb/10^3桶炼油厂进料）	等级
未受控放空	总烃[b]	580	C
带有蒸汽回收和火炬的放空系统	一氧化碳	4.3	C
	氮氧化物	19	C
	二氧化硫	27	C
	总烃[b]	0.8	C

注：a 来源：U.S.EPA（1995）。

b 可以用VOC的替代物估算总烃[总的来说，甲烷小于总烃排放量的1%（重量）]。

5.6.5 抽真空系统

抽真空系统包括往复式、旋转式或离心式鼓风机或压缩机或喷射器，或在低于大气压力下抽真空并在常压下排放的设备。根据抽真空系统的设计特点，来自此系统中的气体可能直接排到大气或使用冷凝器冷凝。将冷凝液收集到“热井”或“蓄能器”中，未冷凝的气体排入控制装置或直接排放。与原油的真空蒸馏有关的抽真空系统通常是炼油厂最大的抽真空系统；抽真空系统也可用于排空反应器或真空油槽车。AP-42 为真空蒸馏塔冷凝器提供了总烃排放系数，具体见表5-13。根据冷凝液的组成并假设有冷凝液存在时气体是饱和的，来估算气体的形态。如果排放是受控的，可以使用控制装置效率估算控制后的排放量。

表 5-13 抽真空系统的默认排放系数

工艺描述	污染物	排放系数[a]/（lb/10^3 桶真空进料）	等级
真空蒸馏塔的抽真空系统，不受控	总烃[b]	50	C

注：a 来源：U.S.EPA（1995）。

b 可以用 VOC 的替代物估算总烃[总的来说，小于总烃排放量 1%（重量）的甲烷]。

6 火炬

火炬是炼油厂的点源之一，主要用于处理炼油厂过量燃料气、吹扫气、开停车或事故工况下排放废气中的有机化合物。大部分火炬都配有天然气点火装置，并利用进入火炬的气体的热值维持燃烧状态。如果火炬中气体的热值低于某个值（对于蒸汽或空气辅助燃烧火炬，约为 300 Btu/scf），需要加入天然气以维持良好的燃烧状态。火炬排放废气中包括未燃烧的碳氢化合物（如 CH_4、CO、VOC 和特定的有机 HAP）、含硫化合物（如废气中的 H_2S 氧化后产生的 SO_2）以及燃烧过程产生的 CO_2 等。另外，火炬也会排放 NO_x，在燃烧不完全时还会生产 PM。一个完整的火炬排放数据库应包含所有化合物（具体有机 HAP 随火炬气体的组成而发生变化）的排放。

火炬废气排放量的精确估算是很难实现的，因为火炬排放无法使用传统的测试技术进行测量，并且针对火炬排放性质的研究也比较少。因此，到目前为止，火炬排放的测量数据的数量极少。近期开发的测量方法，如 DIAL 技术，能够直接进行火炬排放量的测量，但只能进行瞬时测量，除非火炬的排放速率和废气成分非常稳定，否则依据这种测量数据推算出的年排放速率是不准确的。

获取火炬排放量最准确的方法是对进入火炬前的气体进行连续检测。这种方法的困难之一是火炬气体的成分和流量变化迅速，但监控装置对气体成分和流量的检测是有一定范围限制的，一旦气体的成分和流量超出了监控装置的工作范围，将会得到不准确的排放结果。另一个困难是，由于监控装置监控的是进入火炬的气体，我们必须对火炬的效率进行假定才能确定燃烧后气体的排放量。工程计算法是用来评估某些释放事件的另一种方法。例如，将罐的压力安全阀打开，所释放气体的体积可以根据罐内外压力、阀开口的横截面积和安全阀打开的时间进行计算（见本书第 12 章）。对罐内液体的成分进行分析可获取液体蒸汽的成分，该成分即为排放废气的成分。排放系数法也可以用于火炬排放量计算，但排放系数具有很高的不确定性。U.S.EPA 认为直接测量法是用于确定某座特定火炬的排放系数或校核火炬在某种特定工况下的燃烧效率的最好方法。但直接测量法在建立火炬的排放数据库清单时不是特别有用。

表 6-1 总结了火炬排放的估算方法，并按精确性对各种方法进行了排序。每个炼油厂都会用到不同等级的方法。例如，1 级方法用于火炬的直接监控和常规排放，而 4 级方法则用于事故工况的排放计算。本章对这些方法进行了详细的说明和使用指导。

表 6-1 火炬排放估算方法汇总

等级	方法	所需的附加数据
1	对进入火炬的气体成分（或至少每 3 h 一次人工取样）和流量连续监控	燃烧效率（根据直接测量结果或默认假定值）
2	流量连续监控和每日或每周的成分分析	代表性样本（随机或有序），假定燃烧效率
3	连续的流量和热值监控	以热值为基础的燃烧系数
4	工程计算法	对于接入火炬的装置单元的工艺参数（如工艺气流的体积、组成）； 监测温度和压力或者其他需要的工艺操作数据； 假定燃烧效率
5	基于能量消耗的排放系数法	流量估算（非连续），热值估算（非连续）
6	基于炼油厂或工艺过程产量的默认排放系数法	炼油厂或工艺加工量

6.1 火炬估算 1 级方法

火炬 1 级方法指对进入火炬气体的成分和流量进行连续测量。当火炬为非连续工作时，在火炬工作状态下至少每 3 h 进行一次人工取样也属于 1 级方法范畴。对于火炬来说，使用 1 级方法估算的污染物主要是 SO_2 和总烃（或 VOC）。例如，通过硫减少量或总硫量的检测可以确定火炬燃烧气体中的硫含量。同样的，对于总烃、VOC 或特定有机 HAP 含量的检测也可用于估算这些污染物的排放。因为测量的是进入火炬而不是排出火炬的气体的浓度，要估算火炬最终排放量还需要使用火炬效率（F_{eff}）。以上面的硫含量为例，在燃烧过程中气体中的硫成分被氧化为 SO_2，SO_2 的最终排放量取决于火炬的燃烧效率。对于不完全燃烧过程，如含硫化合物的减少和未燃烧的碳氢化合物，用 1 减去假定的火炬效率（即 $1-F_{eff}$）来估算排放速率。

如上所述，直接测量法可用于确定火炬的燃烧效率。如果特定火炬在特定情况下的燃烧效率已知，该燃烧效率即可被用于该火炬的排放量估算。对于其他火炬，《大气污染物排放系数汇编》第 13.5 节指出火炬在正常操作过程中的燃烧效率至少为 98%（U.S.EPA，1995）。需着重指出的是，火炬只有在按照 40CFR 60.18 标准进行连续操作时才被认为是正常操作，其燃烧效率才能达到 98%。还应注意的是，近期针对火炬排放特性的研究，包括了确定上述燃烧效率是否继续适用于正常操作的火炬。迄今为止，尚未收集到足够的数据用以支持修改该效率。

气体组分的测量通常以体积浓度为基础（通常为干基），有时也测量质量浓度。流量测量通常检测体积流量，单位是英尺^3。许多流量检测系统配有温度、压力测量能将流量自动转换为标准工况下的流量。如果用干基确定气体组成，尤其是抽样分析型检测系统，那么流量也应校正为干基流量。污染物的体积流量可根据分子量和理想气体方程转换为质量流量。排放量可根据方程（6-1）进行计算，方程（6-1）是方程（4-1）的变形。

$$E_i = \sum_{n-1}^{N}\left\{(Q)_n \times\left[1-\left(f_{\mathrm{H_2O}}\right)_n\right]\times\frac{T_o}{T_n}\times\frac{P_n}{P_o}\times K_{\mathrm{eff}}\times\frac{(C_i)_n}{100\%}\times\frac{\mathrm{MW}_i}{\mathrm{MVC}}\times K\right\} \qquad (6\text{-}1)$$

式中：E_i——污染物 i 的排放速率，t/a 或 t/次；

N——每年或每次的测量次数（如对于小时测量值，N=8 760）；

n——测量周期的序数；

$(Q)_n$——在测量周期为 n 时进入火炬的气体体积（acf）。如果火炬气流量测量计能自动修正温度和压力，则用 1 替代 $\frac{T_o}{T_n}\times\frac{P_n}{P_o}$；如果污染物浓度是以湿基确定，或者污染物浓度以干基确定而流量测量计自动校正为湿基，用 1 替代$\left[1-\left(f_{\mathrm{H_2O}}\right)_n\right]$；

$\left(f_{\mathrm{H_2O}}\right)_n$——测量周期为 n 时送入火炬的气体的含水量，体积分数，acf 水/acf 抽出气体；

T_o——标况下温度，520°R 或 528°R；

T_n——测量周期为 n 时气体的温度，°R；

P_n——测量周期为 n 时气体的平均压力（常压）；

P_o——标况下的平均压力（1 个大气压）；

K_{eff}——火炬燃烧效率系数。当污染物由燃烧产生，如 SO_2，K_{eff} 等于火炬燃烧效率 F_{eff}；当污染物由于不完全燃烧产生，如 VOC，还原的硫和特定 HAP，K_{eff} 等于 $1-F_{\mathrm{eff}}$；

$(C_i)_n$——测量周期为 n 时进入火炬的气体中污染物 i 的浓度或污染物 i 的前体污染物的浓度（体积分数，%，干基）。如果污染物浓度为湿基浓度，用 1 替代 $\left[1-\left(f_{H_2O}\right)_n\right]$；

MW_i——污染物 i 的分子量，kg/kg-mol；

MVC——摩尔体积转换系数 scf/kg-mol，取 836.6 scf/kg-mol[标况，60℉（520°R），1atm]，849.5 scf/kg-mol[标况，68℉（528°R），1atm]；

K——转换系数，2.2 046/2 000 t/kg＝0.001 102 3 t/kg。

如 4.1 节所说，连续检测记录了每小时的多个检测值，这些检测值可以通过两种方式用于年排放量的计算。对于火炬而言，选择小时平均法还是单个测量值取决于火炬的工作时长（尤其对于间断操作的火炬）以及工艺装置产生的进入火炬的气体种类。

6.2 火炬估算 2 级方法

火炬 2 级方法包括 1 级方法中通过连续检测和常规（每日或每周）取样分析以确定火炬废气组成的方法。2 级方法还包括检测"样品"成分获得样品数据，进而通过对比火炬废气和样品得到两者之间的关系从而推算火炬废气组成的方法。对于火炬而言，使用 2 级方法进行估算的污染物主要包括 SO_2 和特征 HAP。

对 H_2S 的连续检测可用于估算 SO_2 排放量，其方法同 1 级方法中描述的基本相同，但由于 H_2S 并不是火炬废气中唯一含硫化合物，因此，定期确定废气中的总硫含量是十分重要的，只有这样才不会使 SO_2 的最终估算量偏小。例如，对火炬废气的定期取样可以确定废气中的总硫含量，将上述含量同 H_2S 的监控数据进行对比可获得废气中的 S 和 H_2S 的平均比值，该比值用等价的 SO_2 进行表示，可用于修正 H_2S 的浓度以获得更准确、更完整的 SO_2 排放量。

同样的，"样品法"也可用于确定火炬废气中特征 HAP 的相对浓度。这些样品数据同总烃检测数据联合使用可以进行火炬 HAP 排放量的估算。如 1 级方法中阐述的，火炬废气中污染物的产生和消除取决于火炬的燃烧效率。如前所述，目前火炬在正常操作状态下的默认燃烧效率为 98%。

6.3 火炬估算 3 级方法

火炬 3 级方法包括同 1 级方法类似的火炬气流量的连续检测、对燃料热值的连续检测以及基于热值的排放系数等。使用 3 级方法进行估算的污染物主要包括 CO、NO_x 和总烃（可替代 VOC）。火炬 3 级方法的基本方程如下所示：

$$E_i = \sum_{n-1}^{N}\left(Q_{\text{std},n} \times \text{LHV}_n \times \text{EF}_i\right) \tag{6-2}$$

式中：E_i——污染物 i 的排放速率，t/a 或 t/次；

N——每年或每次的测量周期的次数（如对于小时测量值，N=8 760）；

n——测量周期的序数；

$Q_{\text{std},n}$——测量周期为 n 时进入火炬的气体的体积，scfm。如果流量计不能输出标况下的流量，$Q_{\text{std},n}$ 可使用方程（6-1）的前 4 项加和进行计算。注意：测量气体体积和测定气体热值的标准条件应相同；

LHV_n——测量周期为 n 时火炬中燃烧气体的低热值（MMBtu/scf）。火炬一般使用低热值（LHV），加热炉、锅炉等一般使用高热值；

EF_i——污染物 i 的排放系数，lb/MMBtu；

EF_i 的取值见表 6-2 和表 6-3。值得注意的是，这两组排放系数均适用于满足 40 CFR 60.18 标准的正常操作状态下的火炬，火炬的燃烧效率已包含在排放系数中。同样应指出的是，由于排放系数是以一般燃烧特性和有限的排放测试为基础的，因此，目前能获得排放系数的组分数量是有限的。例如，NO_x 的排放系数一般基于燃烧时空气中的氮气含量，因此，如果燃料气中含有氮（如氨），为获得所有 NO_x 的排放量应进行附加计算（基于火炬 2 级方法，尤其是当流量被连续检测时）。

表 6-2 的排放系数出自《大气污染物排放系数汇编》（U.S.EPA，1995）的 13.5 节，其排放系数等级为“B”（U.S.EPA 1995，排放系数评级系统详解）。这些火炬排放系数是根据 U.S.EPA 几十年来获得的有限检测数据得出的。尽管 AP-42 中没有指定，但火炬的热值通常是取低热值（LHV）。因此，建议这些火炬排放系数同低热值热含量值一同使用。

表 6-2 以能耗为基础的火炬排放系数

成分	排放系数[a]/（$lb/10^6Btu$，低热值）
总烃[b]	0.14
一氧化碳（CAS No. 630-08-0）	0.37
氮氧化物	0.068

注：a 来源：U.S.EPA（1995），以低热值为基础的假定热值。

b 以甲烷当量测得。

表 6-3 的排放系数源自《2008 排放数据库指导》（TCEQ，2009）的附录 4。

未规定这些排放系数的等级，建议同低热值或净热值热含量数据一同使用。

表 6-3 以 TCEQ 能耗为基础的火炬排放系数

成分	辅助类型	废气流净热值[a]	排放系数/（lb/MMBtu，低热值）[b]
氮氧化物	蒸汽	高 Btu	0.049
		低 Btu	0.068
	空气或无助燃	高 Btu	0.14
		低 Btu	0.064
一氧化碳（CAS No. 630-08-0）	蒸汽	高 Btu	0.35
		低 Btu	0.35
	空气或无助燃	高 Btu	0.28
		低 Btu	0.55

注：a 高 Btu：＞1 000 Btu/scf；低 Btu：192～1 000 Btu/scf。
b 来源：TCEQ（2009）。

AP-42 同时提供了烟尘（如 PM）的排放系数，但是，烟尘排放系数是以火炬排气的浓度为单位。这些排放系数应转换为以热值为基础的排放系数，以便使用方程（6-2）进行烟尘（PM）排放量的计算。计算火炬的烟尘（PM）排放量时，火炬每个运行状态都要有一个测量周期，并根据该周期火炬产生的烟量，选择合适的排放系数。

表 6-4 火炬烟尘排放系数

火炬操作类型	排放系数[a]/（μg/L 尾气中）	排放系数[b]/（lb/MMBtu，低热值）
无烟火炬	0	0
轻烟火炬	40	0.027
平均排烟量火炬	177	0.12
重烟火炬	274	0.19

注：a 来源：U.S.EPA（1995），火炬尾气，以 μg/L 为单位。
b 通过浓度计算得到，浓度使用 *F* 系数法算出（假定尾气为干基，含氧量为 3%）。

实例 6-1：在连续检测流量和热值的条件下计算火炬 CO 的排放量

计算炼油厂火炬每小时的排放量，条件如下：

火炬中废气来源单一且持续数小时，因此，可使用小时平均流量和热含量测量值计算排放量；

火炬的平均流量为 250 scfm，进入火炬的气流的高热值为 1 200 Btu/scf，或 1.2×10^{-3} MMBtu/scf（1 200 Btu/scf×1×10^{-6}Btu/MMBtu）

使用方程（6-2）计算小时排放量：

$$E_{CO}=\sum_{n-1}^{N}\left(HV_n\times FR_n\times M_N\times EF_{CO}\right)=1.2\times10^{-3}\times250\times60\times0.37=6.7\ \text{lbs/h}$$

如果火炬工作超过 3 h，且流量和热含量均保持不变，则总的排放量为 6.7 lbs/h×3 h＝20 lbs。

火炬年排放量为所有排放事件的排放估算的总和。

6.4 火炬估算 4 级方法

火炬 4 级方法包括以工程计算为基础的多种估算方法。在已知与火炬相连的装置单元的相关信息情况下，如装置向火炬中排放的气体的体积、工艺气流的成分、温度和压力，几乎所有的污染物都可以用 4 级方法进行计算。上述信息与定期采样一起构成了 4 级方法。计算方法随火炬的方式及火炬所服务的装置不同而不同。对于接收常规性气体的火炬，如用于处理延迟焦化装置排气或其他常规性排气的，其排放量可使用事先确定的工艺操作参数进行计算。事故或故障状况下的废气排放，其估算方法应根据实际情况确定，且主要依靠工程判断和实际检测数据。对于带有监控系统的火炬，当事故或故障导致火炬污染物浓度和流量超出了监控装置的量程范围时，也需要有相应的估算方法。本章虽列举了几个实例，但由于炼油厂的复杂性和个体之间的差异，仍然存在很多其他的可能。当使用 4 级方法进行火炬排放量估算时，应将计算方法、假设条件以及具体的数据信息进行详细记录并保存备查，这样做一方面可以将估算方法存档，另一方面可以保持特定过程估算方法的前后一致性。

对于未安装连续监控装置的火炬，当其排气为常规或计划性排放时，炼油厂应掌握火炬废气的排放量和组成。如果进入火炬的是过量的燃料气，且燃料气是经过胺脱硫处理并在缓冲罐中混合，那么进入火炬的燃料气中的 H_2S 含量同进入炼油厂其他任何一座燃烧装置燃料气中的 H_2S 含量应该完全相同。如前所述，需要着重指出的是，H_2S 并不是唯一会造成 SO_2 排放的含硫化合物。此外，如果燃料气燃烧装置配有 SO_2 检测器，那么根据进入燃烧装置和火炬中的燃料气的量就能计算出火炬排放的 SO_2 的量。如果燃烧装置和火炬的燃烧效率不相同，还需对燃烧效率进行修正（由于 SO_2 的排放量是直接测量出来的，因此该方法应考虑火炬废气中所有的含硫物质）。另一个实例是，如果炼油厂将储罐放空并将放空气体进入火炬焚烧，那么焚烧废气中 VOC 和 HAP 的排放量的计算应该基于储罐存储液体的成分和储罐的体积。

对于应急火炬或带有火炬气回收系统（或其他在正常操作状态下配有水封以阻止气体进入火炬的装置）的火炬，可通过监控火炬水封的压降来计算火炬排放速率。目前，仅有有限的测量数据能用于推算流量和压降的具体关系。对水封压降或液位的常规性检测的目的就是确定火炬进气的流量。另外，使用安装在水封罐前最后一个分液罐上的压力监视器也可以监测火炬线的压力。通过对火炬废气采样分析（首选，如果条件允许）或根据与火炬相连的各工艺单元送入火炬的废气的组成成分可以获得某种特定化合物的浓度。使用化合物浓度、气体流量以及假定的火炬燃烧效率即可进行火炬排放量的计算。某些使用这种计算方法的炼油厂，带有废气回收系统的火炬会对回收系统进行监控，以确保气体在正常操作过程中不会进入火炬。

6.5 火炬估算 5 级和 6 级方法

如前所述，因为火炬的检测操作比较困难，因此，针对火炬开发的排放系数数量十分有限。对于配有连续流量和热含量监控的火炬，可使用表 6-2、表 6-3 和表 6-4 中的排放系数。火炬 5 级方法也包括使用这些排放系数的方法，但使用的是估算出的流量和热含量而非检测值。实际计算时，应在已知火炬废气组成的前提下使用总烃排放系数进行 HAP 排放量的计算。

火炬 6 级方法包括 HAP 排放系数法，该排放系数是以路易斯安那州的 V 级许可申请数据为炼油厂污染源性质和残余风险评估排放模型（RTI，2002）开发的。RTI 文件（2002）中列出的原始排放系数是基于算术平均值数据。但是，算术平均值偶尔由于高估而发生偏离。路易斯安那州的 V 级许可申请数据中的长期排放系数见表 6-5。使用这些排放系数能够进行以 bbl/cd 为原油产能单位的炼油厂的所有火炬（而不是单个火炬）的累积排放量的估算。我们并不确定这些允许的应用估算是如何产生的以及这些估算中是否包含 SSM（开车、停车或故障）的情况，但我们可以确定这些系数并不包括重大 SSM 的排放情况。因此，除非没有其他任何信息可用，否则不推荐使用这些排放系数。我们希望炼油厂能拥有更多的信息用于火炬排放量估算，但这些排放系数可以用于建模或进行一般的排放估算。

表 6-5 火炬一般排放系数[a]

CAS 编号	组分	排放系数/（t/a 或 bbl/cd）
71-43-2	苯	9×10^{-6}
108-88-3	甲苯	7×10^{-6}
1330-20-7	二甲苯	6×10^{-6}
1634-04-4	甲基叔丁基醚	3×10^{-6}
110-54-3	己烷	1×10^{-5}
50-00-0	甲醛	1×10^{-6}
100-41-4	乙苯	2×10^{-7}
106-99-0	1,3-丁二烯	7×10^{-6}

注：a 来源：路易斯安那州的 V 级许可申请数据的对数平均值。

使用方程（6-3），直接应用排放系数进行计算。

$$E_i = \mathrm{C}_{\mathrm{ap}} \times \mathrm{EF}_i \tag{6-3}$$

式中：E_i——污染物 i 的年排放量，t/a；

C_{ap}——炼油厂的原油加工能力，bbl/cd；

EF_i——污染物 i 的排放系数，t/a 或者 bbl/cd。

实例 6-2 给出了已知加工能力的炼油厂的火炬排放的计算方法。

实例 6-2：排放系数

已知炼油厂原油加工能力为 100 000 bbl/cd，炼油厂火炬的苯的年排放量计算方法如下：

$$E_{苯} = \mathrm{C}_{\mathrm{ap}} \times \mathrm{EF}_{苯} = 100\,000 \times 9 \times 10^{-6} = 0.9\ \mathrm{t/a}$$

7 污水收集和处理系统

工业污水收集和处理操作包括排入公共处理厂（POTW）前的简单预处理至全面的污水处理系统。污水处理系统包括工艺水和/或污染雨水的收集，处理的水质达到受纳水体可接受或者可重复利用的标准。

各处理装置的污水收集系统各不相同，但一般都包括排水管道、观察井、地沟、提升站、污水池、连接井和溢流堰。当污水通过这些设施时，在水/空气接口处的有机化合物可能会发生排放。

炼油厂污水处理总体目标是：①在大罐中缓冲使污水流量和污染物负荷平衡；②用油水分离器和浮选单元[如溶气浮选（DAF）、引气浮选（IAF）、溶氮浮选（DNF）]将乳化油和悬浮物和水分离；③将有机物分子氧化，并通过生物降解去除或转化为营养物。图 7-1 为典型炼油厂污水处理流程。

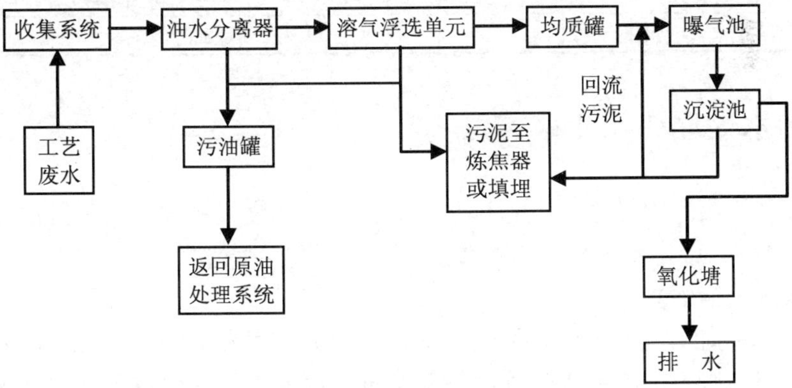

图 7-1　典型炼油厂污水处理工艺流程

多数炼油厂污水处理设施中去除苯系物的处理单元需满足 BWON（有毒有害大气污染物排放标准苯类物质废气运营规程 NESHAP）要求。因此，这些单元需加盖并将废气收集处理。均质池、油水分离器和气浮通常属于此类单元；不过，如果当这些单元由于不包含高浓度的苯而未加盖时，本书提供了其废气排放量估算办法。生物处理单元通常是污水处理系统中第一个不加盖的处理单元，也是第一个废气排放源。

表 7-1 列出了污水处理系统废气排放量估算方法，并按照计算的精确程度依次排序。主要分为三种：①实测法；②预测模型法；③工程估算法。实测法仅适用于加盖并把废气传输到处理设施的单元。预测模型使用诸如 AP-42 中提供的分析方程，利用传质模型（如 WATER9、TOXCHEM）或本章提供炼油厂污水排放工具（RWET）对废气排放量进行估算；使用基于原油加工量或污水负荷的排放系数可以完成工程估算。

表 7-1 污水处理系统排放估算方法汇总

等级	测量方法	应用范围	所需参数
1	直接测量	加盖和收集单元	收集废气中各成分种类和浓度
2a	验证后有特定点参数和生物降解速率的预测模型	未加盖单元	生产污水中各成分种类和浓度，现场测定的生物降解速率，直接检测法进行模型验证
2b	有特定点参数和生物降解速率的预测模型	未加盖单元	生产污水中各成分种类和浓度，现场测定的生物降解速率
2c	基于特定点参数的预测模型	未加盖单元	生产污水中各成分种类和浓度
3a	基于污水处理厂负荷的工程估算	未加盖单元	生产污水中各成分种类和浓度
3b	基于原油加工量的工程估算	未加盖单元	原油加工量

7.1 污水处理单元 1 级方法

加盖并收集污水处理单元和排水系统构筑物的废气排放可利用排放连续检测系统（CEMS）或定期采样直接测量；可以使用第 4 章和第 5 章中汇总的方法对这些排放源进行估算。

尽管未加盖单元有直接测量法（例如，释放气收集器和类似 DIAL 的开路光学法），但这些方法不能提供连续检测数据。因此，不建议将此方法作为排放估算的首选模式，但可以作为预测模型的验证方法。

7.2 污水处理单元 2 级方法

废气排放估算建模技术是使用数学方程预测污水中特定组分的降解和传递。

本章描述了一些主要的污水处理单元及其适用的估算方法。在估算排放时，将污水收集系统考虑为初始的污水处理单元。

尽管预测模型已经广泛应用，但用户更关心其操作的复杂程度和精确性。因此，本书提供了炼油厂污水排放量简化工具（RWET），以解决这些问题并提供炼油厂之间更精确的对比。设计 RWET 是为了帮助用户确认每一个工艺单元的边界模型输入，识别变量和常数（可能是特定值），计算废气污染物排放量和排放污水中组分浓度。另外，当工艺是串联时，处理单元污水中组分浓度可以作为相邻下游单元的输入（例如，油水分离器的排水数据等于 DAF 单元的输入数据）。

炼油厂污水排放工具的"边界输入"包括估算从特定工艺过程废气排放所需的数据。"带有默认值的变量"包括特定点和用户未知的数据。默认值来自 AP-42，但如果获得了更精确的值，默认值可以改变。"化学性质表"包含列在炼油厂 MACT Ⅰ中 30 种 HAP 的化学、物理和生物降解信息。但如果获得更精确的或特定点数据，这些数据可以插入化学性质表的特定表中，模型将优先使用这些值而非默认值。炼油厂污水排放工具中提供了详细的使用说明。

由于还没有用来估算所有挥发性有机化合物排放量估算排放的可靠变量，所有用替代化合物进行 MACT Ⅰ未列出化合物的排放估算。在炼油厂污水排放工具中，C2—C4 使用丁烷作为替代化合物，C4—C9 用辛烷。未列出的化合物和非挥发性化合物（如＞C9 和亨利定律常数＞10^{-3} atm-m^3/gmol）的排放可使用工具中的 A、B 或 C 行化合物进行估算。为了得到较为准确的排放估算值，需要每一种化合物的物理、化学和生物降解性能，具体如下：

①分子量；②蒸汽压；③亨利定律常数；④在水中的扩散系数；⑤在空气中的扩散系数；⑥辛醇-水分配系数；⑦最大生物降解常数；⑧半饱和生物降解常数。

RWET 中所使用的计算方法和变量，其定义是基于 AP-42 和本书附录 B"污水处理系统方程"中的相关资料。RWET 从下列 U.S.EPA 网站可以免费得到：http：//www.epa.gov/ttn/chief/efpac/esttools.html。

7.2.1 污水收集系统

污水收集系统是包含各种设施的复杂体系。这些复杂性使得精确估算废气污染物具有很强的挑战性。RWET 利用工艺排水区域（PDAs）更容易估算废气污染物排放量，如图 7-2 所示。模型为每一个 PDA 开发了排水区域系统，而不是对所有排水沟和其他设施进行加和。模型化的排水组件是基于独立污水流的典型（或合理的最坏工况）组件。在图 7-2 的上排水区中，独立污水流通常流经两个典型的排水管道（或作为最坏情况评估，选三个排水管道）、一个连接井、一个观察井和一个提升站。图 7-2 的下排水区中，在此面积中的独立污水流一般流经两个排水管道（或作为最坏情况评估，选三个排水管道），一段明渠（根据典型的或最坏情况的评估，从排水管的中间或排水管的最远处）、一个污水池和一个提升站。模型化的每个排水系统组件被分为受控的或不受控的。满足 BWON 中受控排水的排水要求被认为是受控组件。若非使用规定的控制装置（例如，排水的水封、气密的检查井盖或排入控制装置的排水系统），排水组件没有必要由 BWON 认为是受控的。

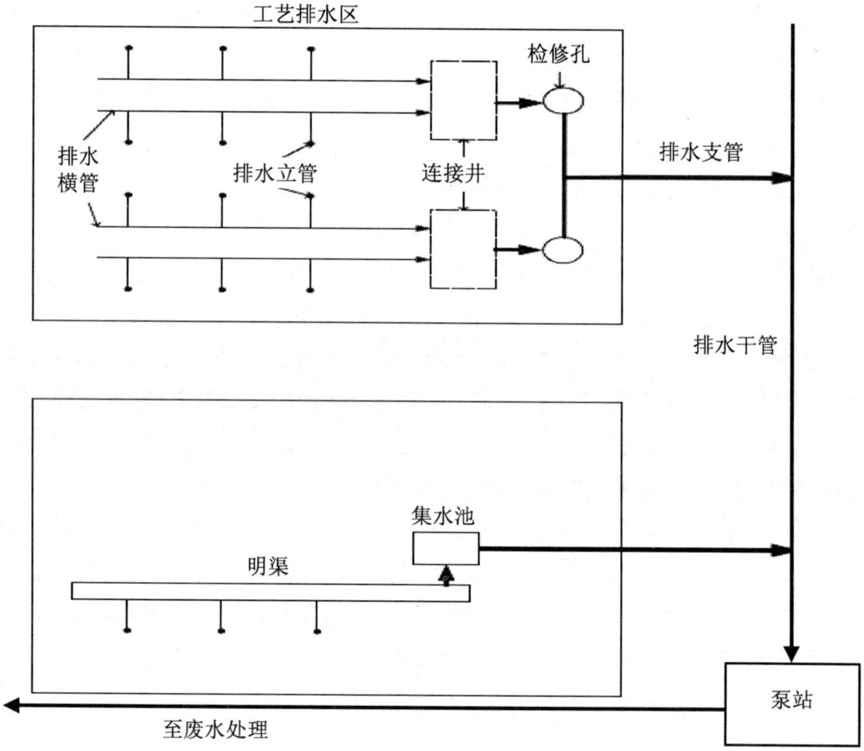

图 7-2　典型炼油厂污水收集系统的工艺排水区域示意

对于每一个 PDA，需要污水产生点（POG）的速率和污染物浓度以确定污染物负荷。然后在 RWET 中利用模型排水组件、成分负荷和控制效率估算给定 PDA 废气排放。加和每一个 PDA 的排放量得到污水收集系统总的排放量。在附录 B 中详细描述了这个方法。表 7-2 列出了用于特定污水收集系统 PDAs 的边界输入值、带默认值的变量和化学性质。

表 7-2 污水处理系统 PDA 废气排放量估算边界输入参数和化学特性

边界输入参数	默认变量	化学特性
排水管数量	控制/未控制	亨利常数 H
明渠长度	控制效率	
检查井数量		
连接井数量		
提升站数量		
集水池数量		
污水流量 Q		
污水产生点处的化合物浓度 C_0		

如前所述，RWET 利用模型化排水系统的组件使得废气排放估算由复杂变简单。然而，如果系统组件（例如，提升站、连接井和集水池）与最佳控制技术/最低可达排放速率（BACT/LAER）中描述的那些部件相差很大，则可以根据附录 B 中描述的方法确定特定点废气污染物排放量。

7.2.2 初级溢流堰

初级溢流堰可用做明渠的堤坝，也在沉淀池中用于排出较清净的污水。如前所述，污水收集系统的这些组件都是加盖并集中排放，因此不需要进行露天排放估算。但是，如果处理单元未加盖，RWET 可用于估算其废气排放量。表 7-3 列出了主溢流堰的边界输入参数、带有默认值的变量和化学特性。

表 7-3 初级溢流堰废气排放量估算边界输入参数、变量和化学特性

边界输入参数	默认变量	化学特性
污水流量 Q	水中氧扩散系数 $D_{O_2,w}$	水中化合物扩散系数 D_w
进口化合物浓度 C_0		
溢流堰高度 h		

7.2.3 油水分离器

油水分离器是用于分离污水中油和悬浮固体物的设施。如前所述，这些组件都是加盖并集中排放，因此不需要进行露天排放估算。但是，如果处理单元未加盖，RWET 可用于估算其废气排放量。表 7-4 列出了油水分离器的边界输入参数、

带有默认值的变量和化学特性。

表 7-4 油水分离器废气排放量估算边界输入参数、变量和化学特性

边界输入参数	默认变量	化学特性
表面积 A	油的流量 Q_{oil}	化合物在空气中的扩散系数 D_a
油层厚度 O_{layer}	油的密度 ρ_{oil}	辛醇-水分配系数 K_{ow}
总压力 P_0	油分子量 MW_{oil}	化合物蒸汽压 P
污水流量 Q	空气密度 ρ_{air}	
进口化合物浓度 C_0	空气的分子量 MW_{air}	
风速 U_{10}	空气黏度 μ_a	
	油的体积分数 FO	

如果油水分离器除出水溢流堰外其他部分都加盖了，可利用 7.2.2（初级溢流堰）和 RWET 相关表格的方法估算废气排放量。

7.2.4 溶气浮选单元

DAF 是用鼓泡浮选的方法脱除污水中悬浮油和固体的污水处理单元。如前所述，这些组件都是加盖并集中排放，因此不需要进行露天排放估算。但是，如果处理单元未加盖，RWET 可用于估算其废气排放量。表 7-5 列出了溶气气浮的边界输入参数、带有默认值的变量和化学特性。

表 7-5 DAF 废气排放量估算边界输入参数、变量和化学特性

边界输入参数	带有默认值的变量	化合物性质
表面积 A	水黏度 μ_L	化合物在大气中的扩散系数 D_a
温度 T	水密度 ρ_L	化合物在水中的扩散系数 D_w
总压力 P_0	水的分子量 MW_L	亨利常数 H
污水流量 Q	空气密度 ρ_{air}	
进口化合物浓度 C_0	空气分子量 MW_{air}	
溶气量 Q_a	空气黏度 μ_a	
风速 U_{10}		

7.2.5 均质罐

均质罐主要是抑制污水流量和污染物负荷的变化，降低对下游处理设施的冲击。如前所述，这些组件都是加盖并集中排放，因此不需要进行露天排放估算。

但是，如果处理单元未加盖，RWET 可用于估算其废气排放量。表 7-6 列出了均质罐的边界输入参数、带有默认值的变量和化合物性质。

表 7-6 均质罐废气排放量估算边界输入参数、变量和化学特性

边界输入参数	带有默认值的变量	化学特性
表面积 A	水密度 ρ_L	化合物在大气中的扩散系数 D_a
温度 T	水黏度 μ_L	化合物在水中的扩散系数 D_w
总压力 P_0	空气密度 ρ_{air}	亨利常数 H
污水流量 Q	空气分子量 MW_{air}	
进口化合物浓度 C_0	空气黏度 μ_a	
污水水深 D	搅拌桨转速 w	
曝气器总功率 P_{tot}	静止液面面积 A_Q	
曝气器数量 N_I	氧转移修正系数 O_t	
湍流表面面积 A_T	氧表面转移速率 J	
风速 U_{10}	搅拌桨直径 d	

7.2.6 生物处理单元

生物处理是污水排放或回用前降低、去除或转化有机组分和炼油污水中一般营养物到可接受水质或浓度的有效工艺。但是，生物处理单元是复杂的，并且在设计、操作和处理效率方面变化很大，因而很难描述生物处理的特性。在最终去除某特定化合物时，常常涉及多级降解和传递机理。如图 7-3 所示，生物降解、挥发、吸附、水解和光降解是污水处理中常用的机理。另外，生物系统的本质是动态变化的，这就导致了主要降解机理的变化。因而，当为了精确估算排放时，使用和获得特定点的变量是非常重要的。

生物处理单元的两个主要类别有两种，分别是悬浮-生长和黏附-生长系统。悬浮-生长系统是使用机械或鼓风设施保持生物质在悬浮状态下降解污染物。悬浮-生长系统的示例包括活性污泥法、氧化塘、序批式生物反应器以及膜生物反应器。黏附-生长系统是在固定的表面上建立生物膜，在生物膜上发生生物化学反应。黏附-生长系统的示例包括生物滤池、生物转盘和流化床生物反应器。无论使用何种类型的生物处理，生化反应通常相同，有机化合物和氨被氧化生成新的细胞、CO_2 和水。

为了保持微生物的健康状态并确保有机化合物和氨的适当生物氧化，必须向系统通入氧气。污水曝气有两个基本的方法：①通过分散器或其他装置把空气或

纯氧引入污水中；②搅拌水以增加水的表面积并促进与大气的交换。但是，向水中增加溶解氧的机理也增加了水中挥发性有机组分的排放速率。污水表面积、湍流度和温度、水力停留时间、水深、有机组分的浓度和物理性质（如挥发性、扩散性、抑制机理）以及气候条件均可以影响挥发速率。

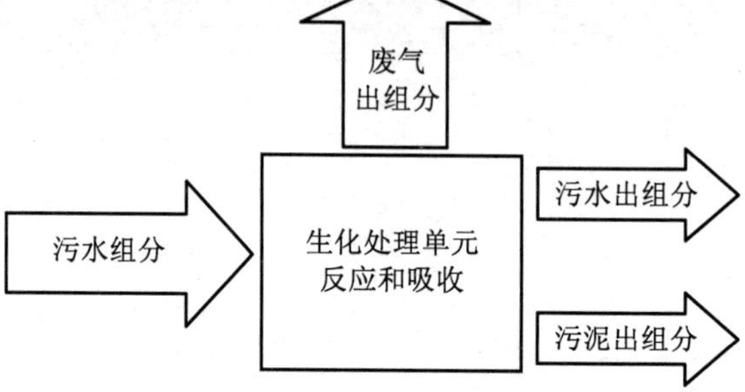

图 7-3　生物处理单元中组分质量平衡简图

如前所述，生物处理单元通常是污水处理系统中第一个不加盖的处理单元，而且可能是最大的废气排放源。表 7-7 列出了生物处理单元的边界输入参数、带有默认值的变量和化合物性质。

表 7-7　生物处理单元废气排放量估算边界输入参数、变量和化学特性

边界输入参数	带有默认值的变量	化学特性
表面积 A	水密度 ρ_L	化合物在大气中的扩散系数 D_a
温度 T	水黏度 μ_L	化合物在水中的扩散系数 D_w
总压力 P_0	空气密度 ρ_{air}	亨利常数 H
污水流量 Q	空气分子量 MW_{air}	最大生物降解速率常数 K_{max}
进口化合物浓度 C_0	空气黏度 μ_a	半饱和生物降解速率常数 K_s
污水水深 D	生物量中总碳质量分数 f_{OC}	辛醇-水分配系数 K_{ow}
曝气器总功率 P_{tot}	静止表面积 A_Q	
曝气器数量 N_I	氧转移修正系数 O_t	
混合液挥发性悬浮固体 C_{MLVSS}	氧表面转移速率 J	
进水 BOD 浓度 $C_{0,BOD}$	搅拌桨直径 d	
风速 U_{10}	搅拌桨转速 w	
湍流表面面积 A_T	由进水生化需氧量转化的生物挥发悬浮固体产量 Y	
污泥流量 Q_w		

7.2.7 精制塘

尽管生化处理下游单元的废气排放量极小且处理无效，但剩余生物污泥或水力冲击可能会导致 HAP 污染深度处理过程（即精制塘）。如果需要估算精制塘废气排放量，可以使用 RWET 中均质池部分。尽管精制塘属于推流式反应器，但可以假设挥发是主要的转移机理。如果精制塘有曝气以及活性生物量大于 40 mg/L（MLVSS），可以用生物处理部分进行计算。

7.2.8 特定点系数

尽管在搜集估算废气排放的特定变量的默认值方面已经做出了极大的努力，然而，特定点的检测数据却可以提供更精确的结果。生物降解是估算生物处理废气排放量的最重要因素。特定化合物生物降解速率常数和半饱和浓度可以通过曝气反应器试验（BOX）测定。将测定值用于预测模型可以得到比默认生物降解速率常数更精确的估算结果。联邦法规 40CFR 第 63 部分附录 C 提供了测定有机物生物降解比例的方法（http://www.epa.gov/ EPA-AIR/2004/June/Day-30/a14826.htm）。

尽管已有企业用这些方法估算出了生物降解速率，但在单一组分生物反应器定量给料产生的不精确生物降解速率与微生物强化混合物生物降解速率之间存在争论。当确定的建议方法中未提及生物降解速率时，优先生物降解、降解副产物和共代谢作用是要考虑的重要因素。Yerushalmi 和 Guiot（1998）报告了当苯和甲苯用作单一培养基时，其生物降解速率分别是有机化合物的混合物降解速率的 62.9 倍和 16.4 倍。建议被关注组分与真实系统中发现的有机化合物按适当的比例定量供给（描述在附件 C）。另外，这些方法未明确区分生物降解、水解和吸附。在一定程度上，BOX 测试结果是对曝气生物反应器的三个主要降解机理的总结，在评估中化合物降解机理时考虑这些是非常重要的。

7.2.9 模型验证

为确保预测模型的精确性，应进行验证研究以支持估算结果。此任务由辅助或间接测定技术完成，如废气收集器、DIAL、浓度廓线法等。对建模的工艺装置进行直接测量，将结果进行对比。合理的比较是精确预测模型的保证，但不恰当的对比可能导致模型中不正确假设或出现错误。如果需要校正，应对特定点变量和常数进行验证。

7.3 污水处理单元 3 级方法

7.3.1 基于污水处理厂负荷的工程估算

如果只有污水中苯浓度的数据，7.2 节中的预测模型中采用该方法估算未知 HAP 的浓度。表 7-8（U.S.EPA，1998）中给出的污水量、苯浓度和总 HAP 浓度与美国能源信息署（2009）提供的全美炼油加工能力结合起来估算平均污水混合物，从而得到炼油污水中的平均苯浓度和总 HAP 浓度。使用本书附录 B 中提供的平均石油组分对这些数据进行了评估。对辛醇-水分配系数的估算有助于确定除油前后的总 HAP 浓度。本分析结果（见表 7-9）是主要污染物的相对浓度，即与苯浓度的比值。如果已知炼油污水中苯浓度，可利用表 7-9 中的比率估算污水中其他有机物的浓度。

表 7-8 炼油厂污水典型工艺单元特性[a]

工艺单元	平均流量系数[b]/(gal/bbl)	平均苯浓度[c]/ppmw	平均 HAP 物质浓度/ppmw
原油蒸馏	2.9	21	140
烷基化装置	6	3	6.9
催化重整	1.5	106	238
加氢裂化	2.6	14	72
加氢处理/加氢精制	2.6	6.3	32
催化裂化	2.4	13	165
热裂解/炼焦	5.9	40	75
热裂解/减黏	7.1	40	75
制氢站	80[d]	62	278
沥青装置	8.6	40	75
油品调和	2.9	24	1 810
硫磺装置	9.7[e]	0.8	3.4
减压蒸馏	3	12	53
全蒸馏	4.5	12	65
异构化	1.5	33	117
聚合	3.5	0.01	0.04
甲基乙基酮脱蜡	0.011	0.1	27

工艺单元	平均流量系数[b]/(gal/bbl)	平均苯浓度[c]/ppmw	平均 HAP 物质浓度/ppmw
润滑油/专项处理单元	2.5	40	75
储罐发油操作	0.02	188	840

注：gal/bbl—加仑污水/桶原油；ppmw—重量的百万分之一。

a 源自 U.S.EPA（1998）。

b 全部流量系数源自《清洁空气法案》第 114 章问题解答。

c 污水中的平均浓度。

d 加仑污水量/百万英尺^{3}气体。

e 加仑污水量/吨硫磺。

表 7-9 炼油厂污水的污染物浓度与苯浓度比率

CAS 编号	HAP 物质	化合物浓度与苯质量浓度比率	
		油水分离器入口或气浮单元	生物处理单元入口（油气分离器之后）
540841	2,2,4-三甲基戊烷	1.97	0.022
71432	苯	1	1
92524	联二苯	0.034	0.000 5
1319773	甲酚	0.25	0.38
98828	异丙基苯	0.37	0.013
100414	乙苯	0.88	0.086
110543	己烷	3.5	0.047
1634044	甲基叔丁基醚	0.58	0.98
91203	萘	0.29	0.02
108952	苯酚	0.18	0.8
100425	苯乙烯	0.58	0.09
108883	甲苯	3.3	0.8
1330207	二甲苯	3.6	0.33
106990	1,3-丁二烯	0.000 6	0.002 7
VOC	总 VOCs	81	17

7.3.2 基于原油加工量的工程估算

当估算废气排放量所需污水相关数据均无法获得时，可利用表 7-8 中的系数估算污水产生量和污水处理系统的苯浓度。表 7-8 可以用于估算总 HAP 物质浓度，表 7-9 也可用于估算具体的 HAP 物质浓度以及总 HAP 物质浓度。得出的数据可以用于估算污水中具体成分的负荷（见 7.3.1），也可用于 7.2 节中的预测模型。

如果没有污水处理系统设计资料，表 7-10 中默认排放系数可用于估算污水处理系统（使用表 7-8 和表 7-9 中系数估算的）释放到大气中总组分负荷的分数。

表 7-10 炼油厂污水收集和处理系统默认废气质量排放系数

CAS 编号	HAP 物质	基于污水负荷的污水收集和处理系统的化合物排放质量分数	
		露天污水收集和处理系统	满足 BWON 要求的污水收集和处理系统
106990	1,3-丁二烯	0.91	0.75
540841	2,2,4-三甲基戊烷	0.95	0.55
71432	苯	0.65	0.25
92524	联二苯	0.34	0.031
1319773	甲酚	0.002	0
98828	异丙基苯	0.68	0.24
100414	乙苯	0.66	0.22
110543	已烷	0.97	0.55
1634044	甲基叔丁基醚	0.45	0.091
91203	萘	0.41	0.098
108952	苯酚	0	0
100425	苯乙烯	0.81	0.64
108883	甲苯	0.66	0.19
1330207	二甲苯	0.64	0.21
VOC	总 VOCs（丁烷计）	0.94	0.6

实例 7-1：污水方法 3

炼油厂工艺和产量如下表，炼油厂排放需满足 BWON 的要求，已烷、苯、甲苯和二甲苯的平均年排放量可从污水收集和处理系统估算出来。

工艺单元	产量/（lb/cd）
常压蒸馏	100 000
减压蒸馏	50 000
催化重整	20 000
催化裂化	40 000
烷基化	10 000
油品调和	60 000
总原油和油品储罐容量	180 000

使用表 7-8 中的系数和水的密度（取 8.34 lb/gal），估算总污水量和苯负荷量。

工艺单元	（A）平均产量/（bbl/cd）	（B）污水量比率/（gal/bbl）	（C）＝A×B 污水量/（gal/cd）	（D）苯浓度/（ppmw）	（E）＝C×ρ×D/10^6 苯质量/（lb/cd）
常压蒸馏	100 000	2.9	290 000	21	50.8
减压蒸馏	50 000	3	150 000	12	15
催化重整	20 000	1.5	30 000	106	26.5
催化裂化	40 000	2.4	96 000	13	10.4
烷基化	10 000	6	60 000	3	1.5
油品调和	60 000	2.9	174 000	24	34.8
总原油和油品储罐容量	180 000	0.02	3 600	188	5.6
总量			803 600		144.7

使用表 7-9 中的系数估算其他化合物的质量负荷，用表 7-10 中满足 BWON 的排放系数估算年排放量。

化合物	（A）表 7-9 质量比率	（B）＝A×144.7 质量/（lb/cd）	（C）表 7-10 排放系数	（D）＝B×C×365/2 000 年排放量/（t/a）
己烷	3.5	506.5	0.55	51
苯	1	144.7	0.25	6.6
甲苯	3.34	483.3	0.19	17
二甲苯	3.57	516.6	0.21	20

8 冷却塔

炼油厂的热交换系统和冷凝器用冷却水来冷却或冷凝各种产品物流。闭路循环系统的冷却水被送到冷却塔，冷却至接近环境温度后，送到工艺过程或制冷单元循环使用。直流冷却系统的冷却水一般通过冷却后直接外排到纳污水体。因为冷却塔在石油炼制工业中使用广泛，本章将重点介绍。有些炼油厂使用直流冷却系统，其排放量估算可以使用与冷却塔基本相同的技术。

当换热器或冷凝器发生泄漏时，产品通过换热器裂缝从高压侧泄漏并污染冷却水，冷却水会携带有机 HAP 和 VOC。由于冷却塔的汽提作用（如流动空气与水接触）和夹带损失，有机 HAP、VOC、PM_{10} 和氯气等污染物会从水中排入大气。由于炼油厂使用大量冷却水，即使冷却水的污染水平或污染物浓度较低，污染物排放量每年也达几吨。一般情况下，CH_4 或其他温室气体不是冷却塔的主要污染物；但是，如果冷却水用于 CH_4 含量高的工艺物流，可以使用本章冷却塔挥发性烃排放的估算方法来计算 CH_4 排放量。冷却塔排放估算需要冷却水流量以及换热器或冷凝器或制冷单元工艺物流的组成信息。这些排放估算还取决于使用的换热器监控系统类型。

表 8-1 汇总了不同的冷却塔排放估算技术，并按预期可靠性进行分级。在给出的测量方法（等级）中，可能还有确定具体组分排放量的其他方法，表中还按照可靠性的顺序提供了这些成分的分析方法，其中，为挥发性有机 HAP 和 VOC 提供了多种方法，为 PM_{10}、氯气和重有机 HAP 提供了一种方法。冷却塔可能服务于多个工艺过程并有多条冷却水回流管线。虽然各冷却水回流管线流向同一个冷却塔，但对不同的回流管线开展的检测可能不同。本章提供的方法能用于各回流管线（如果已知各管线流量），冷却塔总排放量可以按各回流管线排放量的加和计算。根据对各回流管线实施的不同检测，对同一冷却塔的不同回流管线可以使用不同等级的方法进行估算。

本章提供了实施这些方法的细节和指导。一般情况下，冷却塔的年排放量应考虑冷却塔的年操作时间。冷却塔的年排放量可以利用各监控期间的检测浓度（无论测得浓度的流体继续泄漏与否）求出其排放量后加和获得，或者使用冷却塔全年运行操作时间的排放系数进行估算。应根据冷却塔最高小时排放速率估算小时排放量；当使用默认排放系数时，应根据年最高循环率确定小时排放量。

表 8-1 冷却塔排放量估算方法汇总

等级	测量方法或排放系数	成分分析数据
1	用附录 P“改进的 EI Paso 法”（分物种 VOC）[a]进行汽提模拟，水循环率	用 U.S.EPA TO-14 或 TO-15 法、U.S.EPA 方法 18 或便携式（非手持型）气相色谱/离子火焰检测器收集气体样品的形态
2	用附录 P“改进的 EI Paso 法”[a]进行汽提模拟，使用离子火焰检测分析仪（总 VOC），水循环率	特定工艺，特定工况浓度； 特定工艺的平均浓度； 特定点的炼油厂平均物料浓度； 默认的工艺物料组成
3	用 U.S.EPA 方法 8260B[b]直接测量暴露于大气前后的水（例如，冷却塔回流管线和冷却塔出口），水循环率	收集的水样品形态
4	用 U.S.EPA 方法 8260B[b]直接测量暴露于大气前的水（例如，换热器出口管线或冷却塔回流管线），水循环率	收集的水样品形态
5	VOC、PM_{10}和氯气的 AP-42 排放系数，水循环率或物料平衡	特定工艺，特定工况浓度； 特定工艺的平均浓度； 特定点的炼油厂平均物料浓度； 默认的工艺物料组成

注：a 来源：TCEQ（2003）。
b 来源：U.S.EPA（1996）。

8.1 冷却塔估算 1 级和 2 级方法

EI Paso 法（TCEQ，2003）采用直流系统汽提水样，使用火焰离子检测分析仪（FID）分析汽提后气体中的 VOC。此方法可测量冷却水中沸点低于 140℉的易于汽提组分的含量。在此方法中，冷却水连续通过管道或弹性管后送入汽提塔装置。在汽提塔中空气流与冷却水逆流接触，从水中带出 VOC 和有机 HAP。测量离开汽提塔后空气中的污染物浓度及流向汽提塔装置的空气和水的流量，来估算冷却水中可汽提 VOC 的浓度。在汽提塔的空气出口，通过使用现场 FID 分析仪（冷却塔 2 级方法），或用在线便携式气相色谱仪（GC）（冷却塔 1 级方法），或通过样品罐收集样品送到实验室分析废气污染物的形态[提要法 TO-14A、提要法 TO-15 或方法 18（都是 1 级方法）]，来测量 VOC 浓度以确定总的可汽提 VOC。

采用冷却塔 1 级和 2 级方法所需要的数据包括：分物种汽提化合物浓度、汽提塔的操作参数和冷却水流量。表 8-2 汇总了 1 级和 2 级方法需要的数据。

表 8-2 冷却塔 1 级和 2 级方法估算 VOC 或特征 VOC 排放量时所需数据

等级	必须收集的数据	获得数据的方法
1 级-分物种 VOC 排放量	测量汽提空气中分物种的 VOC 浓度（ppmv）	使用汽提塔汽提，然后采用 TO-14A、TO-15、U.S.EPA 方法 18 或 GC/FID 气相色谱/离子火焰检测器检测获得的附录 P 中的定期测试结果
	汽提塔的样品水流量、汽提空气流量、汽提塔的压力、温度	在附录 P 测试期间的测量
	冷却水流循环速率（gal/min）	用连续测量得到的泵流量曲线进行核算、用转子流量计或相似的方法进行连续测量
	监控期的时长（h）	假设测得的浓度是在自上次采样日起至今时间周期的一半发生的，若有泄漏发生需加上修复所用时间
2 级-VOC 排放量	测量汽提空气中分物种的 VOC 浓度（ppmv）	使用汽提塔汽提，然后采用离子火焰检测器检测获得的附录 P 中的定期测试结果
	汽提塔的样品水流量、汽提空气流量、汽提塔的压力、温度	在附录 P 测试期间的测量
	冷却水流循环速率（gal/min）	用连续测量得到的泵流量曲线进行核算、用转子流量计或相似的方法进行连续测量
	监控期的时长（h）	从开始检测的日期

对服务于多组分工艺物流的冷却塔，最好确定冷却水中可汽提化合物的生成物质。对服务于单组分工艺物流的冷却塔，使用 FID 分析仪是足够的。使用方程（8-1）计算汽提塔出口检测到浓度的冷却水中可汽提组分的浓度。

$$C_{水,i} = \frac{C_{空气,i} \times \mathrm{MW} \times P \times \mathrm{PC} \times b_{汽提空气流}}{R \times (T+273) \times a_{样品水流} \times \rho_{水}} \tag{8-1}$$

式中：$C_{水,i}$——可汽提组分 i 在原料水中的浓度，ppmw；

$C_{空气,i}$——汽提气中组分 i 的浓度，ppmv；

MW——化合物的分子量，g/mol；

P——汽提塔的压力，英寸 Hg；

PC——压力转换系数，0.033 42 大气压/英寸 Hg 柱；

$b_{汽提空气流}$——汽提塔的汽提空气流量，mL/min；

R——气体常数，82.054 mL-atm/mol-K；

T——汽提塔温度，℃；

$a_{样品水流}$——汽提塔样品水流量，mL/min；

$\rho_{水}$——样品冷却水的密度，g/mL。

当使用 EI Paso 法（TCEQ，2003）时，计算的原料水中化合物的浓度代表被汽提的浓度，而不是汽提前原料水中化合物的总浓度。因此，这个计算的浓度应称作冷却水中"可汽提污染物浓度"。总之，当利用 FID 分析仪估算总 VOC 时，要使用标气的分子量（MW）。通常使用 CH_4 作为标气，因此将用 CH_4 的分子量（16 g/mol）估算水中 VOC 浓度和排放速率（以 CH_4 报告）。即使使用不同的标气，也可以根据需要用 CH_4 的分子量以 ppmw 或 ppmv（以甲烷计）为单位定义泄漏阈值。

通常，当工艺物流是单一组分时，可将 FID 测得的以甲烷为基准的浓度转换为以 C 计的特定化合物。对于多组分工艺物流，最好使用便携式 GC/FID、TO-14A、TO-15 或方法 18 确定分物种化合物。对于便携式 GC 的检测结果，除了用标准化合物（甲烷或丙烷）进行标定外，对汽提物流中可能存在的典型化合物，还要确定仪器的响应系数。对于场外实验室分析的分物种化合物，可以使用各自化合物的分子量（例如，苯的分子量为 78 g/mol）估算水中特定化合物的浓度。当进行以制定排放清单为目的的排放量估算时，应使用这些分物种浓度（使用特定化合物的分子量）。但是，应着重注意如果为了监管目的，这些浓度必须转化为以甲烷计（使用甲烷的分子量）以便与以甲烷为基准的泄漏阈值对比。如实例 8-1 所示。

实例 8-1：如何将分物种浓度结果与以甲烷为基准的定义的泄漏进行对比

某企业实施 EI Paso 监控并提供了分物种结果，为了监管目的，必须把这些结果转化为以 CH_4 为基准的结果以便于与定义的泄漏对比。

已知：分物种 EI Paso 监视发现汽提空气中己烷浓度是 5 ppmv。以甲烷计的浓度是多少？

在这个实例中，汽提空气中己烷浓度是 5 ppmv。应使用下列方程把浓度转化为以甲烷为基准的浓度：

$$5\ \text{ppmv己烷} = \left(\frac{5\ \text{mole己烷}}{10^6\ \text{mole空气}} \times \frac{6\ \text{mole C}}{1\ \text{mole己烷}} \times \frac{1\ \text{mole甲烷}}{1\ \text{mole C}}\right) = 30\ \text{ppmv（以甲烷计）}$$

如果泄漏定义是 6.2 ppmv（以甲烷计），由于己烷的浓度是 30 ppmv 当量的甲烷，则已检测出泄漏。

使用方程（8-2）估算冷却水中可汽提总 VOC 的排放量：

$$E_i = \frac{C_{\text{水},i}}{10^6\ \text{ppm}} \times F_{\text{low冷却水}} \times 60\frac{\text{min}}{\text{h}} \times 8.34\frac{\text{lb}}{\text{gal}} \times H_{\text{年}} \times \frac{1\text{t}}{2\,000\ \text{lb}} \tag{8-2}$$

式中：E_i——冷却水中可汽提污染物 i 的排放量，t；

$F_{\text{low 冷却水}}$——冷却水流量，gal/min；

60——单位转化系数，min/h；

8.34——水的密度，lb/gal；

1/2 000——单位转换系数，t/lb；

$H_{\text{年}}$——监控周期的时长或泄漏发生的时长，h；

如果 $C_{\text{空气},i}$ 是基于 FID 分析仪的总 VOC 结果（冷却塔 2 级方法），污染物 i 就是 VOC。

如果 $C_{\text{空气},i}$ 是基于 GC 各组分的分析结果（冷却塔 1 级方法）或基于特定点或默认组分组成数据（冷却塔 2 级方法），污染物 i 就是各污染物。

如果进行常规或定期检测或采样（如每月或每季度），则可以使用连续检测的浓度结果估算检测期间的平均排放速率，把每个检测浓度分配到检测/采样前后各一半时间。如果在冷却水中检测到非常高的有机物浓度（如检测到泄漏），则可以认为测量浓度表示的时间跨度为从发现泄漏到修复完成。当使用定期检测时，该方法与年化设备泄漏排放所用的“中点法”极为类似。提到设备泄漏估算，当进行冷却水的定期检测时，也可以使用“修改的不规则四边形法”或“平均期法”估算冷却塔的年度排放量（详见本书 2.2.2 节）。

如果不实施常规或定期检测或采样，假设全年的浓度是常数，所有测得的浓度都应用于计算冷却塔的平均排放速率。在这种情况下，如果浓度测量值有建议后续需要修复的泄漏，则在年度报告中使用初始确定的泄漏浓度，直到泄漏被修复为止。

实例 8-2：冷却塔 1 级方法的计算

已知：使用 EI Paso 检测方法每季度检测一座水循环流量为 32 000 gal/min 的冷却塔。在第二季度检测过程中检测到汽提空气中己烷浓度为 5.0 ppmv，表示“泄漏”。在这次检测过程中 EI Paso 汽提塔的参数如下：压力＝29.9 英寸 Hg；汽提塔汽提空气流量 2 500 mL/min；温度＝32℃；汽提塔样品水流量＝125 mL/min。泄漏修复从检测到完成用了 45 天。假设所有其他检测中己烷没有达到可检出的浓度，己烷的年度排放量是多少？

解：首先使用方程（8-1）计算水中可汽提化合物的浓度如下：

$$C_{\text{水,己烷}} = \frac{5.0\ \text{ppmv} \times 86.17\ \text{g/mole} \times 29.9\text{英寸Hg} \times 0.033\ 42\ \text{atm/英寸Hg} \times 2\ 500\ \text{mL/min}}{82.045\ \text{mL-atm/mole-K} \times (32+273) \times 125\ \text{mL/min} \times 1\ \text{g/mL}}$$

$$= 0.34\ \text{ppmv己烷}$$

因此，空气物流中 5 ppmv 的己烷浓度转换为冷却水中 0.34 ppmw 的可汽提己烷浓度。

接着，估算第一至第二季度检测区间的排放量。应记录和使用准确的检测时间，但给出的信息是季度检测，假设检测间隔 91 天（2 184 h）。可以使用中点法、修改的不规则四边形法或平均期法中的一个。使用修改的不规则四边形法或平均期法应注意第一次检测的有效水浓度是 0 ppmv 己烷，第一次至第二次检测之间的排放量为：

$$E_{i,1} = \frac{(0.34-0)/2}{10^6} \times 32\ 000\frac{\text{gal}}{\text{min}} \times 60\frac{\text{min}}{\text{h}} \times 8.34\frac{\text{lb}}{\text{gal}} \times 2\ 184\ \text{h} \times \frac{1\text{t}}{2\ 000\ \text{lb}} = 2.97\ \text{t己烷}$$

同样，估算第二季度监视到泄漏修复之间的排放量。这个区间是 45 天（1 080 h）。

$$E_{i,1} = \frac{0.34}{10^6} \times 32\ 000\frac{\text{gal}}{\text{min}} \times 60\frac{\text{min}}{\text{h}} \times 8.34\frac{\text{lb}}{\text{gal}} \times 1\ 080\ \text{h} \times \frac{1\text{t}}{2\ 000\ \text{lb}} = 2.94\ \text{t己烷}$$

由于这些仅是可测的年排放，年度排放量为 $E_i = E_{i,1} + E_{i,2} = 2.97 + 2.94 = 5.91$ t。四舍五入到两位有效数字得 5.9 t。

注意：中点法的优点是它在检测到泄漏至修复这段时间使用的浓度与检测前半个周期使用的浓度相同。随后，从检测开始至泄漏修复这段时间加上检测之前的“半个”周期（91 天/2＝1 092 h）计算泄漏的总时间，并进一步计算累积排放量，步骤如下：

$$E_{i,1} = \frac{0.34}{10^6} \times 32\ 000\frac{\text{gal}}{\text{min}} \times 60\frac{\text{min}}{\text{h}} \times 8.34\frac{\text{lb}}{\text{gal}} \times (1\ 080 + 1\ 092)\text{h} \times \frac{1\text{t}}{2\ 000\ \text{lb}} = 5.9\ \text{t己烷}$$

实例 8-3：使用冷却塔 2 级方法计算 VOC 排放量

已知：使用 EI Paso 检测方法每季度监视一座水循环流量为 25 000 gal/min 的冷却塔（与实例 8-2 中的汽提塔参数相同），在 2009 年 2 月 1 日测得汽提空气中 VOC 浓度是 14 ppmv（以甲烷计）。在 2009 年 3 月 4 日修复了泄漏（31 天后）。在以前和随后检测中汽提空气中 VOC 浓度都是 1 ppmv。这个冷却塔在 2009 年的年度 VOC 排放量是多少？如果工艺流体含有 10%的苯，且总轻质（可汽提）有机物含量为 80%，这个冷却塔在 2009 年苯的年度排放量是多少？

解：使用方程（8-1）计算冷却水中以甲烷计的可汽提 VOC 的浓度。对应于汽提空气中 VOC 浓度 14 ppmv 的水中 VOC 浓度是：

$$C_{水,VOC} = \frac{14\ \text{ppmv} \times 16.04\ \text{g/mole} \times 29.9\text{in.Hg} \times 0.033\ 42\ \text{atm/in.Hg} \times 2\ 500\ \text{mL/min}}{82.045\ \text{mL-atm/mole-K} \times (32+273) \times 125\ \text{mL/min} \times 1\ \text{g/mL}}$$
$$= 0.179\ \text{ppmwVOC（以甲烷计）}$$

用同样的方法，计算对应于汽提空气中 VOC 浓度 1 ppmv 的水中 VOC 浓度是：0.012 8 ppmw（以甲烷计）（0.179/14）。

尽管 2008 年和 2009 年的总排放量是相同的，由于在第一季度检测过程中确认了泄漏，估算检测周期之间排放所采用的方法（如中点法、修改的不规则四边形法或平均期法）会对 2009 年年度排放量结果造成稍微不同。修改的不规则四边形法是最复杂的，计算 1 月 1 日至 2 月 1 日之间的排放量之前，需要插值求出 2009 年 1 月 1 日的有效泄漏率。由于中点法使用简便，一般被推荐使用，但对所有的年清单和所有冷却塔都应使用相同的方法。

使用中点法，在 2009 年（1 月 1 日至 3 月 4 日）持续 62 天（1 488 h）水中 VOC 浓度（以甲烷计）是 0.179 ppmw。该期间的排放量是：

$$E_{\text{VOC},1} = \frac{0.179}{10^6} \times 25\ 000 \frac{\text{gal}}{\text{min}} \times 60 \frac{\text{min}}{\text{h}} \times 8.34 \frac{\text{lb}}{\text{gal}} \times 1\ 488\ \text{h} \times \frac{1\text{t}}{2\ 000\ \text{lb}} = 1.67\ \text{tVOC}$$

该年度其他时间（8 760−1 488＝7 272 h）排放量是：

$$E_{\text{VOC},2} = \frac{0.012\ 8}{10^6} \times 25\ 000 \frac{\text{gal}}{\text{min}} \times 60 \frac{\text{min}}{\text{h}} \times 8.34 \frac{\text{lb}}{\text{gal}} \times 7\ 272\ \text{h} \times \frac{1\text{t}}{2\ 000\ \text{lb}} = 0.58\ \text{tVOC}$$

因此，2009 年该冷却塔 VOC 排放量＝1.67＋0.58＝2.25 t VOC

实例 8-4：使用冷却塔 2 级方法计算分物种 HAP 排放量

已知：在实例 8-3 中的冷却塔服务于工艺单元，其工艺流体含 10%（重量分数）的苯和总轻质（可汽提）有机物含量 80%的工艺单元。在 2009 年这个冷却塔的苯年度排放量是多少？

解：在实例 8-3 中，计算的 2009 年 VOC 排放量是 2.25 t。为确定苯的质量排放量，必须计算 EI Paso 汽提塔汽提的单位质量 VOC 中苯的质量。在这个实例中，预期 80%的工艺介质是可汽提有机物。剩余 20%可能是像 H_2 或 N_2 那样的可以汽提的无机化合物，但它们不能被有机物分析器检测到；也可能是在汽提塔中不能被明显汽提的、较重的有机物。为了确定分物种挥发性物质排放量，假设非挥发性化合物不被汽提，对可以少量汽提的化合物需要进行更详细的计算。苯占据泄漏到冷却水中流体总质量的 10%。由于流体的总可汽提有机物泄漏到冷却水中的量是 80%，单位质量可汽提 VOC 中苯的质量分数是 0.1/0.8 或 0.125。

因此，预计苯占总可汽提 VOC 浓度的 12.5%或 0.28 t 苯（0.125 t 苯/t VOC×2.25 tVOC）。

8.2 冷却塔估算 3 级方法

用 3 级方法估算冷却塔的排放，此方法使用基于冷却塔采样前后的质量平衡。尽管用于大型泄漏时，3 级方法与 1 级和 2 级方法同样可靠，但 3 级方法受限于水采样技术的检测极限问题。因此，这种检测方法不可能检测到对 VOC 或 HAP 排放有明显贡献的较小泄漏。

通常，冷却水中的污染成分浓度低、体积流量大，因此直接采水样需要分析低水平浓度的技术。冷却水采样一般使用 8260B 方法。在该方法中，把样品导入气相色谱/质谱（GC/MS）系统，采用 GC 柱升温程序分离各组分，用 MS 检测组分。此方法的检测结果是冷却水中各组分的浓度。一般分析两个冷却水水样以估算排放量：一个样品是冷却水暴露在大气之前，一个样品是冷却水暴露在大气之后。冷却水各组分的浓度变化量乘以冷却水循环量就得到了泄漏期间排入大气的量。

采用冷却塔 3 级方法需要的数据包括冷却水中各类物质的浓度和冷却水流量。表 8-3 汇总了 3 级方法需要的数据。

表 8-3　冷却塔 3 级方法估算特征化合物排放量需要的数据

等级	必须收集的数据	获得数据的方式
3 级方法-分类排放	测量冷却塔进口各化合物浓度（ppmw）	用方法 8260B 进行定期采样测量，包括暴露空气之前的测量
	测量冷却水出口各化合物浓度（ppmw）	用方法 8260B 进行定期采样测量，包括暴露空气之前的测量
	冷却水循环流量（gal/min）	用连续测量得到的泵流量曲线进行核算、用转子流量计或相似的方法进行连续测量
	检测周期长度（h）	假设测得的浓度是在自上次采样日起至今时间周期的一半发生的，若有泄漏发生需加上修复所用时间

利用冷却水暴露到空气前后各组分浓度的变化和冷却水循环量估算冷却水污染物排放量。方程（8-3）可以用于计算冷却水中组分的排放量。值得注意的是，此处假设补水抵消了所有的蒸发损失和排污损失；因此，无论在何处测量，冷却塔"流进"和"流出"水量相同，并可以根据水的再循环速度求出。

$$E_i = \frac{C_{i,\text{进口}} - C_{i,\text{出口}}}{10^6\ \text{ppm}} \times F_{\text{low冷却水}} \times 60\frac{\text{min}}{\text{h}} \times 8.34\frac{\text{lb}}{\text{gal}} \times H_{\text{年}} \times \frac{1\text{t}}{2\,000\ \text{lb}} \tag{8-3}$$

式中：$C_{i\,\text{进口}}$——冷却水暴露于大气前 i 组分的浓度，ppmw；

$C_{i\,\text{出口}}$——冷却水暴露于大气后 i 组分的浓度，ppmw。

如方程（8-4）所示，冷却水总污染物排放量是所有组分排放量的和，可以针对 VOC 或 HAP 加和。

$$E_{\text{总}} = \sum_{i=1}^{n} E_i \tag{8-4}$$

实例 8-5：冷却塔 3 级方法的计算

已知：半年检测一次冷却水中总二甲苯的浓度。第一次测量期间，冷却水返回线暴露空气前二甲苯浓度是 0.220 ppmw，暴露大气后流向换热器的冷却水二甲苯浓度是 0.080 ppmw。第二次采样检测期间，冷却塔暴露空气之前二甲苯浓度是 0.320 ppmw，暴露之后是 0.100 ppmw。冷却水平均循环流量是 55 000 gal/min，最大循环流量是 65 000 gal/min。该冷却塔年操作时间为 8 000 h。冷却塔年度和小时最大二甲苯排放量是多少？

解：半年检测一次排放量或检测频率更低，会使检测之间及日历年中的排放量计算较为麻烦。当未实施泄漏修复时，可以假设两次检测都同样代表这一年。使用方程（8-3）计算每次检测的二甲苯平均小时排放量如下：

$$E_{i,1}=\frac{0.22-0.08}{10^6\text{ppm}}\times 55\,000\times 60\frac{\text{min}}{\text{h}}\times 8.34\frac{\text{lb}}{\text{gal}}=3.85\text{ lb/h}$$

$$E_{i,2}=\frac{0.32-0.10}{10^6\text{ppm}}\times 55\,000\times 60\frac{\text{min}}{\text{h}}\times 8.34\frac{\text{lb}}{\text{gal}}=6.05\text{ lb/h}$$

用这两个小时估算的算术平均值可以计算一年的平均小时排放速率，是 4.95 lb/h（3.85 + 6.05）/2。然后基于操作时数计算年度排放量为：4.95 lb/h × 8 000 h × 1 t/2 000 lbs = 19.8 t 二甲苯。

使用最高测量浓度和最大循环流量计算二甲苯的最大小时排放量如下：

$$E_{i,\text{最大}}=\frac{0.32-0.10}{10^6\text{ppm}}\times 65\,000\frac{\text{gal}}{\text{min}}\times 60\frac{\text{min}}{\text{h}}\times 8.34\frac{\text{lb}}{\text{gal}}=7.16\text{ lb/h}$$

8.3 冷却塔估算 4 级方法

4 级方法与 3 级方法一样，直接对冷却水采样送实验室分析其中所含的 VOC 和 HAP。根据冷却塔 4 级方法，在暴露大气之前仅取一个样品估算排放量。在该方法中，假设冷却塔中的污染物 100%被排放。因此，该方法会高估冷却水向大气的污染物排放量，是一种保守的估算（例如，会导致最大的排放）。

采用冷却塔 4 级方法需要的数据包括在冷却水中各类化合物浓度和冷却水流量。表 8-4 汇总了 4 级方法需要的数据。

表 8-4 冷却塔 4 级方法估算特征化合物排放量需要的数据

等级	必须收集的数据	获得数据的方式
4 级方法-分物种排放	测量冷却塔进口各类化合物浓度（ppmw）	用方法 8260B 进行定期采样测量，包括暴露空气之前的测量
	冷却水循环流量（gal/min）	用连续测量得到的泵流量曲线进行核算、用转子流量计或相似方法进行连续测量
	检测期间的时长（h）	假设测得的浓度是在自上次采样日起至今时间周期的一半发生的，若有泄漏发生需加上修复所用时间

利用冷却水暴露到大气之前冷却水中污染物各组分的浓度和冷却水流量来估算冷却水的排放量。方程（8-5）用于计算从冷却水向大气的污染物排放量。

$$E_i = \frac{C_{i,进口}}{10^6\ \text{ppm}} \times F_{\text{low冷却水}} \times 60\frac{\text{min}}{\text{h}} \times 8.34\frac{\text{lb}}{\text{gal}} \times H_{年} \times \frac{1\text{t}}{2\,000\ \text{lb}} \tag{8-5}$$

式中：$C_{i,进口}$——冷却水暴露于大气前 i 组分的浓度，ppmw。

当 $C_{i,出口}$等于 0 时，方程（8-5）等于方程（8-3），因此，使用冷却塔 4 级方法实质上与冷却塔 3 级方法相同。可以使用方程（8-4）计算从冷却水排放的总 VOC 或总有机 HAP 排放量。

8.4 冷却塔估算 5 级方法

冷却塔 5 级方法使用 AP-42（U.S.EPA，1995；5.1 节和 13.4 节）的排放系数。表 8-5 总结了允许在冷却塔 5 级方法中使用的 AP-42 排放系数。本章其余部分描述了这些排放系数对不同污染物种类的使用情况。

表 8-5 冷却塔 5 级方法默认的排放系数 单位：lb/MMgal

冷却塔类型	VOC 排放系数[a]	飘散系数[a]	PM_{10} 排放系数[b]
引风，逆流	6.0	1 700	31.5
引风，横流	6.0	1 700	40.8
未规定的通风或流型	6.0	1 700	35.0
自然通风	6.0	73	无数据

注：a 来源：U.S.EPA（1995）；再循环单位为 lb/MMgal。
b 来源：U.S.EPA（1995）；以表 13.4-1 产品蒸发损失系数和表 13.4-2 总溶解固体浓度计算。

8.4.1 VOC 和挥发性有机 HAP

冷却塔中挥发性有机化合物排放量的 5 级方法使用 AP-42（U.S.EPA，1995，5.1 节）给出的不受控的 VOC 排放系数 6 lb 总 VOC/MMgal 水（相当于水中 VOC 浓度 0.7 ppmw）。计算时不使用 AP-42 提供的受控的排放系数，受控的排放系数仅仅应用于直接检测烃类（及有机 HAP）并在发生泄漏时即修复泄漏时的炼油厂，在这种情况下，炼油厂应有检测数据，可用冷却塔 1 级、2 级、3 级或 4 级方法进行排放估算。

为了估算 HAP 的排放量，如果可能的话，炼油厂应使用换热器和冷凝器冷却的工艺物料组成的特定点信息。如果有的话，应采用特定工艺浓度、特定工艺平均浓度或特定炼油厂平均物流浓度。如果没有这些数据，则可以利用附录 A 中表 A-1 中给出的默认炼油厂工艺物流的平均组成，估算生成的 VOC 和产生的 HAP。

采用冷却塔 5 级方法所需的数据包括 AP-42 不受控的 VOC 排放系数、冷却水流量和工艺物流组成。表 8-6 汇总了 5 级方法需要的数据。

表 8-6 冷却塔 5 级方法估算 VOC 或特征 VOC 排放量需要的数据

等级	必须收集的数据	获得数据的方法
等级 5-估算分类排放量	AP-42 冷却塔不受控的排放系数（6 lb VOC/MMgal 水）	不适用
	工艺物流组成数据	工艺物流组成测量/取样，工艺组成的工程参数，或行业默认平均组成
	冷却水循环流量（gal/min）	用连续测量得到的泵流量曲线进行核算、用转子流量计或相似的方法进行连续测量
	操作时数（h）	使用冷却塔的操作时数或假设连续运行（平均年，8 760h/a）

利用方程（8-6）估算 VOC 排放量：

$$E_{\mathrm{VOC}} = \mathrm{EF_{Unc}} \times F_{\text{low冷却水}} \times 60\frac{\min}{\mathrm{h}} \times H_{\text{年}} \times \frac{1\mathrm{t}}{2\,000\,\mathrm{lb}} \tag{8-6}$$

式中：$\mathrm{EF_{Unc}}$——来自 AP-42 的不受控冷却塔排放系数（5.1 节）；取 6.0 lbVOC/10^6 gal 冷却水。

利用方程（8-7）估算特定组分的排放量：

$$E_i = \mathrm{EF_{Unc}} \times \mathrm{WtF_{rac_i}} \times F_{\text{low冷却水}} \times 60\frac{\min}{\mathrm{h}} \times H_{\text{年}} \times \frac{1\,\mathrm{t}}{2\,000\,\mathrm{lb}} \tag{8-7}$$

式中：$\mathrm{WtF_{rac_i}}$——冷却水中组分 i 的近似重量分数。

实例 8-6：冷却塔 5 级方法的计算

已知：一台水循环流量为 25 000 gal/min 的未检测的冷却塔，服务于冷却重整汽油物流的换热器。估算这台冷却塔年度 VOC 和 HAP 排放量。

解：用方程（8-6）计算年度 VOC 排放量，E_{voc}。

$$E_{\text{VOC}}=\frac{6\ \text{lbVOC}}{10^6\ \text{gal}}\times 25\,000\frac{\text{gal}}{\text{min}}\times 60\frac{\text{min}}{\text{h}}\times 8\,760\ \text{h}\times\frac{1\ \text{t}}{2\,000\ \text{lb}}=39.4\ \text{tVOC}$$

在没有特定点的物流组成时，使用附录 A 中重整汽油的默认浓度，使用方程（8-7）估算汽油物流中每一个 HAP 组分的排放量。例如，计算苯的年度排放量，苯在液体成分占 0.7%（重量分数）。在方程（8-7）中使用这个浓度进行计算：

$$E_i=\frac{6\ \text{lbVOC}}{10^6\ \text{gal}}\times 0.007\times 25\,000\frac{\text{gal}}{\text{min}}\times 60\frac{\text{min}}{\text{h}}\times 8\,760\ \text{h}\times\frac{1\ \text{t}}{2\,000\ \text{lb}}=0.28\ \text{t苯}$$

同样，估算的其他组分的排放量如下：

0.19%（重量分数）的异丙基苯，排放量是 0.075 t；

1.26%（重量分数）的乙苯，排放量是 0.5 t；

1.36%（重量分数）的己烷，排放量是 0.54 t；

0.21%（重量分数）的萘，排放量是 0.083 t；

7.0%（重量分数）甲苯，排放量是 2.8 t；

1.1%（重量分数）2,2,4-三甲基戊烷，排放量是 0.43 t；

7.3%（重量分数）二甲苯，排放量是 2.9 t。

将各 HAP 的排放量加和计算该冷却塔的总 HAP 排放量；该冷却塔的总年度 HAP 排放量是 7.6 t。

8.4.2 颗粒物排放

冷却塔 5 级方法采用了 AP-42（U.S.EPA，1995，13.4 节）给出的总液体飘散排放系数，为方便起见，表 8-5 给出了这些系数，还采用了总溶解固体（TDS）重量分数来估算 PM_{10} 的排放。保守地假设所有 TDS 都在 PM_{10} 的粒径范围内。

如果可能，应使用冷却水具体位置的 TDS 浓度（冷却塔排放 PM 5A 级方法）。如果未进行直接的 TDS 检测，AP-42（U.S.EPA，1995）建议根据补充水的 TDS 浓度乘以“循环浓缩倍数”来估算冷却水的 TDS（冷却塔中 PM 5B 级方法）。循环浓缩倍数是冷却塔循环水的某个检测参数（如电导度、钙、氯或磷）的浓度除以补充水中该参数的测量浓度。另外，冷却塔 PM 5B 级方法可以使用检测参数对 TDS 浓度直接校正。例如，一般建议使用方程（8-8）根据传导率测量值的估算 TDS 浓度。

$$\mathrm{TDS(ppmw)} = \mathrm{CF_{TDS}} \times 传导率\frac{\mu m}{cm} \qquad (8\text{-}8)$$

式中：TDS——冷却水的总溶解固体浓度，ppmw；

传导率——冷却水的传导率，μm/cm；

CF_{TDS}——转化传导率为 TDS 浓度的校正系数，ppmw/μm/cm；取 0.5～1.0；默认值取 0.67。

（参见 http：//www.appslabs.com.au/salinity.htm）

校正系数与特定的电解质和电解质浓度有关。在低电导度下（<1 000 μm/cm），CF_{TDS}＝0.5。校正系数随 TDS 浓度增加而增加。特定点校正系数或校正曲线应根据典型测量电导率值范围的配对测量使用。否则，应使用默认校正系数 0.67。

确定 TDS 的重量分数后，使用方程（8-9）计算对应于 TDS 测量值的 PM_{10} 排放量。

$$E_{\mathrm{PM_{10}}} = \mathrm{EF}_{飘散} \times \mathrm{WtF}_{\mathrm{rac_{TDS}}} \times F_{\mathrm{low}冷却水} \times 60\frac{\mathrm{min}}{\mathrm{h}} \times H_{期间} \times \frac{1\ \mathrm{t}}{2\,000\ \mathrm{lb}} \qquad (8\text{-}9)$$

式中：$E_{\mathrm{PM_{10}}}$——测量周期 PM_{10} 的排放量，t 或 t/周期；

$\mathrm{WtF}_{\mathrm{rac_{TDS}}}$——TDS 的重量分数（注意：1 000 ppmw＝0.001 重量分数）；

$H_{期间}$——与检测 TDS 浓度相关联的小时数，h。

如果未获得估算冷却水中 TDS 浓度的数据，则使用表 8-5 提供的默认平均 PM_{10} 排放系数（基于 AP-42，表 13.4-2 的 TDS 分数）。这些默认的 PM_{10} 排放系数代表了冷却塔 PM 排放估算的 5C 级方法。使用方程（8-10）计算 PM_{10} 的排放量，其与总 VOC 排放量计算基本相同。

$$E_{\mathrm{PM_{10}}} = \mathrm{EF}_{\mathrm{PM_{10}}} \times F_{\mathrm{low}冷却水} \times 60\frac{\mathrm{min}}{\mathrm{h}} \times H_{年} \times \frac{1\ \mathrm{t}}{2\,000\ \mathrm{lb}} \qquad (8\text{-}10)$$

式中：$E_{\mathrm{PM_{10}}}$——表 8-5 中冷却塔的 PM_{10} 默认排放系数。

实例 8-7：使用冷却塔 PM 排放 5B 级方法计算年度 PM 排放量

已知：一台水循环量为 25 000 gal/min 的冷却塔每月采样测量 TDS，PM_{10} 年度排放量是多少？如果最高水循环速率是 30 000 gal/min，PM_{10} 最大小时排放量是多少？

解：使用特定点 TDS 分数以及下表（第 3 列）中给出的中点法，求出各 TDS 浓度周期。应用方程（8-9）计算每一个浓度周期的 PM_{10} 排放量（第 4 列）。第 4 列的排放量加和得到总年度排放量是 22.7 t（或 23 t，保留 2 位有效数字）

1. 日期	2. TDS 浓度/ppmw	3. 指定小时的TDS 浓度	排放量/（t/浓度区间）
1 月 10 日（1 月 1 日开始）	360	240＋300＝540	0.25
2 月 4 日	520	300＋336＝636	0.33
3 月 4 日	780	336＋372＝708	0.70
4 月 4 日	1 100	372＋360＝732	1.03
5 月 4 日	1 260	360＋372＝732	1.18
6 月 4 日	2 300	372＋360＝732	2.15
7 月 4 日	3 500	360＋372＝732	3.27
8 月 4 日	5 500	372＋372＝744	5.22
9 月 4 日	4 600	372＋360＝732	4.29
10 月 4 日	1 700	360＋372＝732	1.59
11 月 4 日	2 100	372＋624＝996	2.67
12 月（12 月 1 日停车，在 12 月没有操作）	0	744	0.00
合计		8 760	22.7

方程（8-9）中使用最大 TDS 浓度 55 000 ppmw 和最大冷却水循环率 30 000 gal/min 计算 PM_{10} 最大小时排放速率如下：

$$E_{PM_{10}}=\frac{1\,700\ \text{lb飘散}}{10^6\ \text{gal}}\times\frac{5\,500\ \text{lb TDS}}{10^6\ \text{lb水}}\times 25\,000\frac{\text{gal}}{\text{min}}\times 60\frac{\text{min}}{\text{h}}=14\ \text{lbsPM}_{10}$$

实例 8-8：冷却塔 PM 排放量计算 5C 级方法

已知：水循环流量 25 000 gal/min 的强制通风、横流式冷却塔全年运行。未获得 TDS 浓度数据。其年度 PM_{10} 排放量是多少？

解：由于没有可用 TDS 数据，则使用表 8-5 中的默认 PM_{10} 排放系数。强制通风、横流式冷却塔的排放系数是 40.8 lb/MMgal。冷却塔全年操作（8 760 h）。使用方程（8-10）计算的 PM_{10} 年度排放量 E_{PM10} 如下：

$$E_{PM_{10}}=\frac{40.8\ \text{lb PM}_{10}}{10^6\ \text{gal}}\times 25\,000\frac{\text{gal}}{\text{min}}\times 60\frac{\text{min}}{\text{h}}\times 8\,760\ \text{h}\times\frac{1\ \text{t}}{2\,000\ \text{lb}}=268\ \text{t PM}_{10}$$

8.4.3 非挥发性有机 HAP 排放量

挥发性低的有机化合物如大多数的 POM 化合物，不能从冷却水中有效汽提。这些化合物积累在循环冷却水中，主要以逸散的方式从冷却水中释放。可以根据冷却水中它们的浓度和液体逸散系数，用与方程（8-9）计算 PM_{10} 排放量相同的方式来估算这些化合物的排放量。

8.4.4 氯气排放

特定点物料平衡是估算氯气排放量的方法之一。另外，由于冷却塔氯气排放系数的信息有限。目前，美国环保局正在审查已获得的数据，以制定估算冷却塔氯气排放量的指导文件。为了协助开发指导文件，U.S.EPA 正在寻求适用于排放估算的其他数据和建议。

9 装卸操作

当汽车、火车和轮船（包括轮船和驳船）内的蒸汽被产品或货物置换时，会产生装卸排放。装载操作过程排放 HAP、VOC 和 GHG。蒸汽可能含有前次装载运输的物料组分和正在装载的物料组分。估算排放量时，应考虑全部物料，包括成品、半成品、添加剂或废弃物。装载操作也包括向罐装容器内装载物料的过程，如 LPG 罐的装填操作或罐内装载废物运到界区处理。

装载排放估算需要的参数有：年装载量、装载物料的成分组成、组分的蒸汽压、装载过程、装载容器的类型、收集和控制系统的效率。炼油厂 MACT Ⅰ（40 CFR 第 63 部分，第 CC 小部分）规范了汽油装载栈台的排放，限值是 10 mg TOCs/L 汽油（40CFR 第 63 部分，第 CC 小部分参考第 R 小部分，此部分参考了 40CFR 第 60 部分的第 XX 小部分）。炼油厂 MACT Ⅰ还规范了海运装载原油、汽油和其他产品的排放（第 CC 小部分参考海运装载 MACT 在 40 CFR 第 63 部分中的第 Y 小部分），对现源的减排要求为 97%，新源的减排要求为 98%。

通过液下装载或底部装载可以降低装载过程的排放。此外，使用油气收集系统和附加的废气污染控制设施可以捕集和控制装载过程中的排放。另外一种方法是在附加控制系统中增加气相平衡来减少装载过程的排放。如果使用了附加的废气污染控制设施或者是气相平衡系统，则在估算中应考虑控制效率。

装载过程使用的控制装置一般包括热焚烧炉或催化焚烧炉、吸附系统、洗涤器和火炬。参照炼油厂 MACT Ⅰ的第 CC 部分，气相平衡系统可以作为海运装载过程的一种选择或是备用方案。对于符合汽油装载要求的装载臂，一般使用 U.S.EPA 方法 25A 或 25B 对其进行性能测试，收集控制装置出口 TOC 浓度数据，基于装载汽油的体积，确定出口排放系数（例如，满足小于 10 mg 总烃/L 装载汽油）。对于满足 MACT Ⅰ的第 CC 部分要求的海运装载，一般实施方法 25 进行性能测试，收集控制装置进出口的 TOC 浓度数据，确定控制效率。

表 9-1 汇总了装载过程排放多级估算技术。在给定的测量方法（或等级）范围内，可以选择适当的方法确定特定组分的排放量，这些成分分析方法也提供了

更加精确的分析结果。1 级、2 级和 3 级估算方法仅适用于配有控制措施的装载过程，没有任何控制措施的装载过程使用 4 级方法估算排放量。本章以下内容提供了使用这些方法的相关细节和指导。

表 9-1 装载过程排放估算方法汇总

等级	测量方法或排放系数	组合分析数据
1A	直接测量（CEMS）流速和气体组成	压力、温度和湿含量（根据监视系统）
1B	直接测量（CEMS）流速和 THC	基于测量数据的特定工艺、工况专用浓度
2	用 U.S.EPA 方法 18 直接测量（特定污染源排放系数）和装载速率	无可应用数据
3	用 U.S.EPA 方法 25、方法 25A 或方法 25B 直接测量（特定污染源排放系数）和装载速率	特定工艺，特定工况浓度 特定工艺平均浓度 特定点炼油厂平均物流浓度 默认的工艺组成成分
4	AP-42 排放系数（默认排放系数）和装载速率	特定工艺，特定工况浓度 特定工艺平均浓度 特定点炼油厂平均物流浓度 默认的工艺组成成分

9.1 可用的产品组成和性质数据

为了了解进入 VOC 或 HAP 的物种形态，企业应该尽可能使用可获得的装载物料组成的特定点信息（更多信息见 9.3.2 节，估算受控或未受控的排放量并分物种）。通常可以获得产品或货物的成分数据，有时液相和气相组成均可得到，有时仅能获得液相组成。若特定物料或特定点浓度已知，应使用该数据。若未知，则可以使用炼油厂工艺和生产物流的默认平均组成（附录 A 中的表 A-1）来确定各组分的 VOC 和 HAP 排放系数。

其他性质如液体的分子量（MW）、气相的分子量（MW）和多组分成品或货物的蒸汽压通常也可获取。若炼油厂无法获取此类数据，则可使用各种参考资料的数据或基本原理计算获得。例如，从 AP-42 第 7.1 节（有机液体储罐）中表 7.1-2 可获得各类石油燃料数据，表 7.1-3 可获得各类石油化学品数据。

如果货物的重量组成已知，但其他属性数据未知，则可以估算。附录 A 中的方程可用于计算液体蒸汽压、蒸汽摩尔质量和已知液体组分组成的蒸汽质量分数。

9.2 装载操作的 1 级方法

对于像 THC 这样的污染物，预计可能有些装载操作可以用 CEMS 检测排放的气体组成和流量。如果有 CEMS 检测，则可以用 4.1 节计算排放量。尽管 CEMS 不太可能提供分物种的有机化合物排放量，如果企业监测 THC，并可对有机物蒸汽进行采样来测定有机化合物中分物种浓度，则从采样数据可以结合 CEMS 和 THC 数据来形成分物种的文件。THC 排放量以 1A 级方法形成报告，有机物的分物种排放量以 1B 级方法形成报告。

9.3 装载操作的 2 级和 3 级方法

可以用在炼油厂进行的性能测试以及与吞吐量相关的排放数据确定特定污染源排放系数，再结合加工量即可估算年装载排放量。

对于符合炼油厂 MACT Ⅰ（40 CFR 第 63 部分，CC 和 R 小部分）的汽油装载操作，炼油厂已定期使用 U.S.EPA 方法 18、方法 25A 或方法 25B 测试分物种烃或出口非甲烷有机化合物（NMOC）；使用 U.S.EPA 方法 2A 或方法 2B 测试结果确定流速；测量并记录了测试期间汽油的装载量。以质量为基准的出口测试结果与汽油装载量相关，这证明炼油厂满足 10 mg/L 汽油的排放限制。也可以使用根据性能测试数据生成的单位装载体积的质量排放系数和该产品年装载量，估算分物种的烃类、总烃、CH_4、NMOC 或 VOC 转向大气的排放。需要注意的是，当使用非甲烷有机化合物（NMOC）时，还可以计算得出 CH_4 排放系数。另外，有关汽油或产品的分物种信息可以作为特定点信息，也可以作为默认值用于估算单一物种的排放量。

对于符合海运船舶装载 MACT（40 CFR 第 63 部分，CC 和 Y 小部分）规范的海运船舶装载，炼油厂已经使用 U.S.EPA 方法 2、方法 2A、方法 2C 或方法 2D 测试流速并对控制装置的进出口物流利用 U.S.EPA 方法 25 或方法 25A 进行了测试，以确定控制装置的效率。海运船舶装载 MACT 要求对控制设施进行初始性能测试，但无须连续或周期性地测试。出口测试数据与测试期间记录的产品装载量也可估算总烃、CH_4、NMOC 或 VOC 每单位体积装载量的装载排放系数，结合产品的年装载数据可估算总排放量。需要指出的是，当使用非甲烷有机化合物（NMOC）时，也可估算出 CH_4 排放系数。另外，有关汽油或产品的分物种信息可以作为特定点信息，也可以作为默认值用于估算单一物种的排放量。

实施装载操作 2 级和 3 级方法需要的数据包括排放速率或排放系数（分物种化合物、总烃、CH_4、NMOC 或 VOC）和装载量数据。表 9-2 汇总了装载操作 2 级和 3 级方法需要的数据。

表 9-2 装载操作 2 级和 3 级方法估算 VOC 或特征 VOC 需要的数据

等级	必须收集的数据	获得数据的方法
2 级-分物种排放量	产品的分物种组分排放系数（mg/L 或 lb/gal）	U.S.EPA 方法 18 测试结果
	指定期内的产品装载量数据（gal 或 L）	用流量计或泵确定的体积流量(gal 或 L)
3 级-VOC 或总烃排放量	产品的总烃或 VOC 排放系数（mg/L 或 lb/gal）	U.S.EPA 方法 25 或方法 25A 测试结果，从测量数据或工艺知识得到物种范围
	指定期内产品的装载量数据（gal 或 L）	用流量计或泵确定的体积流量(gal 或 L)

根据排放速率和由测试得出的排放系数估算各产品的排放量，见方程（9-1）。

$$E_{L_i} = ER_{L_i} \times 装载量 \tag{9-1}$$

式中：E_{L_i}——组分 i 的排放量，lbs；

ER_{L_i}——组分 i 的排放速率，lb/gal；

装载量——产品的装载量，gal。

当 ER_{L_i} 是以总烃、NMOC 或 VOC 为基准时，污染物 i 仅表示总烃、NMOC 或 VOC。当 ER_{L_i} 是以单一污染物为基准时，污染物 i 是表示单一污染物。当 ER_{L_i} 是以总烃、NMOC 或 VOC 为基准时（即方法 25、25A 或 25B 测试），估算单一污染物排放量需要额外的计算，如方程（9-2）所示，用方程（9-1）中得到的 E_{L_i} 乘以组分 i 的气相质量分数。

$$E_{L物种} = ER_{L_i} \times 装载量 \times Wtfrac_{物种} \tag{9-2}$$

式中：$E_{L物种}$——组分 i 的排放量，lbs；

$Wtfrac_{物种}$——组分 i 的气相质量分数。

若组分的质量分数未知，则可以从产品信息（如液体中化合物的组成）计算这些浓度。附录 A 给出了基于液相组成和系统温度、压力计算气相浓度的方法。液相中低浓度的最易挥发性的化合物特征是很重要的，因为此部分化合物对气相浓度有显著影响。附录 A 的例 A-1 提供了一个计算实例。

9.4 装载操作的 4 级方法

在 AP-42 中给出了装载过程的排放量估算方法（U.S.EPA，1995），这些方法适用于直接向大气排放的装载过程。本章提供的方程是根据捕集和控制效率来估算配有控制措施的排放方法。在 AP-42 的 5.2 节，散装化学品被归类为装载原油、汽油和其他产品（即不是原油和汽油的产品）。

在 AP-42 中介绍了用于原油、汽油和其他散装化学品公路和铁路装载操作以及其他散装化学品（非原油和汽油）海运的估算方程。另外，AP-42 中表 5.2-2 提供了汽油装船的排放系数。这些方程提供了“产品”或“总烃”的排放量，不管产品是多组分（如汽油）还是单组分（如苯）。依据装载散装物品的种类，可以选用汽油、原油或其他产品的排放系数。以下总结了适用于汽油或其他产品的 AP-42 方法。无法预计炼油厂是否会运输原油，如果装载原油，炼油厂应参考 AP-42 的排放估算方法。

9.4.1 产品或总烃的排放系数（AP-42）

9.4.1.1 公路、铁路（任何货物）和海运（除汽油和原油以外的产品）

根据总烃或产品，方程（9-3）可估算没有控制措施的排放因素或装载产品的排放速率：

$$\mathrm{ER_L} = 12.46 \times \frac{S \times P \times \mathrm{MW_{Vap}}}{T} \tag{9-3}$$

式中：$\mathrm{ER_L}$——装载产品（或总烃）的装载排放系数或排放速率（单位 $\mathrm{lb/10^3\ gal}$ 装载的液体）；

S——饱和系数（见表 9-3）；

P——装载液体的真实蒸汽压*[磅每平方英寸，绝压（psia）]；

MW_{Vap}——气相分子量，lb/mol；

T——装载液体的温度，°R（℉＋460）。

* 真实蒸汽压定义为挥发性有机液体挥发的平衡分压，是温度的函数。它不同于雷德蒸汽压，雷德蒸汽压是 100℉下液体挥发产生的绝对蒸汽压，是石油液体挥发性的常用测量项目。对于 100℉下的纯组分，真实蒸汽压等于雷德蒸汽压。

表 9-3 饱和系数[a]

装载类型	装载方式	饱和系数
公路 任何货物	液下装载；正常工况（普通）	0.60
	液下装载；设有蒸汽平衡/处理系统	1.00
	喷溅装载；正常工况（普通）	1.45
	喷溅装载；设有蒸汽平衡/处理系统	1.00
海轮， 其他产品（唯一）	液下装载；船	0.2
	液下装载；驳船	0.5

注：a 来源：U.S.EPA（1995）。

9.4.1.2 海运（汽油）

AP-42 的 5.2 节表 5.2-2 给出了基于从海轮到驳船的汽油装载损失值的海轮装载汽油的 VOC 排放系数。这些排放系数见表 9-4（AP-42 的表 5.2-2 还包括单位为 mg/L 的排放系数）。AP-42 未提供这些排放系数的额定等级。

表 9-4 海运码头海轮装载汽油的 VOC 排放系数[a] 单位：lb/10^3gal

船舱条件	前期货物	海轮和驳轮	驳轮[b]
未清洗	挥发性[c]	2.6	3.9
装有压舱物	挥发性	1.7	不适用
清洗后	挥发性	1.5	无数据
无油品蒸汽	挥发性	0.7	无数据
任何状态	非挥发性	0.7	无数据
无油品蒸汽	任意货船	无数据	2.0
典型总体状况[d]	任意货船	1.8	3.4

注：a 来源：U.S.EPA（1995a）。可以用 VOC（不包括甲烷和乙烷）的排放因数估算总有机化合物排放（例如，包括甲烷和乙烷），因为甲烷和乙烷在汽油成分中的所占比例可忽略不计。

b 海洋驳船（船舱深度大约为 40 英尺）体现出的排放水平与油船相似，浅吃水的驳船（船舱深度为 10～12 英尺）的排放量会更大。

c 挥发性驳船指真实蒸汽压大于 10 kPa（1.5 psia）的驳船。

d 根据测试结果，41%的油罐舱未清洗，11%是装有压舱物的，24%是清洗的，24%是无油品蒸汽。76%的驳船是不清洗的。

9.4.2 估算未被控制的排放量和物种

根据之前讨论过的方法得出的排放因数利用方程（9-4）估算排放量：

$$E_L = ER_L \times 装载量 \tag{9-4}$$

式中：E_L——散装物品未控制的排放量，lb；

ER_L——装载排放速率，lb/10^3 gal 装载液体；

装载量——货物的装载量，gal。

如前所述，依据装载的散装物品种类，排放速率 ER_L 可能是汽油、原油或其他产品的。也如前面的讨论，特定组分的分物种排放量、已知组分或浓度数据（例如，特定产品、特定产品的平均值、特定点产品或默认的平均值）均可在方程（9-5）中使用：

$$E_{L物种} = ER_L \times 装载量 \times Wtfrac_{物种} \tag{9-5}$$

式中：$E_{L\ 物种}$——组分 i 的排放量，lbs；

$Wtfrac_{物种}$——组分 i 的气相质量分数。

9.4.3 捕集效率

如果使用附加的污染控制设施或油气平衡系统捕集和控制排放，则捕集和控制效率应包括在排放估算中。捕集效率是蒸汽收集系统捕集的量与总排放量的比值。蒸汽收集系统或捕集系统的效率由罐车或海轮的密封性、罐车的连接条件或者装备在油气收集系统的设备情况、终端油气收集系统的密封性和控制装置决定的。对于符合第 CC 小部分的汽油装载栈台，要求炼油厂提供装载交通工具的密封性的确认文件。对于符合汽油装载要求的装载栈台，油罐车上要求有年度压力和真空认证（例如，使用 40 CFR 第 60 部分中的 U.S.EPA 方法 27），对于公路装载可以使用 40 CFR 第 60 部分 U.S.EPA 方法 21 进行泄漏检测，对于码头的油气回收系统可以用 U.S.EPA 方法 21 实施泄漏检测。另外，实施装载的类型（如常压、加压）、罐顶的气相空间到油气收集系统的连接方式和控制装置都是影响因素。油气收集过程和收集系统的典型捕集效率见表 9-5。根据对公路、铁路和海运装载实施的泄漏检测，可以得到油气收集系统的捕集效率。

表 9-5　蒸汽收集系统的捕集效率 [a]

罐车的泄漏检测频率和装载特性	捕集效率
罐车无泄漏	65%
罐车无泄漏，保持微正压（＋3～＋5 英寸水柱）	85%
依据 40 CFR 第 60 部分 XX 小部分（非汽油）对罐车进行年度泄漏检测	95%
依据 40 CFR 第 60 部分 XX 小部分（非汽油）对罐车进行半年度泄漏检测	97.5%

罐车的泄漏检测频率和装载特性	捕集效率
依据 40 CFR 第 60 部分 XX 小部分（汽油）对罐车进行年度泄漏检测	98.7%
真空装载，保持真空度小于−1.5 英寸水柱 罐车与油气收集系统法兰连接、硬管螺栓连接	100%
美国交通署认定的压力罐 罐车与油气收集系统法兰连接、硬管螺栓连接	100%

注：如果本书对列举的数据进行了更新，则使用可得到的最新版本。

a 来源：TCEQ（2000）。

9.4.4 总控制效率

总控制效率表示通过附加废气污染控制装置去除的污染物排放量占总污染物排放量的比例。如果可得到，应根据控制装置试运行数据，或基于设计效率和工艺参数确定控制效率。

为了估算装载的受控排放，用方程（9-6）和方程（9-7）计算受控装载排放量的捕集效率和控制效率。

$$E_{控制} = \mathrm{ER_L} \times 装载量 \times (1-捕集) \times (1-\mathrm{CE}) \tag{9-6}$$

$$E_{控制物种} = \mathrm{ER_L} \times 装载量 \times \mathrm{Wtfrac}_{物种} \times (1-捕集) \times (1-\mathrm{CE}) \tag{9-7}$$

式中：捕集——蒸汽系统的捕集效率；

CE——附加废气污染控制装置的控制效率。

实例 9-1：4 级方法的计算（无性质数据时）

将重整汽油通过液下装载的方式装载到汽油运输汽车罐中（每个体积 8 000 gal），根据以下信息，计算 VOC 和 HAP 的排放量。

炼油厂每年装载 210 辆罐车，在汽油温度为 90℉工况下装载 100 台罐车，在汽油温度 77℉工况下装载 55 台罐车，在汽油温度 40℉工况下装载 55 台罐车。液体组成或气相性质数据未知，因此，重整汽油的液体组成的性质数据可从附录 A（见表 A-1 和表 A-2）中读取。

首先，计算重整汽油的蒸汽压和分子量。在这个实例中，对每个装载温度根据附录 A（见实例 A-1 和表 A-2）中的计算方法分别估算气相的质量分数。利用安托因方程和安托因系数在三个装载温度下确定每一个组分的蒸汽压，AP-42 中表 7.1-5（U.S.EPA，1995a）提供了这些方法和相应数据。

从附录 A 中实例 A-1，在 77℉，总系统蒸汽压是 4.77 磅力/英寸^2，气相分子量 $MW_{汽油VAP}$ 是 67.49 lb/lb-mol。装载温度为 90℉和 40℉汽油的计算相似，列于下表（详见附录 A）：

温度	蒸汽压	分子量 $MW_{汽油VAP}$
90℉	6.13psia	68.08 lb/lb-mol
77℉	4.77psia	67.49 lb/lb-mol
40℉	2.17psia	65.79 lb/lb-mol

根据方程（9-3）计算每一个温度的排放速率：

$$ER_{汽油90}=12.46\frac{0.60\times 6.13\ \text{psia}\times 68.08\ \text{lb/lb-mole}}{(90^{\circ}\text{F}+460)\ R}=5.673\ \text{lb}/10^3\ \text{gal}$$

$$ER_{汽油77}=12.46\frac{0.60\times 4.77\ \text{psia}\times 67.49\ \text{lb/lb-mole}}{(77^{\circ}\text{F}+460)\ R}=4.482\ \text{lb}/10^3\ \text{gal}$$

$$ER_{汽油40}=12.46\frac{0.60\times 2.17\ \text{psia}\times 65.79\ \text{lb/lb-mole}}{(40^{\circ}\text{F}+460)\ R}=2.135\ \text{lb}/10^3\ \text{gal}$$

根据方程（9-4）计算每一个温度的排放量。

$$E_{汽油90}=\frac{5.673\ \text{lb}}{1\,000\ \text{gal}}\times(8\,000\ \text{gal}/车\times 100车)=4\,538\ \text{lb}汽油$$

$$E_{汽油77}=\frac{4.482\ \text{lb}}{1\,000\ \text{gal}}\times(8\,000\ \text{gal}/车\times 55车)=1\,972\ \text{lb}汽油$$

$$E_{汽油40}=\frac{2.135\ \text{lb}}{1\,000\ \text{gal}}\times(8\,000\ \text{gal}/车\times 55车)=939\ \text{lb}汽油$$

根据方程（9-5）计算的每一个组分在汽油蒸汽中的质量分率可以估算得出每一个装载温度下的单一 VOC 或 HAP 组分排放量：

$$E_{L物种}=ER_L\times 装载量\times \text{Wtfrac}_{物种}=E_{汽油}\times \text{Wtfrac}_{物种}$$

单一 HAP 组分排放估算汇总见表 9-6。

最后，将三个温度下每一个排放量加和得出排放总量。汽油排放总量（VOC）为 7 449 lb（4 538＋1 972＋939）或 3.7 t（7 449 lb/2 000 lb/t）。

同理，将三个温度的每一个排放量加和估算出单一 HAP 组分的排放总量，结果见表 9-6。

表 9-6 4 级方法的计算实例—排放量汇总（无性质数据时）

CAS 号	组分 *i*	40℉汽油，气相/%（质量分数）	40℉ $E_{汽油}$＝939 lb	77℉汽油，气相/%（质量分数）	77℉ $E_{汽油}$＝1 972 lb	90℉汽油，气相/%（质量分数）	90℉ $E_{汽油}$＝4 538 lb	总年度排放量加和/lb
71-43-2	苯	0.33	3.14	0.42	8.24	0.45	20.22	31.6
110-54-3	己烷	0.96	9.05	1.13	22.30	1.18	53.64	84.99
108-88-3	甲苯	0.77	7.23	1.09	21.55	1.21	55.01	83.80
1330-20-7	二甲苯	0.22	2.02	0.35	6.93	0.41	18.46	27.41
100-41-4	乙苯	0.04	0.38	0.07	1.30	0.08	3.45	5.13
540-84-1	2,2,4-三甲基戊烷	0.23	2.15	0.30	5.87	0.32	14.58	22.59
98-82-8	异丙基苯	0.002 7	0.025	0.004 8	0.094	0.005 7	0.26	0.38
91-20-3	萘	0.000 1	0.001	0.000 3	0.006	0.000 4	0.018	0.025
	总 HAP		24.0		66.3		165.6	255.9

10 扬尘源

炼油厂有三个主要扬尘（或 PM）源：道路（铺面及未铺面的）、流化催化裂化催化剂的处理、石油焦的存储和处理。如果炼油厂包括垃圾填埋或土地利用，这也是 PM 的一个排放源。通常没有直接排放测量方法供扬尘源使用。AP-42（U.S.EPA，1995）第 13 章对扬尘源进行了描述。但并未提供专用于炼油厂扬尘源排放计算的默认排放系数。通过对现有数据的审查，表 10-1 提供了相关建议默认值。AP-42 第 13 章详细介绍了该方法，以下内容提供了使用这些方法的基本指导。

- 对于铺面的道路，使用 AP-42（U.S.EPA，1995）第 13.2.1.3 节中方程 1 及表 10-1 中推荐的尘负荷，13.2.1.3 节给出了所有其他变量的数值。
- 对于未铺面的道路，使用 AP-42（U.S.EPA，1995）第 13.2.2.2 节中的方程 1a 及表 10-1 中推荐的粉尘含量，13.2.2.2 节给出了所有其他方程的变量的数值。
- 对于催化裂化装置催化剂或石油焦的处理，使用 AP-42（U.S.EPA，1995）第 13.2.4.3 节中方程 1 及表 10-1 中的含水量，13.2.4.3 节给出了所有其他方程的变量的数值。

表 10-1　扬尘排放量估算的默认值

来源/变量描述	潜在的范围值	推荐值
铺面的道路：尘负荷（g/m^2）	0.4[a]～120[b]	10
未铺面的道路：粉土含量（%）	1.8～25.2[c]	7
催化裂化装置催化剂“漏出”：粉土含量（%）		50[d]
催化裂化装置催化剂“漏出”：含水量（%）		8[e]
流化焦化装置或煅烧焦“漏出”：粉土含量（%）		5[e]
流化焦化装置焦炭或煅烧焦“漏出”：含水量（%）		8[e]
延迟焦化装置的焦炭“漏出”：粉土含量（%）		5[e]
延迟焦化装置的焦炭“漏出”：含水量（%）		10[f]

来源/变量描述	潜在的范围值	推荐值
灵活焦化或石油焦焦炭：粉土含量（%）		13[g]
灵活焦化或石油焦焦炭：含水量（%）		7[g]

注：a 根据 AP-42 表 13.2.1-3 给出的低平均日交通量（ADT）公路因数。

b 根据 AP-42 表 13.2.1-4 给出的沥青配料工业设施因数。

c 根据 AP-42 表 13.2.2-3 给出的工业场所范围。

d 假设根据催化裂化催化剂及 65 μm 的平衡催化剂（E-cat）的平均粒径。

e 假设焦粉的数值适用。

f 假设行业代表建议的数值为典型值（API/NPRA，2010）。

g 假设烟尘的数值适用。

AP-42（U.S.EPA，1995）第 13 章中列出的方法还提供了估算 PM_{10} 和 $PM_{2.5}$ 排放的技术。这些排放是针对完全可过滤的 PM，因此，PM_{10}-PRI＝PM_{10}-FIL 和 $PM_{2.5}$-PRI＝$PM_{2.5}$-FIL。对于催化裂化催化剂处理排放和石油焦运输活动，应进行金属 HAP 排放估算。通常求出催化裂化平衡催化剂的具体金属 HAP 浓度，这些浓度乘以 PM_{10} 排放速率就可以求出 FUCC 催化剂和 E-cat 运输（从流化催化裂化装置的外部）时所产生金属 HAP 的排放速率。表 5-3 给出了各种金属 HAP 和催化裂化装置细粉中镍的浓度比值。当仅常规检测镍的浓度时，可以利用这些浓度比值强化 FUCC 催化剂和 E-cat 金属 HAP 排放的估算。还应对石油焦或灰进行成分分析，以便上报石油焦或灰处理中金属 HAP 的排放量。

11 开车和停车

除了以 CEMS 为基础的测量（如 1 级方法）外，本书大部分的排放量估算方法都是针对正常工况下的排放。但是，在开车和停车过程中，工艺操作并非正常状态。开车过程中，反应器温度可能不满足发生反应的需要，或工艺物料流量低于正常操作条件。在这些情况下，正常不排气的工艺过程可能会有大量的排放。多数控制装置在较低排放速率时运行良好，有些控制装置（如文丘里洗涤器）需要小的流量以便有效运行。在开车和停车过程中，工艺过程的排放特性可能与正常操作过程显著不同。如果前面的排放估算方法依据正常操作条件（如多数特定污染源排放系数和默认排放系数），那么专门估算开车和停车过程的排放是极其重要的，并把这些排放包含在企业的年度排放总量中。此外，在停车过程中，工艺容器需要脱气和吹扫。

某个工艺装置的开车、停车也会影响其他工艺装置的排放特性，特别是燃料气系统。当加氢装置或加氢裂化装置停车，通常会把过剩的氢气加入燃料气中，这将导致工艺加热炉的 NO_x 排放较高。当某些耗能装置停车（如催化重整装置），炼油厂会有过剩的燃料气，这些燃料气可能被送入火炬焚烧。根据燃烧源和火炬的排放量估算方法，这些燃料气波动在燃烧源和火炬的排放清单中有可能已经被计算。但是，如果使用默认估算（或基于典型操作条件下实施的源测试得到的特定点系数的估算），则应单独估算燃料气剧烈波动情况下的排放，且排放量应包括在年度排放量中。

11.1 气体加工容器泄压和吹扫

使用方程（11-1）可以估算气体加工工艺容器泄压排放。该方程假设遵守理想气体定律，对于不遵守理想气体定律的气体，需要其可压缩系数。方程包括了空置分数选项以考虑容器内构件，例如填料、塔盘和某些催化剂颗粒，这些内构件减少了气相空间。如果容器内的固体内构件（如石油焦或活性炭）能吸附某些在较低压力和温度下可以被吸附的气体组分，该方程可能会低估总排放量。

$$E_i = \left[\frac{(P_V + 14.7)}{14.7} \times \frac{528R}{T_V} \times (V_V \times f_{空置}) \times \frac{MW_i}{MVC} \times MF_i \right] \quad (11\text{-}1)$$

式中：E_i——在泄压事件中污染物 i 的排放量，lbs/事件；

P_V——泄压气体排入大气时容器的表压，磅/英寸^2，表压，psig；

14.7——假设的大气压，磅/英寸^2，psi；

T_V——泄压气体排入大气时容器的绝对温度，°R；

528——在计算中使用的标准温度，°R；

V_V——容器的体积，英尺^3；

$f_{空置}$——容器的体积空置分数，在容器中不存在填料或塔盘时，取 1；

MW_i——污染物 i 的分子量，lb/lb-mole；

MVC——摩尔体积转换系数，385.3 scf/lb-mole；

MF_i——容器内气体中污染物 i 的体积分数，scf 污染物 i/scf 气体。

通常，初期泄压和吹扫初期的气体导入炼油厂燃料气系统或火炬系统或相似的控制装置。不管固定燃烧源估算所采用的方法，固定燃烧源排放应考虑吹扫到炼油厂燃料气系统（直接或通过燃料气回收系统）中的气体燃烧。根据火炬排放估算所选用的方法，这些气体可能或没有包含在火炬排放估算中。如果测量火炬气的流量、组成或热值（火炬 1 级、2 级或 3 级方法），则不需要特别的计算，因为它们是不定期向火炬释放，如泄压和吹扫过程的排放。如果火炬排放估算方法未考虑这些排放（如火炬 6 级方法中的排放系数），则使用方程（11-1）估算送到火炬或其他控制装置的气体质量（使用初始泄压温度和压力），用火炬或控制装置效率调整这个质量流量，估算控制排放期间的排放量。实例 11-1 说明了方程（11-1）的使用方法。

实例 11-1：气体泄压计算

催化重整装置泄压并吹扫到火炬。吹扫后，假设没有液体物料存在。然后反应器泄压并吹扫到大气。反应器的总体积是 20 000 英尺^3，催化剂占反应器总体积的 40%。第一次向大气吹扫时，反应器的温度和压力分别是 250℃和 10 psig。向火炬吹扫后反应器内气体的组成（体积分数）如下：

苯＝1.2%；己烷＝0.5%；甲苯＝1.4%；二甲苯＝0.8%；其他 VOC＝2.1%；氮气＝94%

使用方程（11-1），反应器温度单位转化为°R：250℃ = 250 × 9 ÷ 5+32=482℉= 482+460=942°R。

空置分数是催化剂未占用的体积分数：1−0.4 = 0.6。

组分的分子量范围为 78～106 lb/lb-mole。假设其他 VOC 有相似的分子量，这样估算这个未确定物料的分子量为：已知有机组分的重量平均分子量：MolWt“其他 VOC” = （1.2 × 78 + 0.5 × 86 + 1.4 × 92 + 0.8 × 106）/4.9 = 90 lb/lb-mol。

以苯为例，代入方程（11-1）得：

$$E_i = \left[\frac{(10+14.7)}{14.7} \times \frac{528R}{942} \times (20\,000 \times 0.6) \times \frac{78}{385.3} \times 0.01\right] = 27.5\ \text{lbs} = 0.014\ \text{t}$$

同样，其他有机组分的排放量估算如下：

苯 = 27.5 lb/事件；己烷 = 12.6 lb/事件；甲苯 = 37.8 lb/事件；二甲苯 = 24.9 lb/事件；其他 VOC = 55.4 lb/事件。

总 VOC 是这些排放量的总和，等于 158 lb/事件或 0.079 t/事件。如果这种事件一年发生两次，则年度排放量是 0.16 t VOC/a。

11.2 液体加工容器泄压和吹扫

对于含有液体的容器，可以基于“液体薄层”或吹扫前容器中保留液体的分数估算泄压和吹扫排放。该方法假设在容器中剩余的液体质量远远超过了气相空间中污染物的量。对于带有高挥发性物料（如汽油中的丁烷）的容器，需要考虑最易挥发的成分及液体薄层的初始气体排放[使用方程（11-1）]。液体薄层占容器内液体体积的 0.1%～1%，这与液体的黏度、容器的内表面积和排泄口或泵线的位置有关（黏度越高、内表面积越大、排泄口位置更高会增加液体薄层的分数）。使用液体薄层方法计算时，若全部液体薄层都挥发排出可以使用工艺物料组成估算污染物排放量；若液体薄层首先被吹入火炬或其他控制设施并保证这部分物料的控制效率，剩余部分会被吹扫到大气，可使用工艺物料组成估算污染物排放量。实例 11-2 说明了这个方法。

实例 11-2：液体薄层排放计算

问题：使用实例 11-1 同样的催化重整装置，采用液体薄层方法估算泄压和吹扫反应器的排放量。假设液体薄层的 90%被吹扫到火炬。

解：由于内表面积较大，假设液体薄层是液体体积的 0.5%。最大液体体积是 20 000 ft^3 × (1−0.4) = 12 000 ft^3，因此，反应器内液体体积是 60 ft^3（12 000 × 0.005）。

附录 A 含有各种工艺流体的平均组成。给出的重整物料组成（重量分数）是：

苯 = 4.6%；己烷 = 3.9%；甲苯 = 14.5%；二甲苯 = 13.8%；其他 VOC = 63.2%

要计算潜在的质量排放，必须计算保留液体的质量。重整物料的比重为 0.8，保留液体的质量是 60 ft^3 × 0.8 × 62.4 lb/ft^3（水的密度）= 3 000 lbs。

假定 90%的薄膜液体被吹扫到火炬，则 2 700 lbs 物料被送到火炬，300 lbs 被直接吹扫向大气。假设火炬的破坏效率为 98%，火炬未燃烧的排放是 54 lbs[2 700 ×（1−0.98）]。

因此，包含火炬和吹扫气排放在内，合计排放 354 lbs 有机化合物（VOC）。

基于液体的质量组成计算的分物种排放量如下：

苯 = 354 × 0.046 = 16 lbs/事件；己烷 = 354 × 0.039 = 14 lbs/事件；甲苯 = 354 × 0.145 = 51 lbs/事件；二甲苯 = 354 × 0.138 = 49 lbs/事件；其他 VOC = 354 × 0.632 = 224 lbs/事件。

12 故障/意外事故

工艺装置或污染控制装置可能会发生故障或意外事故。在发生故障/意外事故（以下称为故障）时，排放量较正常工况会有明显升高。除了以 CEMS 为基础的测量（如 1 级方法）外，本书大部分的排放量估算方法都是针对正常工况下的排放。因此，故障状态下的排放量应分别考虑每一次事故的具体情况，并且故障状态的排放量应同正常状态的排放量相加以获得精确的年排放量。

潜在发生的故障事件特别多，所以不可能对每种故障情形都提供具体指导。另外，由于故障事件对年排放量和短期排放量而言都非常重要，因此，故障事件的持续时间和排放量均应记录在册，并且在提交给 ICR 的报告中，将故障排放量计入年排放量中。

下面列出了部分具体故障/意外事故，并应该准确计算其排放量。这并不是一个全面的清单，而只是列举了部分有代表性的案例。在发生某些故障时，如由于系统过压导致泄压阀打开气体排入火炬，该事故中的排放量可能需要使用火炬排放的计算方法进行计算（例如，对进入火炬的气体进行连续检测时），但是在其他情况下可能并不需要计算（例如，使用排放系数时）。因此，排放清单开发人员需要根据其清查方法对故障进行评估，以确定是否需要进行故障排放量的特殊计算。以下故障事件应进行排放量估算：

（1）控制装置未使用或未达到使用要求的情形。

（2）胺净化系统或硫磺回收装置停机或未达到正常的去除效率的情形（通常会影响燃烧装置、火炬或硫磺回收装置的 SO_2 的排放量）。

（3）火炬中蒸汽过多（蒸汽/气体＞4）或火炬操作条件不能满足 40 CFR 60.18 标准的要求（例如，BTU 含量不足，出口流量超过限制）的情形。蒸汽过多时，火炬的燃烧效率取 80%；火炬操作条件不满足 40 CFR 60.18 标准的要求时，火炬的燃烧效率取 93%。

（4）当发生喷溅或类似的紧急释放发生的情形。

泄漏被认为是 LDAR 工作的一部分（对设备泄漏或冷却塔而言），并不属于故障情形，这种情况下的废气排放可以使用本书第 2 章和第 8 章中的方法进行计算。需注意的是，本章中介绍的喷溅过程排放估算方法也可用于估算发生在液池中的设备泄漏排放。另外，如本书第 3 章中指出的，浮盘着陆过程的废气排放需使用特定的计算方法进行排放量估算。浮盘着陆的废气排放与着陆的原因无关（有意的或无意的），无须区分降落事件是事故造成还是由其他原因造成的。

本章考虑了三种类型的故障事件：控制装置故障、工艺容器超压和喷溅。

12.1 控制装置故障

在控制装置处于正常运行状态下使用特定排放系数或本书提供的其他方法进行排放量计算时，均应考虑控制装置的去除效率。当控制装置不能正常运行或停运时废气排放量较正常时会明显增大。如果控制效率为 99%的控制装置停运 3 天，那么这 3 天的排放量约等于控制装置运行良好时 1 年的排放量。

当控制装置发生故障时，污染源的排放量可以通过使用非控制状态排放系数或根据控制状态下的去除率进行调整。需要重点指出的是，控制装置的控制效率因污染物不同会发生变化。流化催化裂化装置的湿式除尘器对 SO_2 的去除效率为 95%，对 PM 和金属 HAPs 的去除率为 90%，对 VOC 和 NO_x 却没有去除效果。同样，火炬蒸汽过多会导致燃烧效率降低，虽会增加 VOC 和还原性硫的排放量，但会使 NO_x 和 SO_2 的排放量减少。表 12-1 提供了特定控制装置默认去除效率和事故状态下的修正系数。如果控制状态的排放量数据已知，则故障状态或停机状态下的非控制排放量可使用方程（12-1）进行计算。

$$E_{\text{unc},i} = E_{\text{cont},i} \times \text{EM}_{\text{cont},i} \times t \tag{12-1}$$

式中：$E_{\text{unc},i}$——故障状态或停机状态下污染物 i 的排放量，kg/事件；

$E_{\text{cont},i}$——根据测量数据或现场的排放测试数据得出的控制状态下的污染物 i 的排放速率，kg/h；

$\text{EM}_{\text{cont},i}$——基于表 12-1 控制装置中污染物 i 的受控排放乘数；

t——故障持续时间，h/事件。

表 12-1 控制装置的效率及控制装置故障乘数

污染源/控制装置描述[a]	污染物种类[b]	控制装置效率[c]/%	受控排放的乘数[d]
FCCU 或 FCU/湿式除尘器	PM、金属 HAP	92	12.5
	SO_2	95	20
FCCU 或 FCU/ESP	PM、金属 HAP	92	12.5
	SO_2、NO_x、VOC、有机 HAP、CO	0	1
FCCU 或 FCU/旋风除尘器	PM、金属 HAP	85	6.7
FCCU 或 FCU/CO 锅炉	CO、VOC、多数有机 HAP	98	50
	NO_x、PAH、甲醛	～100	0.5
FCCU 或 FCU/SCR	NO_x	92	12.5
FCCU 或 FCU/SNCR	NO_x	60	1.7
硫磺回收装置故障造成酸性气进入火炬	SO_2	96～99.8	25～500
	H_2S	0～98	1～50
尾气处理装置故障造成尾气进入火炬	SO_2	95	20
	H_2S	0～95	1～20

注：a FCCU—流体催化裂化装置；FCU—流体焦化装置；ESP—静电除尘器；CO 锅炉—一氧化碳锅炉；SCR —选择性催化还原；SNCR—选择性非催化还原。

b 污染物种类。仅列出受控制装置影响的污染物。对其他污染物，假定控制装置的去除效率为 0%且排放倍数为 1。

c 控制装置效率。负值表示控制装置会造成某种污染物的增加。

d 受控排放的乘数。提高控制状态排放系数使之能反映故障状态的排放，该乘数＝1/（1-控制装置效率）。

12.2 容器超压

工艺故障通常导致温度或压力过高，为避免造成破坏性后果必须将容器内的物料释放。通常，这些紧急故障下的释放被送入火炬。根据火炬排放量估算方法，这些紧急释放的气体可能包含在火炬排放量中（例如，当测量火炬气体体积和成分时）。如果火炬排放的计算方法未考虑这部分排放（例如，使用默认系数）或事故状态的流量超出了火炬测量装置的量程，那么就需要使用本章所介绍的计算方法进行估算。

对于泄压过程或类似的压缩液体的排放，其通过阀门、管道或其他限制装置的流速被限制在声速或 1 马赫。排放速率限制为声速的被称为“节流的”或“音速的”，排放速率低于 1 马赫被称为“不节流的”或“亚音速的”。对泄压阀而言，出口压力通常是已知的，一般为大气压或大气压加火炬系统或控制装置的背压。为确定流速是否“节流”，首先应使用方程（12-2）确定达到音速时容器的临界压力。

$$P_{vessel^\circ}=P_{out}\left(\frac{k+1}{2}\right)^{k/(k-1)} \tag{12-2}$$

式中：P_{vessel°——达到“音速”状态时容器的临界压力，atm；

P_{out}——排气口或排气管的排放压力，atm；

k——等压热容与等体积热容的比值，C_p/C_v（量纲一），不同气体的 k 值见表 12-2。

表 12-2　不同气体的 *k* 值[a]

化合物	k	化合物	k
甲烷	1.30	空气	1.40
天然气	1.27	氢气	1.40
乙烷	1.22	氮气	1.40
乙烯	1.20	氧气	1.40
丙烷	1.14	一氧化碳	1.40
n-正丁烷或异丁烷	1.11	二氧化碳	1.28
戊烷	1.09	硫化氢	1.32
己烷或环己烷	1.08	二氧化硫	1.26
苯	1.10		

注：a $k=C_p/C_v$＝等压热容与等体积热容的比值。

如果容器的实际压力低于由方程（12-2）求得的临界压力 P_{vessel°，则流速为亚音速的（不节流的）。对于亚音速流要先使用方程（12-3）计算排放流量的马赫数。

$$M=\sqrt{\frac{2}{k-1}\times\left[\left(\frac{P_{vessel}}{P_{out}}\right)^{\frac{k-1}{k}}-1\right]} \tag{12-3}$$

式中：M——排放气流的马赫数；

P_{out}——排放出口的压力，通常为常压，atm。

然后，利用方程（12-4）计算质量排放速率。

$$E_i = C_i \times A \times (6.808\,7 \times 10^4 P_{\text{vessel}}) \times \sqrt{\frac{k \times \text{MW}_t}{R \times T_{\text{vessel}}}} \times \frac{M}{\left[1 + \frac{M^2(k-1)}{2}\right]^{\frac{k+1}{2(k-1)}}} \quad (12\text{-}4)$$

式中：E_i——污染物 i 的排放速率，lb/s；

C_i——排气中污染物 i 的浓度（质量分数）；

$6.808\,7\times10^4$——转换系数，lb/（ft·s^2）/atm；

A——排口的横截面积，ft^2；

MW_t——排放气体的分子量，lb/lb-mol；

R——理想气体定律常数，取 4.968×10^4（lb ft^2）/（s^2·°R·lb-mol）；

T_{vessel}——容器中气体的温度，°R。

如果容器压力大于 $P_{\text{vessel}°}$，则流速为节流的（即限制为音速流）。因此，将 M 设定为 1，可使用方程（12-4）（M=1）计算释放过程的质量排放速率。

如果释放气体进入火炬或其他控制装置（且这些释放气体不进行测量），使用方程（12-4）计算释放过程质量排放速率时应使用控制效率进行修正。

方程（12-4）计算的是瞬时排放速率。如果容器内压力和温度在事故过程保持恒定（变化小于 5%），则瞬时排放速率乘以事故排放持续时间即可得到此事故的总排放量。如果容器压力和温度是变化的，应使用方程（12-4）计算每个时间间隔的排放量，将这些排放量相加即可得到此事故发生期间的总排放量。

实例 12-1：容器超压排放量计算

已知：某加氢裂化装置的泄压阀直径为 4 英寸，压力为 2 000 lb/英寸^2。气体组成(体积分数)包括 50% H_2 和 50%轻烃(C_2—C_4)。如果泄压阀打开时间为 30 min，此事件发生期间装置的 VOC 的排放量是多少？假定容器以 10 lb/英寸^2 向火炬排放。在事件过程容器内的平均温度和压力分别为 400℃和 2 050 lb/英寸^2。

解：$P_{\text{out}} = 10 + 14.7 = 24.7$psia。从质量角度说，气体中绝大部分为轻烃。因此，可以取表 12-2 中丙烷的 k 值 1.14 作为气体的代表。为确定气体流速是否为音速，首先使用方程（12-2）求出容器在音速流状态的临界压力。

$$P_{\text{vessel}°} = P_{\text{out}}\left(\frac{k+1}{2}\right)^{k/(k-1)} = 24.7\left(\frac{1.14+1}{2}\right)^{1.14/0.14} = 42.9\text{psia}$$

容器的压力远大于这个值，因此气流是节流的。使用方程（12-4）计算排放速率。方程（12-4）需要如下特定单位的变量。

MW_t——使用丙烷的分子量 44 lb/lb-mol 作为烃类组分的分子量，因此，气体的混合分子量为：0.5×2＋0.5×44＝23 lb/lb-mol。

C_i——使用丙烷作为 VOC 的替代物，VOC 的质量百分数为 0.5×44/23＝0.956 5。

A——阀直径＝4/12＝0.333 3 ft。面积＝（π/4）×（0.333 3）^{2}＝0.087 25 ft^2。

P_{vessel}——（2 050＋14.7）/14.7＝140.5 atm。

T_{vessel}——（400＋273.15）×1.8＝1 212°R。

将这些值代入方程（12-4）得到：

$$E_i = 0.956\,5 \times 0.087\,25 \times (6.808\,7 \times 10^4 \times 140.5)\sqrt{\frac{1.14 \times 23}{4.968 \times 10^4 \times 1\,212}} \times \frac{1}{\left(1+\frac{0.14}{2}\right)^{\frac{1.14}{2(0.14)}}}$$

$$= 798\,400 \times \sqrt{4.355 \times 10^{-7}} \times 0.596\,2 = 314 \text{ lb/s}$$

事件持续 1 800 s (30 min × 60 s/min)，因此，总的释放量是 565 200 lb 或 283 t。火炬效率 98%，本事件过程中排入大气的 VOC 量为 5.66 t[283×（1−0.98）]。

12.3 喷溅

通常，我们假定喷溅出的化合物全部直接排入大气环境。对于较重的液体，可以参考使用附录 B 的 B.2.4 中给出的油层的传质系数（K_{oil}）。在已知物料喷溅量、喷溅面积以及从喷溅发生开始直到清理完成的时间等条件的前提下，可用方程（12-5）进行排放量计算。

$$E_i = \rho V C_{i,o}\left(1 - e^{-K_{oil}At/V}\right) \tag{12-5}$$

式中：E_i——污染物 i 的排放量，kg/次喷溅事件；

ρ——喷溅物料的密度，kg/m^3；

V——喷溅物料的体积，m^3；

$C_{i,o}$——喷溅发生前污染物 i 在喷溅物料中的浓度（质量百分比），kg/kg；

K_{oil}——油类（有机）液体的传质系数，m/s；

T——喷溅持续时间，s；

A——喷溅形成的液面面积，m^2。

参考文献

API（American Petroleum Institute）. 2002. Refinery Stream Speciation. API Publication No. 4723.November 1.

API（American Petroleum Institute）. 2009. Compendium of Greenhouse Gas Emissions Methodologies for the Oil and Natural Gas Industry. August 2009. Available at: http: //www. api. org/ehs/climate/new/upload/2009_GHG_COMPENDIUM.pdf.

API（American Petroleum Institute） and NPRA（National Petrochemical and Refiners Association）. 2010.Review of the Emission Estimation Protocol for Petroleum Refineries. Letter to Ms. BrendaShine，U.S.EPA. March 31.

Bertrand R. R. and J.H. Siegell. 2002. Emission of trace compounds from catalytic cracking regenerators. Environmental Progress，21（3）：163-167. October.

Bertrand R. R. and J.H. Siegell. 2003. Emission of trace compounds from catalytic reforming units. Environmental Progress，22（1）：74-77. April.

Coburn J. and M. Icenhour. 2008. Memorandum from J. Coburn and M. Icenhour，RTI，to Brenda Shine，U.S.EPA/SPPD. Preliminary Analysis of Short-term Variability in Storage Vessels Emissions. December 29.

EIA(U.S. Energy Information Administration). 2009. Refinery Capacity Report 2009. Prepared by the Energy Information Administration，Washington，DC. June 25.

EIIP(Emission Inventory Improvement Program). 2007. Methods for Estimating Air Emissions from Chemical Manufacturing Facilities. Volume 2，Chapter 16. Prepared by Mitchell Scientific，Inc. and RTI International. August.

EMEP/CORINAIR（European Monitoring and Evaluation Programme/COoRdination of Information on AIR emissions）.2006. Atmospheric Emission Inventory Guidebook 2006. Technical Report No.11/2006. Available at：http：//www.eea.europa.eu/publications/EMEPCORINAIR4.

ERG（Eastern Research Group，Inc）. 2001. Emission Inventory Improvement Program Technical Report Series. Volume II，Chapter 2：“Preferred and Alternative Methods for Estimating Air Emissions from Boilers.” Prepared for Point Sources Committee Emission Inventory Improvement Program. January.

Hansell D. and G. England. 1998. Air Toxic Emission Factors for Combustion Sources Using PetroleumBased Fuels，Volumes 1 and 2. API Publication 348. Prepared by EER for S. Folwarkow，Western States Petroleum Association，Concord，CA，and K. Ritter，American Petroleum Institute，Washington，DC.

Levelton Consultants Ltd. 2005. Emission Monitoring and Reporting Strategy-Summary and Background. Prepared for Canadian Council of Ministers of the Environment and NFPRER Monitoring and Reporting Team.

Lev-On M.，Epperson D.，Siegell J.，and Ritter，K. 2007. Derivation of new emission factors for quantification of mass emissions when using optical gas imaging for detecting leaks. J Air Waste Manag Assoc 57（9）：1061-1070.

Lucas B. 2007. Memorandum from B. Lucas，U.S.EPA/SPPD，to Project Docket File（U.S.EPA Docket No. U.S.EPA- HQ-OAR-2003-0146）. Storage Vessels：Control Options and Impact Estimates. August 3，2007. Docket Item No. U.S.EPA-HQ-OAR-2003-0146-0014.

NYSERDA（NewYork State Energy Research and Development Authority）. 2005. Hydrogen Fact Sheet. Hydrogen Production-Steam Methane Reforming（SMR）.Available at：http：//www.getenergysmart.org/Files/HydrogenEducation/6HydrogenProductionSteamMethaneReforming.pdf.

Potter T. and K. Simmons. 1998. Composition of Petroleum Mixtures，Volume 2. Total Petroleum Hydrocarbon Criteria Working Group Series. University of Massachusetts. Amherst，Massachusetts.

RTI（Research Triangle Institute）. 2002. Petroleum Refinery Source Characterization and Emission Model for Residual Risk Assessment. Prepared for U.S. Environmental Protection Agency，Office of Air Quality Planning and Standards，Research Triangle Park，NC. U.S.EPA Contract No. 68-D6-0014. July.

SCAQMD（South Coast Air Quality Management District）. 2004a. Source Test Report 03-194 Conducted at Chevron/Texaco Refinery，El Segundo，California—Volatile Organic Compound（VOC），Carbon Monoxide（CO），and Particulate Matter（PM） Emissions from a Coke Drum Steam Vent. May 14.

SCAQMD（South Coast Air Quality Management District）. 2004b. Source Test Report 03-197

Conducted at Conoco-Phillips Refinery，Carson，California—Volatile Organic Compound（VOC），Carbon Monoxide（CO），and Particulate Matter（PM） Emissions From a Coke Drum Steam Vent. July 23.

SCAQMD（South Coast Air Quality Management District）. 2004c. Source Test Report 03-198 Conducted at Exxon Mobil Refinery，Torrance，California—Volatile Organic Compound（VOC），Carbon Monoxide（CO），and Particulate Matter（PM） Emissions From a Coke Drum Steam Vent.March 4.

SCAQMD（South Coast Air Quality Management District）. 2004d. Source Test Report 03-200 Conducted at Shell Oil Refinery，Wilmington，California—Volatile Organic Compound（VOC），Carbon Monoxide（CO），and Particulate Matter（PM） Emissions From a Coke Drum Steam Vent. July 1.

TCEQ（Texas Commission on Environmental Quality）. 2000. Air Permit Technical Guidance for Chemical Sources：Loading Operations.

TCEQ（Texas Commission on Environmental Quality）. 2003. Source Sampling Procedures Manual，Appendix P，Cooling Tower Monitoring，Air Stripping Method（Modified El Paso Method）for Determination of Volatile Organic Compound Emissions from Water Sources. January 31.

TCEQ（Texas Commission on Environmental Quality）. Air Quality Division. 2009. 2008 EmissionsInventory Guidelines. RG-360A/08. January.

The United States—Mexico Foundation for Science. 2008. A Customized Approach for Quantifying Emissions for the Electric Power Generation Sector in Mexico. Prepared for：SEMARNAT and CFE. Revision 2，Revised by RTI International for U.S. Environmental Protection Agency Clean Air Markets Division and Climate Change Division. December.

Tumbore，DC. 1998. The magnitude and source of air emissions from asphalt blowing operations. Environmental Progress 17（1）：53-59.

U.S.EPA（Environmental Protection Agency）. 1995a. Compilation of Air Pollutant Emission Factors.Volume 1：Stationary Point and Area Sources. AP-42，Fifth Edition. Office of Air Quality Planning and Standards，Research Triangle Park，NC.

U.S.EPA（Environmental Protection Agency）. 1995b. Protocol for Equipment Leak Emission Estimates. EPA-453/R-95-017. Office of Air Quality Planning and Standards，Research Triangle Park，NC.

U.S.EPA（Environmental Protection Agency）. 1996. Method 8260B，Volatile Organic

Compounds by Gas Chromatography/Mass Spectrometry. Revision 2，December. SW-846.

U.S.EPA（Environmental Protection Agency）. 1998a. Locating and Estimating Air Emissions from Sources of Benzene. EPA-454/R-98-011. Office of Air Quality Planning and Standards，Research Triangle Park，NC.

U.S.EPA（Environmental Protection Agency）. 1998b. Petroleum Refineries—Background Information for Proposed Standards，Catalytic Cracking（Fluid and Other） Units，Catalytic Reforming Units，and Sulfur Recovery Units. EPA-453/R-98-003. Washington，DC：Government Printing Office.

U.S.EPA（Environmental Protection Agency）. 1998c. Study of Hazardous Air Pollutant Emissions from Electric Utility Steam Generating Boilers—Final Report to Congress. Volume 1. EPA-453/R-98-004a. Office of Air Quality Planning and Standards，Research Triangle Park，NC.

U.S.EPA（Environmental Protection Agency）. 2006. TANKS Emissions Estimation Software，Version4.09D. Office of Air Quality Planning and Standards，Technology Transfer Network，Clearinghouse for Inventories and Emissions Factors，Available at http：//www.epa.gov/ttn/chief/software/tanks/index.html.

U.S.EPA（Environmental Protection Agency）. 2009. Mandatory Reporting of Greenhouse Gases（FinalRule）. Federal Register：74 FR 56 260. October 30.

URS Corporation. 2008. Source Test Report of the Coker Steam Vent. Prepared for Hovensa，LLC，St.Croix，U.S. Virgin Islands. September 8.

Yerushalmi L. and S.R. Guiot. 1998. Kinetics of biodegradation of gasoline and its hydrocarbon constituents. Appl Microbiol Biotechnol 49：475-481.

附录 A　平均物流组成

表 A-1　炼油厂平均物流有害废气污染物组成—默认值

	工艺单元物流的平均重量分数[a]										
	106-99-0 1,3 丁二烯	110-54-3 正己烷	540-84-1 2,2,4-三甲基戊烷	71-43-2 苯	108-88-3 甲苯	1330-20-7 二甲苯（总）	100-41-4 乙苯	98-82-8 异丙苯	95-63-6 1,2,4-三甲苯	91-20-3 萘	92-52-4 联苯	100-42-5 苯乙烯[d]
工艺单元												
常压蒸馏	0.01	4.28	0.05	0.86	1.7	1.97	0.63	0.12	0.63	0.25	0.06	0.001
减压蒸馏	—	0.007	0.004	0.004	0.043	0.020	0.024	0.001	0.020	0.12	0.09	—
焦化装置	0.04	2.49	0.75	0.42	1.30	1.76	0.70	0.12	0.70	0.28	0.001	0.19
催化加氢裂化	0.03	1.86	1.04	1.27	2.72	2.67	1.02	0.09	1.33	0.20	0.001	0.19
硫化催化裂化	0.01	0.99	0.29	1.03	3.28	4.90	1.07	0.10	1.92	0.72	0.43	0.14
催化重整	0.009	2.75	0.25	6.34	17.44	17.61	3.88	0.42	5.93	0.87	0.001	0.11
加氢脱硫	—	1.89	0.000 1	0.37	1.72	1.94	0.37	0.07	0.40	0.25	0.22	—
烷基化	0.22	1.57	25.24	0.03	2.05	0.08	5.0×10^{-5}	5.0×10^{-5}	5.0×10^{-5}	5.0×10^{-5}	5.0×10^{-5}	0.02
异构化	—	3.22	0.01	0.51	0.64	0.15	—	—	—	—	—	—
聚合	—	0.54	0.73	1.24	—	1.76	1.18	0.09	—	—	—	—
产品												
芳香烃萃取苯	—	—	—	99.99	0.009	0.002	—	—	—	—	—	—

	工艺单元物流的平均重量分数[a]											
	106-99-0 1,3 丁二烯	110-54-3 正己烷	540-84-1 2,2,4-三甲基戊烷	71-43-2 苯	108-88-3 甲苯	1330-20-7 二甲苯（总）	100-41-4 乙苯	98-82-8 异丙苯	95-63-6 1,2,4-三甲苯	91-20-3 萘	92-52-4 联苯	100-42-5 苯乙烯[d]
芳香烃萃取甲苯	—	—	—	0.296	95.61	3.49	2.82	—	0.3	—	—	—
芳香烃萃取二甲苯	—	—	—	—	—	77.89	16.08	0.59	—	—	—	—
芳香烃萃取重芳烃	—	—	—	5.7	19.36	25.03	3.56	0.965	4.94	0.314	—	—
商用喷气燃料	—	1.68	0.000 6	0.577	0.965	1.22	0.257	0.106	0.815	0.627	0.409	—
传统汽油	0.000 9	2.22	2.94	1.4[c]	7.75	6.56	1.490	0.219	3.002	0.415	—	0.076 7
航空汽油	—	2.30	—	1.01	7.69	3.37	1.2	0.103	0.5	0.695	—	—
重整汽油	—	1.36	1.10	0.8b	7	7.31	1.26	0.19	2.52	0.21	—	—
柴油燃料	—	0.030	0.007	0.004	0.081	0.241	0.053	0.056	0.349	0.285	0.117	—
家用燃料油	—	—	—	—	0.108	0.300	0.095	—	0.429	0.453	0.181	—
溶剂精制润滑油	—	—	—	—	—	—	—	—	—	—	—	—
原油	9.81×10^{-5}	1.341	0.185	0.312	0.542	0.811	0.186	0.108	0.377	0.139	0.030	

注：a 基于石油能源环境研究论坛（PERF）的炼油厂工艺流形态研究（API，2002），除非另有规定。

b 1,2,4-三甲基苯并非 HAP，但它是在许多炼油厂物流中主要的 VOC。

c 传统和重整汽油的平均苯含量基于燃油趋势报告：汽油 1995—2005 年（U.S.EPA 报告编号 PA420-R-08-002，2008 年 1 月），利用密度校正系数 0.876/0.739 校正成质量百分比（例如：1.16%×0.876/0.739＝1.4%；0.67%×0.876/0.739＝0.8%）。

d 化合物测定的编号是 CAS 号。

性质计算

如果提供了物质的重量组成，但未提供其他性质数据，可以通过估算得出。例如，如果已知汽油的液体组分混合物和重量分数，则可以计算出液体的蒸汽压、蒸汽的分子量和重量分数。可以使用下列步骤和方程计算这些估算值：

（1）根据汽油（液体）中各组分的重量分数值，使用方程（A-1）估算组分 i 的摩尔数。

$$n_i = \frac{\text{Wtfrac}_i}{\text{MW}_i} \tag{A-1}$$

（2）根据组分 i（液体）的摩尔数，使用方程（A-2）估算组分 i（液体）的摩尔分数。

$$x_i = \frac{\text{n}_i}{n_\tau} \tag{A-2}$$

（3）使用方程（A-3）计算液体中各组分 i 的分压。

$$P(i) = P \times x_i \tag{A-3}$$

式中：$P(i)$——组分 i 的分压，psia；

P——在液体温度下纯组分 i 的蒸汽压，psia；

x_i——液体摩尔分数。

（4）估算液体的总压，通过各组分 i（液体）的分压求和，用方程（A-4）估算汽油混合物的平均蒸汽压。

$$P_{\text{总气相压力}} = \sum_1^n P_i \tag{A-4}$$

（5）根据组分 i（液体）的摩尔分数，利用 Raoult 定律，使用方程（A-5）估算气相中组分 i 的摩尔分数。

$$y_i = \frac{P_i}{P_{\text{总气相压力}}} \tag{A-5}$$

（6）方程（A-6）用于估算汽油蒸汽的分子量（MW），根据气相摩尔分数（y_i）和纯组分 i 的分子量（MW_i）计算 $\text{MW}_{\text{气相平均分子量}}$。

$$\text{MW}_{\text{气相平均分子量}} = \sum_1^n y_i \times \text{MW}_i \tag{A-6}$$

式中：$\text{MW}_{\text{气相平均分子量}}$——气相平均分子量，lb/mole；

MW_i——纯组分 i 的分子量，lb/mole。

（7）方程（A-7）利用汽油气相摩尔分数和平均气相分子量（$MW_{气相平均分子量}$）估算汽油气相重量分数。

$$Wtfrac_{气相平均分子量} = \frac{y_i \times MW_i}{MW_{气相平均}} \quad (A-7)$$

实例 A-1：重整汽油装载蒸汽压和分子量的计算示例

基于以下信息，计算汽油浸没式装载到专用汽油运输罐车（每个罐车容量 8 000 gal）的汽油蒸汽压和 MWVAP：

在 77℉平均温度下，炼油厂每年装载 100 台罐车。仅可得到汽油液体的组成数据，具体见表 A-2。

首先，在装载温度下用安托因方程和安托因系数（U.S.EPA，1995，AP-42 表 7.1-5 提供）确定各组分的蒸汽压。

利用附录 A 的步骤 1 至步骤 7，从组分的重量分数或重量百分比、液体中各组分的分压计算汽油液体的摩尔分数，并使用 Raoult 定律计算汽油蒸汽的摩尔分数（见表 A-2 中每一个计算步骤）。

步骤 1：$n_i = \frac{Wtfrac_i}{MW_i}$

步骤 2：$x_i = \frac{n_i}{n_\tau}$

步骤 3：$P(i) = P \times x_i$

步骤 4：$P_{总气相压力} = \sum_1^n P_i$

步骤 5：$y_i = \frac{P_i}{P_{总气相压力}}$

步骤 6：$MW_{气相平均分子量} = \sum_1^n y_i \times MW_i$

步骤 7：$Wtfrac_{气相平均分子量} = \frac{y_i \times MW_i}{MW_{气相平均}}$

这些变量的计算见表 A-2。

在 77℉下，系统总蒸汽压为 4.77 psia，蒸汽分子量 $MW_{汽油\ VAP}$ 为 67.4 lb/lb-mole。

表 A-2 平均分子量和蒸汽重量分数的计算示例[a]

CAS 号	化合物	A	B	步骤 1	步骤 2	步骤 3	步骤 4	步骤 5	步骤 6	步骤 7
				C	D=C/A	E=D/AD	F=E×B	G=F/AF	H=G×A	G=H/AH×100%
		摩尔重量	77℉下的蒸汽压 P_{Vap}/psia	汽油液体（质量分数）/%	汽油液体/（mol/100 g）	汽油液体（摩尔分数）	汽油分压/psia	汽油蒸汽（摩尔分数）	组成汽油蒸汽摩尔质量/（g/mol）	汽油蒸汽（质量分数）/%
71-43-2	苯	78.11	1.840	0.80	1.02×10^{-4}	9.36×10^{-3}	1.72×10^{-2}	3.61×10^{-3}	2.82×10^{-1}	0.42
110-54-3	己烷	86.18	2.928	1.36	1.58×10^{-4}	1.44×10^{-2}	4.22×10^{-2}	8.85×10^{-3}	7.63×10^{-1}	1.13
108-88-3	甲苯	92.14	0.550	7.0	7.60×10^{-4}	6.94×10^{-2}	3.82×10^{-2}	8.01×10^{-3}	7.38×10^{-1}	1.09
1330-20-7	二甲苯	106.14	0.169	7.31	6.89×10^{-4}	6.30×10^{-3}	1.07×10^{-2}	2.23×10^{-3}	2.37×10^{-1}	0.35
100-41-4	乙苯	106.17	0.184	1.26	1.19×10^{-4}	1.08×10^{-2}	1.99×10^{-3}	4.18×10^{-4}	4.44×10^{-2}	0.07
540-84-1	2,2,4-三甲基戊烷	114.23	0.954	1.089	9.61×10^{-5}	8.79×10^{-3}	8.38×10^{-3}	1.76×10^{-3}	2.01×10^{-1}	0.30
98-82-8	异丙基苯	120.19	0.089	0.19	1.58×10^{-5}	1.44×10^{-3}	1.28×10^{-4}	2.86×10^{-5}	3.23×10^{-3}	0.005
91-20-3	萘	128.17	0.005	0.21	1.64×10^{-5}	1.50×10^{-3}	7.63×10^{-6}	1.60×10^{-6}	2.05×10^{-4}	0.000 3
106-97-8	正丁烷	58.12	35.220	4.7	8.09×10^{-4}	7.39×10^{-2}	2.60	5.46×10^{-1}	3.17×10	46.99
72-28-5	异丁烷	58.12	13.294	1.7	2.92×10^{-4}	2.67×10^{-2}	3.55×10^{-1}	7.45×10^{-2}	4.33	6.42
109-66-0	戊烷	72.15	10.285	3.9	5.41×10^{-4}	4.94×10^{-2}	5.08×10^{-1}	1.07×10^{-1}	7.69	11.39

CAS 号	化合物	A	B	步骤 1	步骤 2	步骤 3	步骤 4	步骤 5	步骤 6	步骤 7
				C	D=C/A	E=D/AD	F=E×B	G=F/AF	H=G×A	G=H/AH×100%
		摩尔重量	77℉下的蒸汽压 P_{Vap}/psia	汽油液体（质量分数）/%	汽油液体/（mol/100 g）	汽油液体（摩尔分数）	汽油分压/psia	汽油蒸汽（摩尔分数）	组成汽油蒸汽摩尔质量/（g/mol）	汽油蒸汽（质量分数）/%
78-78-4	异戊烷	72.15	3.670	7.9	1.09×10^{-3}	1.00×10^{-1}	3.67×10^{-1}	7.70×10^{-2}	5.56	8.23
	C6 代表物	86.18	4.094	10.08	1.17×10^{-3}	1.07×10^{-1}	4.38×10^{-1}	9.18×10^{-2}	7.91	11.72
	C7 代表物	100.2	1.274	7.21	7.20×10^{-4}	6.58×10^{-2}	8.38×10^{-2}	1.76×10^{-2}	1.76	2.61
	C8 代表物	114.23	0.522	3.21	2.81×10^{-4}	2.57×10^{-2}	1.34×10^{-2}	2.81×10^{-3}	3.21×10^{-1}	0.48
	C9 代表物	120.19	0.039	7.29	6.07×10^{-4}	5.54×10^{-2}	2.18×10^{-3}	4.57×10^{-4}	5.49×10^{-2}	0.08
	其他 VOC	100.20	0.884	34.78	3.47×10^{-3}	3.17×10^{-1}	2.80×10^{-1}	5.88×10^{-2}	5.89	8.73
					n_T		$P_{总气相分压}$		MW_{Vap}	
	合计			100	0.010 9	1.00	4.77	1.00	67.49	100

注：a HAP 的质量百分比基于表 A-1 提供的组成；从正丁烷至 C9 代表物的 VOC 质量百分比都是基于“石油混合物的组成”，由 T.L. Potter 和 K.E. Simmon 编写的烃标准工作组系列第 2 卷 1998 年 5 月，ISBN 1-844-940-19-6；正庚烷被用作液体汽油剩余未知部分（“其他 VOC”）的替代物。设施应使用适用于轻质 VOC（C4—C6 的化合物）浓度的特定数据，因为其将显著影响计算出的气相组成。

附录 B　污水处理系统方程

本附录简要介绍了计算典型污水处理设施废气污染物排放所需的主要方程。其目的是归纳简化的炼油厂污水排放工具中使用的方程，校正 AP-42 的 4.3 节（U.S.EPA，1995）提供的方程的表述错误。

B.1　传质速率方程

基于两个电阻模量：液相传质阻力（液膜）和气相传质阻力（气膜）计算总传质系数（决定挥发率）。与静止（层流）面相比，湍流面气相和液相传质阻力有较大差异。因此，总传质系数是基于总湍流表面积的传质系数和总层流（静态）表面积传质系数的面积质量的平均值，具体如下：

$$K_{OL} = \frac{K_{OL,t} \times A_t \times K_{OL,q} \times A_q}{A} \tag{B-1}$$

式中：K_{OL}——总传质系数，m/s；

$K_{OL,t}$——湍流表面总传质系数，m/s；

A_t——湍流表面积，$=f_{aer}\cdot A$，m^2；

f_{aer}——充气影响的总表面积的分数；

$K_{OL,q}$——层流表面总传质系数，m/s；

A_q——层流表面积，=（$1-f_{aer}$）• A，m^2（注意：A_t+A_q 必须等于 A）；

A——总表面积，m^2。

基于双膜的湍流表面总传质系数是：

$$K_{OL,t} = \left(\frac{1}{k_{1,t}} + \frac{1}{H' \times k_{g,t}}\right)^{-1} \tag{B-2}$$

式中：$k_{l,t}$——湍流表面液相传质系数，m/s；

H'——无量纲亨利定律常数，$=H/RTH$；

H——亨利定律常数，atm-m^3/mol；

R——理想气体常数，取 0.000 082 05，atm-m^3/mol-K；

T_H——估算亨利定律常数时的温度，取 298 K；

$k_{g,t}$——湍流表面气相传质系数，m/s。

同样，层流表面总传质系数是：

$$K_{\mathrm{OL,q}}=\left(\frac{1}{k_{1,\mathrm{t}}}+\frac{1}{H'\times k_{\mathrm{g,t}}}\right)^{-1} \quad \text{(B-3)}$$

式中：$k_{\mathrm{l,q}}$——湍流表面液相传质系数，m/s；

$k_{\mathrm{g,q}}$——湍流表面气相传质系数，m/s。

在这个模型中使用传质系数估算与 U.S.EPA 开发的 WATER9 排放模型中使用的独立传质系数是相同的。可以使用 U.S.EPA 网站上的这些传质系数（网站：http：//www.epa.gov/ttn/chief/software/water/index.html），此处仅提供基本方程。关于传质系数更详细的讨论，读者可参考“污水和污水处理废气污染模型”报告的第 5 章（U.S.EPA，1994）。

B.1.1 湍流表面的液相传质系数

湍流表面液相传质系数计算如下：

$$K_{\mathrm{L,t}}=\left(\frac{8.22\times10^{-3}\times J\times P_{\mathrm{tot}}\times1.024^{(T-20)}\times O_{\mathrm{cf}}\times \mathrm{MW}_t}{10.76\times A_{\mathrm{t}}\times\rho_{\mathrm{L}}}\right)\left(\frac{D_{i,1}}{D_{\mathrm{O_2},1}}\right)^{0.5} \quad \text{(B-4)}$$

式中：J——氧传递系数，lb/h • hp；

P_{tot}——搅拌器的总动力，hp；

T——水温，℃；

O_{cf}——氧校正系数；

$\mathrm{MW_l}$——液体（水）的分子量，g/mole；

ρ_{l}——液体（水）的密度，mg/m^3；

$D_{i,\mathrm{l}}$——在液体（水）的扩散度，cm^2/s；

$D_{\mathrm{O_2,l}}$——氧在液体（水）的扩散度，cm^2/s。

B.1.2 湍流表面的气相传质系数

湍流表面气相传质系数计算如下：

$$K_{\mathrm{g,t}}=1.35\times10^{-7}\times \mathrm{Re}_{\mathrm{g}}^{1.42}\times p^{0.4}\times Sc_{\mathrm{g}}^{0.5}\times Fr^{-0.21}\times D_{i,a}\times \mathrm{MW}_a\times d_{\mathrm{imp}}^{-1} \quad \text{(B-5)}$$

式中：$\mathrm{Re_g}$——气相雷诺数，＝（$d_{\mathrm{imp}}{}^2\, w\rho_{\mathrm{g}}$）/$\mu_{\mathrm{g}}$；

ρ_{g}——气体（空气）的重度，g/cm^3；

μ_{g}——气体（空气）的黏度，g/cm-s；

P——动力数，=0.85[（550P_{tot}）/（N_{aer}）$g_{\mathrm{c,2}}$]/[（62.428ρ_1）w^3（d_{imp}/30.48）^{5}]；

$g_{\mathrm{c,2}}$——重力常数，＝32.17 $\mathrm{lb_m}$-ft/s^2 -$\mathrm{lb_f}$＝0.03 283 g_{c}；

N_{aer}——通风装置数；

w——转速，转/s；

Sc_g——气体施密特数，$=\mu_g/(\rho_g \cdot D_{i,a})$；

F_r——佛兰德数，$=[w^2(d_{imp}/30.48)]/g_{c,2}$；

$D_{i,a}$——组分在空气中的扩散度，cm^2/s；

MW_a——空气的分子量，g/mole；

d_{imp}——搅拌桨叶的直径，cm；

g_c——重力常数，$=980\ cm/s^2$。

B.1.3 层流表面液相传质系数

估算液相传质系数的适当相关性取决于风速和水池当量直径与深度的比。宽度是处理单元截面的直径，由假设装置表面是圆形面积计算得到。即

$$F=\left(\frac{4A}{\pi}\right)^{0.5} \tag{B-6}$$

式中：F——当量直径，m。

当风速小于 3.25 m/s 时，不考虑当量直径与深度比（F/d_{liq}），均采用下式：

$$k_{l,q}=2.78\times10^{-6}\left(\frac{D_{i,l}}{D_{ether}}\right)^{\frac{2}{3}} \tag{B-7}$$

式中：$k_{l,q}$——液相，层流表面传质系数，m/s；

$D_{i,l}$——液相（水）中组分的扩散度，cm^2/s；

D_{ether}——水中乙醚的扩散度，$=8.5\times10^{-6} cm^2/s$。

风速大于等于 3.25 m/s 时，适当的关系式如下，取决于当量直径与深度的比，

对于 $\frac{F}{d_{liq}}<14$

$$k_{l,q}=1.0\times10^{-6}+(a\times10^{-4})(U^*)^b Sc_{liq}^{-0.5} \tag{B-8}$$

式中：A——方程常数，当 $U^*>0.3$ m/s 时，$a=34.1$；当 $U^*>0.3$ m/s 时，$a=144$；

U^*——摩擦速度，$=0.01U(6.1+0.63U)^{0.5}$，m/s；

U——液体表面 10 m/s 以上风速；

B——方程常数，当 $U^*>0.3$ m/s 时，$b=1$；当 $U^*>0.3$ m/s 时，$b=2.2$；

Sc_{liq}——液相施密特数，$=\mu_l/(\rho_l D_{i,l})$；

μ_l——水的黏度，g/cm-s；

ρ_l——水的密度，g/cm^3；

对于 $14 \leqslant \dfrac{F}{d_{liq}} \leqslant 51.2$

$$k_{l,q} = \left[2.605 \times 10^{-9}\left(\frac{F}{d_{liq}}\right) + 1.277 \times 10^{-7}\right] U^2 \left(\frac{D_{i,l}}{D_{ether}}\right)^{\frac{2}{3}} \tag{B-9}$$

对于 $F/d_{liq} > 51.2$ 时，

$$k_{l,q} = 2.611 \times 10^{-7} U^2 \left(\frac{D_{i,l}}{D_{ether}}\right)^{\frac{2}{3}} \tag{B-10}$$

B.1.4 层流表面气相传质系数

层流表面气相传质系数估算如下：

$$K_{g,q} = 4.82 \times 10^{-3} \times U^{0.78} \times Sc_g^{-0.67} \times F^{-0.11} \tag{B-11}$$

B.2 收集系统和工艺单元

收集系统单元的排放分数（fe）是以《工业污水挥发性有机化合物排放》（U.S.EPA，1990）描述的模型为依据。简单来说，就是确定排放分数和亨利定律常数之间的关系。然后使用这个关系方程确定每一种化合物的排放量和不受控的收集系统单元的排放量。

表 B-1 收集系统单元模型和排放分数值（fe）-亨利定律之间的关系

收集系统单元	关系式
排水沟	fe＝0.035×ln（HLC）＋0.407 9
地沟	fe＝0.005×ln（HLC）＋0.065 8
检查井	fe＝0.009×ln（HLC）＋0.103 6
连接井	fe＝0.010 5×ln（HLC）＋0.141 6
提升站	fe＝0.031 2×ln（HLC）＋0.416 3
集水池	fe＝0.000 4×ln（HLC）＋0.007

B.2.1 连接井和提升站

连接井和提升站收集和平衡送到污水处理系统前的污水。如前所述，这些单元应该加盖并把废气集中排放；但如果未加盖，可以使用下列程序估算废气排放量。

步骤 1：用方程（B-4）计算液相湍流表面传质系数（$k_{l,t}$），也可以选择根据

AP-42 中出现的默认值，专门提供了连接井和提升站的简化形式：

$$K_{1,t}=\frac{0.184V1.024^{(T-20)}(D_{i,1})^{0.5}}{A_t} \qquad \text{(B-12)}$$

式中：V——单元体积，m^3；

默认值：

J＝3 lb/（h·hp）；

O_{cf}＝0.83；

MW_1＝18 g/mole；

ρ_1＝1 g/m^3；

P_{tot}＝0.026 4 hp/m^3；

$D_{O_2,1}$＝2.4×10^{-5} cm^2/s。

步骤 2：按照 B.1.4 节“层流表面气相传质系数”，计算气相层流表面传质系数（$k_{g,q}$）。

步骤 3：用方程（B-13）计算总传质系数（k）：

$$K_{OL}=\frac{k_{1,t}H'k_{g,q}}{H'k_{g,q}+k_{1,t}} \qquad \text{(B-13)}$$

步骤 4：用方程（B-14）计算罐出口浓度（C_L）：

$$C_L(g/m^3)=\frac{QC_0}{K_{OL}A+Q} \qquad \text{(B-14)}$$

步骤 5：按方程（B-15）计算废气污染物排放量（N）：

$$N(g/s)=K_{OL}C_LA \qquad \text{(B-15)}$$

B.2.2 集水池

集水池一般收集并缓冲从各个收集系统来的污水。如前所述，这些单元应加盖并把废气集中排放；但如果未加盖，可以使用下列程序估算污染物向大气的排放量：

步骤 1：按照 B.1.3 节“层流表面液相传质系数”，计算层流表面液相传质系数（$k_{l,q}$）。

步骤 2：按照 B.1.4 节“层流表面气相传质系数”，计算层流表面气相传质系数（$k_{g,q}$）。

步骤 3：按方程（B-16）计算总传质系数：

$$K_{OL}=\frac{k_{l,q}H'k_{g,q}}{H'k_{g,q}+k_{l,q}} \quad \text{（B-16）}$$

步骤 4：使用方程（B-14）计算罐出口浓度（C_L）；

步骤 5：使用方程（B-15）计算废气污染物排放量（N）。

B.2.3 初级溢流堰

初级溢流堰在污水收集和处理单元一般被当作堤坝来使用，使固体在静止区沉降。用方程（B-17a）和方程（B-17b）确定液相传质系数（k_l）。用方程（B-18）确定气相传质系数（k_g）。这些液相和气相传质系数方程是以 Nakasone（1987）和 Pincince（1991）的著作为依据的。使用方程（B-20）计算每一个污染物的排放量（N）。

$$\ln(r)=0.042h^{0.972}q^{0.809} \quad \text{（B-17a）}$$

$$k_l=1/2(D_{lv}/D_{lo})^{0.66}\ln(r) \quad \text{（B-17b）}$$

$$k_g=0.05(D_{gv}/D_{go})^{0.66} \quad \text{（B-18）}$$

$$K_o=[1/k_l+1/(k_g K)]^{-1} \quad \text{（B-19）}$$

$$N=1-\exp\left(-\frac{K_o z}{q}\right)QC_0 \quad \text{（B-20）}$$

式中：Q——体积流量，m^3/s；

C_0——初始组分浓度，g/m^3；

h——溢流堰高度，ft；

r——氧亏率；

q——溢流堰水力负荷，$m^3/(m\cdot h)$；

z——下游水深，m；

k_l——液相传质系数，m/s；

D_{lv}——有机物在水中的扩散系数，cm^2/s；

D_{lo}——空气在水中的扩散系数，cm^2/s；

k_g——气相传质系数，m/s；

D_{gv}——有机物在空气中的扩散系数，cm^2/s；

D_{go}——参考物质在空气中的扩散系数，cm^2/s；

K_o——总传质系数，m/s；

K——分割系数，atm-m^3/mol；

N——污染物排放量，g/s。

B.2.4 油水分离器（API）

油水分离器是一个用于分离污水中污油和悬浮固体的处理单元。如前所述，该单元一般加盖并把废气集中排放，因此，不需要估算敞开排放。但是如果处理单元未加盖，则可以使用下列程序估算污染物排放量。

首先，按方程（B-11）计算层流表面气相传质系数（$k_{g,q}$）。接着按下列方程计算油的总传质系数（K_{oil}）：

$$K_{oil} = k_{g,q} \times Keq_{oil} \tag{B-21}$$

式中：

$$Keq_{oil} = \frac{P^* \rho_a \mathrm{MW}_{oil}}{\rho_{oil} \mathrm{MW}_a P_0} \tag{B-22}$$

污染物排放量用以下方程计算：

$$N(g/s) = K_{oil} C_{L,oil} A \tag{B-23}$$

式中：

$$C_{L,oil}(\mathrm{g/m^3}) = \frac{Q_{oil} Co_{oil}}{K_{oil} A + Q_{oil}} \tag{B-24}$$

如果油层厚度＞1cm，则使用此方程：

$$Co_{oil} = \frac{K_{OW} Co}{1 - f_{oil} + f_{oil} K_{OW}} \tag{B-25}$$

如果油层厚度＜1cm，则使用此方程：

$$Co_{oil} = \frac{Co}{f_{oil}} \tag{B-26}$$

$$Q_{oil} = f_{oil} Q \tag{B-27}$$

式中：P^*——组分的蒸汽压，mmHg；

MW_{oil}——油的分子量，g/mol；

ρ_{oil}——油的密度，g/m^3；

Q_{oil}——油的体积流量，m^3/s；

Co_{oil}——油相中组分的初始浓度，g/m^3；

K_{ow}——辛醇-水分配系数；

f_{oil}——油的体积分数。

B.2.5 溶气浮选

DAF 是用鼓泡的方法去除悬浮油和悬浮固体净化水的处理单元。如前所述，该单元一般加盖并把废气集中排放，因此，不需要估算敞开排放。但是如果处理单元未加盖，则可以使用下列程序估算污染物排放量。

首先，用 B.1.3 节“层流表面液相传质系数”描述的方法计算静止面的液相传质系数($k_{l,q}$)。第二，用 B.1.4 节描述的方法计算层流表面的气相传质系数($k_{g,q}$)。最后，依据下列方程可以计算污染物排放量（N）。

$$N(\text{g/s}) = \left(K_{OL}A + Q_a H'\right)C_L \tag{B-28}$$

式中：

$$C_L(\text{g/m}^3) = \frac{QC_O}{K_{OL}A + Q + Q_a H'} \tag{B-29}$$

B.2.6 均质罐（无生物降解作用的混合罐）

均质罐抑制污水流量和污染物负荷的变化，以减少对下游过程的负面影响。如前所述，该单元一般加盖并把废气集中排放，因此，不需要估算敞开排放。但是如果处理单元未加盖，则可以使用下列程序估算污染物排放量。

步骤 1：按方程（B-4）计算湍流表面液相传质系数（$k_{l,t}$）。

步骤 2：按方程（B-5）计算湍流表面气相传质系数（$k_{g,t}$）。

步骤 3：按 B.1.3 节“层流表面液相传质系数”所述，计算层流表面液相传质系数（$k_{l,q}$）。

步骤 4：按 B.1.4 节“层流表面气相传质系数”所述，计算层流表面气相传质系数（$k_{g,q}$）。

步骤 5：用方程（B-2）计算湍流表面总传质系数（$K_{OL,t}$）。

步骤 6：用方程（B-3）计算层流表面总传质系数（$K_{OL,q}$）。

步骤 7：用方程（B-1）计算总传质系数（K_{OL}）。

步骤 8：用方程（B-30）计算罐的出口浓度（C_L）：

$$C_L(\text{g/m}^3) = \frac{QC_0}{K_{OL}A + Q} \tag{B-30}$$

步骤 9：用方程（B-31）计算污染物排放量（N）：

$$N(\text{g/s}) = K_{OL}C_L A \tag{B-31}$$

B.2.7 生物处理单元（已知废物流量）

生物处理单元污染物排放量的确定与缓冲罐相似，只是增加了生物降解系数。另外，湍流和层流表面影响机械曝气系统污染物的排放，空气体积流量影响鼓风曝气系统。因此，使用两个稍微不同的方法估算污染物的排放。

对于机械曝气系统，按B.2.5节的步骤1至步骤7确定总传质系数（K_{OL}）。

对于鼓风曝气系统，首先计算平均鼓风流量$Q_{a,avg}$（m^3/s）：

$$Q_{a,avg}=\frac{\dfrac{Q_aP_g}{p_0}+Q_a}{2} \quad \text{(B-32)}$$

式中：P_g——鼓风测量压力，lb/in^2；

P_0——大气压（atm）×14.696（lb/in^2atm）=（lb/in^2）。

Monteith 等（1996）曾报道鼓风曝气引起的对水面传质的影响。建立了氨和VOCs的传质关系式，用方程（B-33）确定$K_{L(NH_4)}a$、$k_{l,a}$和$k_{g,t}a$：

$$K_{L[NH_4]a}=0.08+0.012\left(\frac{Q_{a,avg}}{A_t}\right)^{0.4} \quad \text{(B-33)}$$

式中：$K_{L(NH_4)}a$——氨的体积传质系数，h^{-1}。

注意：需确定使用的单位是一致的（如Q单位为m^3/h，A单位为m^2）；

$$k_{l,t}a=K_{L(NH_4)}a\left(\frac{D_{i,l}}{D_{l,NH_4}}\right)^{0.5} \quad \text{(B-34)}$$

式中：D_{l,NH_4}——氨在水中的扩散率，$6.93\times10^{-5}cm/s$；

$k_{l,t}a$——体积液相传质系数，h^{-1}；

$k_{l,t}$值按下列方程由$k_{l,t}a$值计算得出：

$$k_{l,t}=\frac{k_{l,t}a}{3\,600a} \quad \text{(B-35)}$$

式中：$k_{l,t}$——液相传质系数，m/s；

a——基于液体体积的特定界面面积（m^{-1}），$=A/V$；

V——曝气池体积，m^3。

注意：3 600（s/h）除以$k_{l,t}$（m/h），单位为（m/s）。

Hsieh 等（1992）曾报道鼓风曝气系统的k_g/k_l的比例为2.2～3.6。因此，k_g可以用方程（B-36）近似计算。

$$k_{g,t}=3k_{1,t} \tag{B-36}$$

式中：$k_{g,t}$——气相传质系数，m/s。

使用方程（B-2）、方程（B-3）和方程（B-1）计算出 $K_{OL,t}$、$K_{OL,q}$ 和 K_{OL}。接着用下列方程计算罐排出浓度（C_L）和排放速率（N）。

对于机械曝气系统：

$$N(g/s)=K_{OL}C_{L}A \tag{B-37}$$

对于鼓风曝气系统：

$$N(g/s)=\left(K_{OL}A+Q_{a}H'\right)C_{L} \tag{B-38}$$

式中：

$$C_{L}(g/m^{3})=\frac{\left|-b+(b^{2}-4ac)^{0.5}\right|}{2a} \tag{B-39}$$

对于机械曝气系统：

$$a=\frac{K_{OL}A+Q_{W}k_{abs}C_{WAS,VSS}+Q_{e}}{Q_{i}} \tag{B-40}$$

$$b=\frac{K_{S}}{Q_{i}}\left(K_{OL}A+Q_{W}k_{abs}C_{WAS,VSS}+Q_{e}\right)+\frac{V_{max}C_{MLVSS}V}{Q_{i}}-C_{0} \tag{B-41}$$

对于鼓风曝气系统：

$$a=\frac{K_{OL}A+Q_{a,avg}H'+Q_{W}k_{abs}C_{WAS,VSS}+Q_{e}}{Q_{i}} \tag{B-42}$$

$$b=\frac{K_{S}}{Q_{i}}\left(K_{OL}A+Q_{a,avg}H'+Q_{W}k_{abs}C_{WAS,VSS}+Q_{e}\right)+\frac{V_{max}C_{MLVSS}V}{Q_{i}}-C_{0} \tag{B-43}$$

$$C=-K_{s}C_{0} \tag{B-44}$$

式中：Q_W——剩余活性污泥流量，m^3/s；

Q_e——出口流量，m^3/s；

Q_i——进口流量，m^3/s；

K_s——半饱和生物降解速率常数，g/m^3；

V_{max}——最大生物降解速率常数，g/s • g 生物质；

C_{MLVSS}——混合液中挥发性悬浮固体浓度，g/m^3；

$C_{WAS,VSS}$——剩余活性污泥挥发性悬浮固体浓度，g/m^3；

式中：k_{abs}——有机污染物的分配系数，m^3/g。

$$k_{abs}=1\times10^{-6}f_{OC}K_{OC} \tag{B-45}$$

式中：f_{OC}——生物质中碳的重量分数，g C/g（默认值是 0.33）；

K_{OC}——有机碳的分配系数，g/MgC/（g/m^{-3}）；

1×10^{-6}——量纲转换，Mg/g；

式中：

$$\log K_{OC}=\log K_{OW}-0.32 \tag{B-46}$$

B.2.8 生物处理单元（未知废物流量）

氧化塘废气污染物的排放估算与活性污泥单元的计算相似。不同的是不从氧化塘中抽出剩余活性污泥，让它沉淀并积累在氧化塘的底部直到清淤。本书的假设是：①在稳定状态下，从单元中沉降脱除的污泥量等于生物生长量。②一旦污泥及相关的污染物沉淀，就认为它们已从系统中去除。

遵循 B.2.6 节的程序确定总传质系数（K_{OL}）、单位排出浓度（C_L）和污染物排放速率（N）。但变量 a、b 和 c 用下列方程计算。

对于机械曝气系统：

$$a=\frac{K_{OL}A+0.67C_{BODi}Q_ik_{abs}+Q_e}{Q_i} \tag{B-47}$$

$$b=\frac{K_S}{Q_i}\left(K_{OL}A+0.67C_{BODi}Q_ik_{abs}+Q_e\right)+\frac{V_{max}C_{MLVSS}V}{Q_i}-C_0 \tag{B-48}$$

对于鼓风曝气系统：

$$a=\frac{K_{OL}A+Q_{a,avg}H'+0.67C_{BODi}Q_ik_{abs}}{Q_i} \tag{B-49}$$

$$b=\frac{K_S}{Q_i}\left(K_{OL}A+Q_{a,avg}H'+0.67C_{BODi}Q_ik_{abs}\right)+\frac{V_{max}C_{MLVSS}V}{Q_i}-C_0 \tag{B-50}$$

$$C=-K_sC_0 \tag{B-51}$$

参考文献

Hsieh C.，R. Babcock，and M. Stenstrom. 1992. Estimating semi-volatile organic compound emission rates and oxygen transfer coefficients in diffused aeration. Presented at the 65th Water

Environment Federation Conference，New Orleans，LA，September 20-24.

Monteith H.，W. Parker，and H. Melcer. 1996. Impact of bubble-induced surface turbulence on gas-liquid mass transfer in diffused aeration systems. Presented at the Water Environment Federation's Annual Technical Exhibition and Conference，Dallas，TX，October 5-9.

Nakasone，H. 1987. Study of aeration at weirs and cascades. J. Environ. Eng.113：64.

Pincince，A.B. 1991. Transfer of oxygen and emissions of volatile organic compounds at clarifier weirs. Res. J. Water Pollut. Control Fed.，63，114-119.

U.S.EPA（Environmental Protection Agency）. 1990. Industrial Wastewater Volatile Organic Compound Emissions—Background Information for BACT/LAER Determinations. EPA 450/3-90-004. Office of Air Quality Planning and Standards，Research Triangle Park，NC. January.

U.S.EPA（Environmental Protection Agency）. 1994. Air Emissions Models for Waste and Wastewater. EPA-453/R-94-080A. Office of Air Quality Planning and Standards，Research Triangle Park，NC.

U.S.EPA（Environmental Protection Agency）. 1995. Compilation of Air Pollutant Emission Factors. Volume 1：Stationary Point and Area Sources. AP-42，Fifth Edition. Office of Air Quality Planning and Standards，Research Triangle Park，NC.

附录 C TANKS 模型使用入门

通常，U.S.EPA 推荐使用 AP-42 的 7.1 节所述的排放估算程序计算有机液体储罐的污染物排放量。U.S.EPA 开发了储罐排放量估算软件 TANKS v4.09D，进行 AP-42 的 7.1 节（U.S.EPA，1995）要求的计算。TANKS v4.09D 软件可在网址 http：//www.epa.gov/ttn/chief/software/tanks/index.html 下的“How to Get TANKS 4.09D”链接下载。鉴于 TANKS v4.09D 的应用较为广泛，本书附录 C 提供了 TANKS 程序的使用技巧和见解。本附录也强调直接使用不受 TANKS v4.09D 影响的 AP-42 方程（或其他软件）模拟储罐排放的某些潜在益处。

TANKS 程序计算的是特定罐型的排放量，计算结果在很大程度上取决于储存液体的类型。每一个储罐需单独模拟计算。也有可能出现这样的情况：一组储罐的内存介质的性质、储罐的构造数据和周转量都非常接近。这样即可以模型一座罐的排放量，然后将其套用在该组其他的储罐上。然而，这种类型的“模型罐分析方法”一般只是在可获得基础数据非常有限的情况下才使用（例如：只有产品的周转总量而没有每个独立罐的周转量，随后可对储存同一产品的一组储罐进行模拟计算）。对于炼油厂或储罐工作人员设定的清单，U.S.EPA 建议将每个储罐的数据输入 TANKS 程序中（或其他类似软件），在排放清单中申报每个储罐的计算结果。使用某些排放清单数据时需要特定的排放地点和源特性。当合计成罐组排放量报到排放清单时（例如，这些储罐属于同一种源分类代码），这些数据会有遗漏或不够准确。

计算一座新罐的排放量，首先从下拉菜单中选择项目“创建新罐记录”中的罐型。有五个基本罐型：卧式固定顶罐、立式固定顶罐、外浮顶罐、内浮顶罐和拱顶外浮顶罐。接着在储罐编号、物理性质、现场选择、存储物质和月度排放量中填入适当的信息。表 C-1 和表 C-2 列出了估算储罐排放量时需要的参数。这些数据可以从基于 TANKS 数据库中的储罐所在地、罐壁及罐顶颜色和其他特定信息的下拉列表完成，也可以直接取自工艺数据。在 TANKS 中，选择某个城市后，系统即默认使用该城市的气象数据。输入所有需要的数据后，可以按压灰色窗口底部的“存储按钮”储存该罐的信息。

表 C-1 TANKS 模型所需输入的储罐构造数据—罐尺寸和特性

	卧式罐	立式拱顶罐	内浮顶罐	外浮顶罐	圆形外浮顶罐
标识号	●	●	●	●	●
说明	●	●	●	●	●
州	●	●	●	●	●
城市	●	●	●	●	●
公司	●	●	●	●	●
尺寸和特性					
罐体高度/ft	●	●			
直径（罐体直径）/ft	●		●	●	
体积			●	●	
最大液面高度	●	●			
平均液面高度	●	●			
工作体积/gal	●	●			
年周转次数	●	●	●	●	
净周转量/（gal/a）	●	●		●	
罐是否设置加热	●	●			
罐是否在地下	●				
自支撑顶			●		
支撑柱的数量			●		
有效支撑柱直径			●		
罐顶类型				●	●
罐顶附件类型				●	●
罐结构				●	●

注：原版中立式拱顶罐需要：自支撑顶、有效支撑柱直径、罐顶类型选型，实际应为内浮顶罐填写内容，翻译时进行了校正。

表 C-2 TANKS 模型所需输入的储罐构造数据—具体属性、地点选择和罐内物质

	卧式罐	立式拱顶罐	内浮顶罐	外浮顶罐	圆形外浮顶罐
罐/筒体/罐顶特性					
（外） 筒体/涂漆颜色/浓淡	●	●	●	●	●
（外） 筒体/筒体涂漆的状态	●	●	●	●	●
内筒体状态			●		

	卧式罐	立式拱顶罐	内浮顶罐	外浮顶罐	圆形外浮顶罐
边缘密封					
一次密封			●	●	●
二次密封			●	●	●
罐顶板特性					
顶板类型			●		
顶板附件种类			●		
通气口设计值					
真空设计值/psig	●	●			
压力设计值/psig	●	●			
罐顶特性					
颜色/浓淡		●	●		
状态		●			
类型		●			
高度/ft		●			
罐顶涂漆装填			●		
地点选择					
最近的主要城市	●	●	●	●	●
日平均环境气温	●	●	●	●	●
年平均最高温度	●	●	●	●	●
年平均最低温度	●	●	●	●	●
年平均风速	●	●	●	●	●
年平均太阳辐射系数/[Btu/（ft×ft×day）]	●	●	●	●	●
大气压（每英寸^{2}绝对受力磅数）/psia	●	●	●	●	●
储罐内物质					
液体的化学种类	●	●	●	●	●
单组分或多组分液体	●	●	●	●	●
混合物性质（如果适用）	●	●	●	●	●
月周转量	●	●	●	●	●

对于内浮顶罐、外浮顶罐和拱顶外浮顶罐，确定储罐附件的类型进而明确储罐的具体特点不是一件难事。使用特定储罐信息可以确保排放估算量尽可能准确。通过选择“添加附件”按钮的“物理特征”标签来输入储罐附件的相关信息。表C-3 有一组不同附件信息和状态选择的清单。使用表 C-1 和表 C-3 所提供的相关信息，该模型可估算特定地点、不同罐型和工艺存储介质的储罐排放量。

表 C-3 TANKS 模型所需输入附件种类和状态选型

附件类型	状态
检查孔（直径 24 英寸）	螺栓接盖，带垫片
	非螺栓接盖，带垫片
	非螺栓接盖，不带垫片
自动计量浮子插孔	螺栓接盖，带垫片
	非螺栓接盖，带垫片
	非螺栓接盖，不带垫片
柱体插孔（直径 24 英寸）	组合柱，滑动盖，带垫片
	组合柱，滑动盖，不带垫片
	管柱，柔韧织物套管密封
	管柱，滑动盖，带垫片
	管柱，滑动盖，不带垫片
计量口/取样口（直径 8 英寸）	加权机械驱动，带垫片
	加权机械驱动，不带垫片
梯子插孔（直径 36 英寸）	管柱，滑动盖，带垫片
	管柱，滑动盖，不带垫片
边缘通气孔（直径 6 英寸）	加权机械驱动，带垫片
	加权机械驱动，不带垫片
罐顶排水口（直径 3 英寸）	打开
	90%关闭
罐顶支腿（直径 3 英寸）	可调，浮筒区，不带垫片
	可调，中心区，不带垫片
	可调，双层板罐顶
	固定的
	可调，浮筒区，带垫片
	可调，浮筒区，带套
	可调，中心区，带垫片
	可调，中心区，带套
罐顶支腿或吊架插孔	可调
	固定
取样管或插孔（直径 24 英寸）	割缝管，滑动盖，带垫片
	割缝管，滑动盖，不带垫片
	柔韧织物密封 10%打开
开槽导向杆/取样孔	滑动盖，不带浮子，不带垫片
	滑动盖，不带浮子，不带垫片
	滑动盖，不带浮子，带垫片

附件类型	状态
开槽导向杆/取样孔	滑动盖，不带浮子，带垫片
	滑动盖，带杆刮子，带垫片
	滑动盖，带杆套筒、垫片
	滑动盖，带浮子、刮子、垫片
	滑动盖，带浮子、套筒、刮子、垫片
	滑动盖，带套筒、刮子、垫片
短排水管（直径1英寸）	未列出
未开槽的导向杆插孔	滑动盖，不带垫片
	滑动盖，带垫片
	滑动盖，带套筒，不带垫片
	滑动盖，带套筒，带垫片
	滑动盖，带刮子，带垫片
真空破坏器（直径10英寸）	加权机械驱动，带垫片
	加权机械驱动，不带垫片

表 C-4　TANKS 模型所需输入的化学品数据库数据

化学品名称
CAS 号（化学文摘编号）
种类
液体分子量
液体密度（lb/gal；～60℉）
蒸汽分子量
40℉，50℉，60℉，70℉，80℉，90℉，100℉下的蒸汽压力
安托尼方程的常数，单位℃（A、B 和 C）
安托尼方程的常数，单位°K（A 和 B）
雷德蒸汽压（psia）：馏出物或原油
ASTM 斜率：仅馏出物

当一座储罐的相关数据被输入后，用户可以使用或嵌入该储罐的信息来计算另一座储罐。复制现有储罐的数据至新储罐，选择“数据”然后“储罐”在 TANKS 4.0 主菜单中选择“新的记录”或者是在主屏的工具栏上选择合适的首字母缩略词。在弹出屏幕的底部点击“复制”，然后在下拉菜单上点击用户想要复制的储罐。此时会有两种选择：“介质数据”或者是“所有数据”。根据需要，用户可自行选择。

因为 TANKS 模型使用的气象数据是预先加载的，排放量的年际变化只能是通过周转量或者是储罐存储介质的不同来体现。如果是嵌在其他软件包中，应该使用申报年特定的气象数据，因为特定的气象数据有助于提供更准确的排放量。

研究显示每年气象数据的不同对排放量大约有 25%的浮动（Coburn，2008）。如果嵌在其他软件包中，直接测量液体温度或者是月度平均室外温度的方法可被用于散装液体温度，且可用于计算月度平均排放速率。在 TANKS 模型中，在计算月度排放量时，年度液体平均温度也还是能使用的。同样的，除非每月的周转量差异非常大，否则模型中月度计算程序不太可能改变年度排放量。基于有限的模型分析，如果月度排放量估算得比较严格，液体温度的月度变化就很重要，且对年度平均排放量影响也很大（例如，考虑散装液体温度的变化）（Coburn and Icenhour，2008）。

TANKS 模型通常提供的是总烃的排放估算。通过 TANKS 模型也可以估算已知混合物中单一组分介质和典型成品油储罐的排放量。TANKS 模型的化学数据库包含了 100 多种有机液体。该模型的设计也是为了分析表 C-4 中物质的化学性质和参数。如果储罐存储的是单一介质或者是混合物，并且能获得相关的属性数据（如化学数据库），这些信息可被添加入 TANKS 模型。

除了分析单一的化学制品，TANKS 模型也可以计算混合物的相关特征。当“单一组分液体”或者是“多重组分液体”选项选择的是“多重组分液体”，且“组分选项”选择的是“全部组分信息”时，可使用“查看/添加组分”按钮创建“完整化学特征”。所有被定义的化学物质，包括使用表 C-4 中的标准，混合物中的某个组分，只要知道其总液体重量或者是相对重量。在输入化学组分及其相对比例或者是质量之后，点击“计算混合物属性”按钮，用户即可得到相关特征值。

附录 D　石油基燃料的燃烧源在空气中有害排放的排放系数，最终报告，第 2 卷—CARB 法制定的排放系数

（1）检测比：检测值与检测值和非检测值总和的比例。

（2）RSD：100 乘以标准偏差再除以算术平均值。

（3）不确定性：100 乘以 95%的置信区间再除以算术平均值。

（4）二噁英缩写词：

4D2378：2,3,7,8-四氯二苯并二噁英

其他 4D：其他四氯二苯并二噁英

4DTotal：总四氯二苯并二噁英

5D12378：1,2,3,7,8-五氯二苯并-对-二噁英

其他 5D：其他五氯二苯并-对-二噁英

5DTotal：总五氯二苯并-对-二噁英

6D123478：1,2,3,4,7,8-六氯二苯并-对-二噁英

6D123678：1,2,3,6,7,8-六氯二苯并-对-二噁英

6D123789：1,2,3,7,8,9-六氯二苯并-对-二噁英

其他 6D：六氯二苯并-对-二噁英

6DTotal：六氯二苯并-对-二噁英

7D1234678：1,2,3,4,7,8-七氯二苯并二噁英

其他 7D：其他七氯二苯并二噁英

7DTotal：总七氯二苯并二噁英

8D：八氯二苯并二噁英

（5）呋喃缩写词：

4F2378：2,3,7,8-四氯二苯并呋喃

其他 4F：其他四氯二苯并呋喃

4FTotal：总四氯二苯并呋喃

5F12378：1,2,3,7,8-五氯二苯并呋喃

5F23478：2,3,4,7,8-五氯二苯并呋喃

其他 5F：其他五氯二苯并呋喃

5FTotal：总五氯二苯并呋喃

6F123478：1,2,3,4,7,8-六氯二苯并呋喃

6F123678：1,2,3,6,7,8-六氯二苯并呋喃

6F123789：1,2,3,7,8,9-六氯二苯并呋喃

6F234678：2,3,4,6,7,8-六氯二苯并呋喃

其他 6F：其他六氯二苯并呋喃

6FTotal：总六氯二苯并呋喃

7F1234678：1,2,3,4,6,7,8-七氯二苯并呋喃

7F1234789：1,2,3,4,7,8,9-七氯二苯并呋喃

其他 7F：其他七氯二苯并呋喃

7FTotal：总七氯二苯并呋喃

8F：八氯二苯并呋喃

表 D-1a 排放系数数据汇总—采用风循环和热力焚烧炉的沥青吹除

物质	CARB等级	排放系数/（lb/MMcf）				测试	RSD/%	不确定性/%	检测比
		平均值	中间值	最大值	最小值				
乙醛	C3-v-	1.78×10^{-3}	1.78×10^{-3}	1.78×10^{-3}	1.78×10^{-3}	1	0.00	0.00	1.00
砷	D3-v-	1.31×10^{-2}	1.31×10^{-2}	1.31×10^{-2}	1.31×10^{-2}	1	0.00	0.00	0.00
苯	E3-v-	3.16×10^{-1}	3.16×10^{-1}	3.16×10^{-1}	3.16×10^{-1}	1	0.00	0.00	0.00
铍	D3-v-	2.63×10^{-3}	2.63×10^{-3}	2.63×10^{-3}	2.63×10^{-3}	1	0.00	0.00	0.00
镉	D3-v-	5.25×10^{-3}	5.25×10^{-3}	5.25×10^{-3}	5.25×10^{-3}	1	0.00	0.00	0.00
铬（六价）	C3-v-	3.17×10^{-3}	3.17×10^{-3}	3.17×10^{-3}	3.17×10^{-3}	1	0.00	0.00	1.00
铬（总）	C3-v-	4.18×10^{-2}	4.18×10^{-2}	4.18×10^{-2}	4.18×10^{-2}	1	0.00	0.00	1.00
铜	D3-v-	4.75×10^{-2}	4.75×10^{-2}	4.75×10^{-2}	4.75×10^{-2}	1	0.00	0.00	1.00
乙苯	E3-v-	8.61×10^{-1}	8.61×10^{-1}	8.61×10^{-1}	8.61×10^{-1}	1	0.00	0.00	0.00
甲醛	C3-v-	3.55×10^{-3}	3.55×10^{-3}	3.55×10^{-3}	3.55×10^{-3}	1	0.00	0.00	1.00
HCl	C3-v-	2.21×10^{-3}	2.21×10^{-3}	2.21×10^{-3}	2.21×10^{-3}	1	0.00	0.00	1.00
硫化氢	A3-v-	2.07	2.07	2.07	2.07	1	0.00	0.00	0.00
铅	D3-v-	5.25×10^{-2}	5.25×10^{-2}	5.25×10^{-2}	5.25×10^{-2}	1	0.00	0.00	0.00
锰	D3-v-	1.23×10^{-1}	1.23×10^{-1}	1.23×10^{-1}	1.23×10^{-1}	1	0.00	0.00	1.00
汞	A3-v-	9.07×10^{-3}	9.07×10^{-3}	9.07×10^{-3}	9.07×10^{-3}	1	0.00	0.00	1.00
镍	D3-v-	6.65×10^{-2}	6.65×10^{-2}	6.65×10^{-2}	6.65×10^{-2}	1	0.00	0.00	0.00
苯酚	C3-v-	7.57×10^{-2}	7.57×10^{-2}	7.57×10^{-2}	7.57×10^{-2}	1	0.00	0.00	1.00
硒	D3-v-	1.31×10^{-2}	1.31×10^{-2}	1.31×10^{-2}	1.31×10^{-2}	1	0.00	0.00	0.00
二甲苯（总）	E3-v-	8.61×10^{-1}	8.61×10^{-1}	8.61×10^{-1}	8.61×10^{-1}	1	0.00	0.00	0.00
锌	D3-v-	8.41×10^{-1}	8.41×10^{-1}	8.41×10^{-1}	8.41×10^{-1}	1	0.00	0.00	1.00

表 D-1b 排放系数数据汇总—采用风循环和热力焚烧炉的沥青吹除

物质	CARB等级	排放系数/（lb/MMcf）				测试	RSD/%	不确定性/%	检测比
		平均值	中间值	最大值	最小值				
乙醛	C3-v-	1.67×10^{-6}	1.67×10^{-6}	1.67×10^{-6}	1.67×10^{-6}	1	0.00	0.00	1.00
砷	D3-v-	1.23×10^{-5}	1.23×10^{-5}	1.23×10^{-5}	1.23×10^{-5}	1	0.00	0.00	0.00
苯	E3-v-	2.98×10^{-4}	2.98×10^{-4}	2.98×10^{-4}	2.98×10^{-4}	1	0.00	0.00	0.00
铍	D3-v-	2.47×10^{-6}	2.47×10^{-6}	2.47×10^{-6}	2.47×10^{-6}	1	0.00	0.00	0.00
镉	D3-v-	4.94×10^{-6}	4.94×10^{-6}	4.94×10^{-6}	4.94×10^{-6}	1	0.00	0.00	0.00
铬（六价）	C3-v-	2.99×10^{-6}	2.99×10^{-6}	2.99×10^{-6}	2.99×10^{-6}	1	0.00	0.00	1.00
铬（总）	C3-v-	3.94×10^{-5}	3.94×10^{-5}	3.94×10^{-5}	3.94×10^{-5}	1	0.00	0.00	1.00
铜	D3-v-	4.47×10^{-5}	4.47×10^{-5}	4.47×10^{-5}	4.47×10^{-5}	1	0.00	0.00	1.00
乙苯	E3-v-	8.10×10^{-4}	8.10×10^{-4}	8.10×10^{-4}	8.10×10^{-4}	1	0.00	0.00	0.00
甲醛	C3-v-	3.34×10^{-6}	3.34×10^{-6}	3.34×10^{-6}	3.34×10^{-6}	1	0.00	0.00	1.00
HCl	C3-v-	2.08×10^{-6}	2.08×10^{-6}	2.08×10^{-6}	2.08×10^{-6}	1	0.00	0.00	1.00
硫化氢	A3-v-	1.95×10^{-3}	1.95×10^{-3}	1.95×10^{-3}	1.95×10^{-3}	1	0.00	0.00	0.00
铅	D3-v-	4.94×10^{-5}	4.94×10^{-5}	4.94×10^{-5}	4.94×10^{-5}	1	0.00	0.00	0.00
锰	D3-v-	1.16×10^{-4}	1.16×10^{-4}	1.16×10^{-4}	1.16×10^{-4}	1	0.00	0.00	1.00
汞	A3-v-	8.53×10^{-6}	8.53×10^{-6}	8.53×10^{-6}	8.53×10^{-6}	1	0.00	0.00	1.00
镍	D3-v-	6.26×10^{-5}	6.26×10^{-5}	6.26×10^{-5}	6.26×10^{-5}	1	0.00	0.00	0.00
苯酚	C3-v-	7.12×10^{-5}	7.12×10^{-5}	7.12×10^{-5}	7.12×10^{-5}	1	0.00	0.00	1.00
硒	D3-v-	1.23×10^{-5}	1.23×10^{-5}	1.23×10^{-5}	1.23×10^{-5}	1	0.00	0.00	0.00
二甲苯（总）	E3-v-	8.10×10^{-4}	8.10×10^{-4}	8.10×10^{-4}	8.10×10^{-4}	1	0.00	0.00	0.00
锌	D3-v-	7.91×10^{-4}	7.91×10^{-4}	7.91×10^{-4}	7.91×10^{-4}	1	0.00	0.00	1.00

表 D-2a 排放系数数据汇总—未采用风循环和热力焚烧炉的沥青吹除

物质	CARB等级	排放系数/（lb/MMcf）				测试	RSD/%	不确定性/%	检测比
		平均值	中间值	最大值	最小值				
乙醛	C3-v-	4.32×10^{-3}	4.32×10^{-3}	4.32×10^{-3}	4.32×10^{-3}	1	0.00	0.00	1.00
砷	D3-v-	1.16×10^{-2}	1.16×10^{-2}	1.16×10^{-2}	1.16×10^{-2}	1	0.00	0.00	0.00
苯	E3-v-	2.80×10^{-1}	2.80×10^{-1}	2.80×10^{-1}	2.80×10^{-1}	1	0.00	0.00	0.00
铍	D3-v-	2.33×10^{-3}	2.33×10^{-3}	2.33×10^{-3}	2.33×10^{-3}	1	0.00	0.00	0.00
镉	D3-v-	4.65×10^{-3}	4.65×10^{-3}	4.65×10^{-3}	4.65×10^{-3}	1	0.00	0.00	0.00
铬（六价）	C3-v-	3.28×10^{-3}	3.28×10^{-3}	3.28×10^{-3}	3.28×10^{-3}	1	0.00	0.00	0.00
铬（总）	C3-v-	1.42×10^{-2}	1.42×10^{-2}	1.42×10^{-2}	1.42×10^{-2}	1	0.00	0.00	0.00
铜	D3-v-	3.79×10^{-2}	3.79×10^{-2}	3.79×10^{-2}	3.79×10^{-2}	1	0.00	0.00	1.00
乙苯	E3-v-	7.62×10^{-1}	7.62×10^{-1}	7.62×10^{-1}	7.62×10^{-1}	1	0.00	0.00	0.00
甲醛	C3-v-	1.30×10^{-2}	1.30×10^{-2}	1.30×10^{-2}	1.30×10^{-2}	1	0.00	0.00	1.00

物质	CARB等级	排放系数/（lb/MMcf）				测试	RSD/%	不确定性/%	检测比
		平均值	中间值	最大值	最小值				
HCl	C3-v-	8.22×10^{-4}	8.22×10^{-4}	8.22×10^{-4}	8.22×10^{-4}	1	0.00	0.00	1.00
硫化氢	A3-v-	1.83	1.83	1.83	1.83	1	0.00	0.00	0.00
铅	D3-v-	4.65×10^{-2}	4.65×10^{-2}	4.65×10^{-2}	4.65×10^{-2}	1	0.00	0.00	0.00
锰	D3-v-	2.07×10^{-1}	2.07×10^{-1}	2.07×10^{-1}	2.07×10^{-1}	1	0.00	0.00	1.00
汞	A3-v-	8.53×10^{-3}	8.53×10^{-3}	8.53×10^{-3}	8.53×10^{-3}	1	0.00	0.00	1.00
镍	D3-v-	6.01×10^{-2}	6.01×10^{-2}	6.01×10^{-2}	6.01×10^{-2}	1	0.00	0.00	0.00
苯酚	C3-v-	4.64×10^{-2}	4.64×10^{-2}	4.64×10^{-2}	4.64×10^{-2}	1	0.00	0.00	1.00
硒	D3-v-	1.16×10^{-2}	1.16×10^{-2}	1.16×10^{-2}	1.16×10^{-2}	1	0.00	0.00	0.00
二甲苯（总）	E3-v-	7.62×10^{-1}	7.62×10^{-1}	7.62×10^{-1}	7.62×10^{-1}	1	0.00	0.00	0.00
锌	D3-v-	5.35×10^{-1}	5.35×10^{-1}	5.35×10^{-1}	5.35×10^{-1}	1	0.00	0.00	1.00

表 D-2b 排放系数数据汇总—未采用风循环和热力焚烧炉的沥青吹除

物质	CARB等级	排放系数/（lb/MMcf）				测试	RSD/%	不确定性/%	检测比
		平均值	中间值	最大值	最小值				
乙醛	C3-v-	4.07×10^{-6}	4.07×10^{-6}	4.07×10^{-6}	4.07×10^{-6}	1	0.00	0.00	1.00
砷	D3-v-	1.09×10^{-5}	1.09×10^{-5}	1.09×10^{-5}	1.09×10^{-5}	1	0.00	0.00	0.00
苯	E3-v-	2.64×10^{-4}	2.64×10^{-4}	2.64×10^{-4}	2.64×10^{-4}	1	0.00	0.00	0.00
铍	D3-v-	2.19×10^{-6}	2.19×10^{-6}	2.19×10^{-6}	2.19×10^{-6}	1	0.00	0.00	0.00
镉	D3-v-	4.37×10^{-6}	4.37×10^{-6}	4.37×10^{-6}	4.37×10^{-6}	1	0.00	0.00	0.00
铬（六价）	C3-v-	3.09×10^{-6}	3.09×10^{-6}	3.09×10^{-6}	3.09×10^{-6}	1	0.00	0.00	0.00
铬（总）	C3-v-	1.34×10^{-5}	1.34×10^{-5}	1.34×10^{-5}	1.34×10^{-5}	1	0.00	0.00	0.00
铜	D3-v-	3.56×10^{-5}	3.56×10^{-5}	3.56×10^{-5}	3.56×10^{-5}	1	0.00	0.00	1.00
乙苯	E3-v-	7.17×10^{-4}	7.17×10^{-4}	7.17×10^{-4}	7.17×10^{-4}	1	0.00	0.00	0.00
甲醛	C3-v-	1.22×10^{-5}	1.22×10^{-5}	1.22×10^{-5}	1.22×10^{-5}	1	0.00	0.00	1.00
HCl	C3-v-	7.74×10^{-7}	7.74×10^{-7}	7.74×10^{-7}	7.74×10^{-7}	1	0.00	0.00	1.00
硫化氢	A3-v-	1.73×10^{-3}	1.73×10^{-3}	1.73×10^{-3}	1.73×10^{-3}	1	0.00	0.00	0.00
铅	D3-v-	4.38×10^{-5}	4.38×10^{-5}	4.38×10^{-5}	4.38×10^{-5}	1	0.00	0.00	0.00
锰	D3-v-	1.95×10^{-4}	1.95×10^{-4}	1.95×10^{-4}	1.95×10^{-4}	1	0.00	0.00	1.00
汞	A3-v-	8.03×10^{-6}	8.03×10^{-6}	8.03×10^{-6}	8.03×10^{-6}	1	0.00	0.00	1.00
镍	D3-v-	5.65×10^{-5}	5.65×10^{-5}	5.65×10^{-5}	5.65×10^{-5}	1	0.00	0.00	0.00
苯酚	C3-v-	4.37×10^{-5}	4.37×10^{-5}	4.37×10^{-5}	4.37×10^{-5}	1	0.00	0.00	1.00
硒	D3-v-	1.09×10^{-5}	1.09×10^{-5}	1.09×10^{-5}	1.09×10^{-5}	1	0.00	0.00	0.00
二甲苯（总）	E3-v-	7.17×10^{-4}	7.17×10^{-4}	7.17×10^{-4}	7.17×10^{-4}	1	0.00	0.00	0.00
锌	D3-v-	5.04×10^{-4}	5.04×10^{-4}	5.04×10^{-4}	5.04×10^{-4}	1	0.00	0.00	1.00

表 D-3a　排放系数数据汇总—燃料油锅炉

物质	CARB等级	排放系数/（lb/MMcf）				测试	RSD/%	不确定性/%	检测比
		平均值	中间值	最大值	最小值				
苊	B3-v0	8.93×10^{-7}	8.50×10^{-7}	1.56×10^{-6}	3.34×10^{-7}	2	67.31	53.86	0.87
苊烯	B3-v0	3.17×10^{-7}	3.28×10^{-7}	3.58×10^{-7}	2.34×10^{-7}	2	14.29	11.43	0.00
乙醛	A3-v1	1.04×10^{-3}	4.98×10^{-4}	3.35×10^{-3}	2.80×10^{-4}	2	116.00	92.82	0.75
丙烯醛	A3-v0	2.17×10^{-3}	1.75×10^{-3}	3.35×10^{-3}	1.43×10^{-3}	1	47.31	53.53	0.00
蒽	B3-v1	3.22×10^{-7}	2.84×10^{-7}	7.42×10^{-7}	1.90×10^{-8}	2	98.99	79.20	0.94
砷	B3-v0	1.44×10^{-3}	1.44×10^{-3}	1.68×10^{-3}	1.19×10^{-3}	1	17.00	19.24	0.00
苯	A3-v0	4.63×10^{-3}	4.67×10^{-3}	4.76×10^{-3}	4.47×10^{-3}	1	3.26	3.69	0.00
苯并[*a*]蒽	B3-v1	2.04×10^{-7}	2.21×10^{-7}	3.58×10^{-7}	2.98×10^{-8}	2	78.58	62.87	0.00
苯并[*a*]芘	B3-v0	2.09×10^{-7}	2.24×10^{-7}	3.58×10^{-7}	4.61×10^{-8}	2	73.55	58.55	0.00
苯并[*b*]荧蒽	B3-v0	1.21×10^{-6}	1.02×10^{-6}	2.36×10^{-6}	3.34×10^{-7}	2	73.99	59.20	0.40
苯并[*e*]芘	C3-v0	8.53×10^{-7}	1.03×10^{-6}	1.12×10^{-6}	4.11×10^{-7}	1	45.15	51.09	0.00
苯并[*g*,*h*,*i*]苝	B3-v0	9.99×10^{-7}	8.47×10^{-7}	2.20×10^{-6}	3.34×10^{-7}	2	77.58	62.08	0.00
苯并[*k*]荧蒽	B3-v1	2.08×10^{-7}	2.37×10^{-7}	3.58×10^{-7}	2.98×10^{-8}	2	76.76	61.42	0.00
铍	B3-v0	6.29×10^{-5}	6.35×10^{-5}	7.03×10^{-5}	5.50×10^{-5}	1	12.22	13.83	0.00
1,3-丁二烯	B3-v1	6.17×10^{-3}	5.97×10^{-3}	1.18×10^{-2}	8.95×10^{-4}	2	93.74	75.01	0.00
镉	B3-v0	8.56×10^{-4}	6.58×10^{-4}	1.26×10^{-3}	6.47×10^{-4}	1	41.15	46.57	0.00
三氯甲烷	A3-v0	4.69×10^{-3}	5.00×10^{-3}	5.10×10^{-3}	4.78×10^{-3}	1	3.26	3.69	0.00
2-氯萘	C3-v0	2.27×10^{-8}	2.33×10^{-8}	2.86×10^{-8}	1.63×10^{-8}	1	27.13	30.70	0.00
铬（六价）	A3-v0	1.15×10^{-3}	1.15×10^{-3}	1.21×10^{-3}	1.09×10^{-3}	1	4.95	5.60	0.00
铬（总）	A3-v0	4.83×10^{-3}	5.18×10^{-3}	5.85×10^{-3}	3.45×10^{-3}	1	25.70	29.08	1.00
䓛	B3-v0	3.88×10^{-6}	3.26×10^{-6}	8.57×10^{-6}	1.16×10^{-6}	2	78.87	63.11	1.00
铜	B3-v0	3.86×10^{-3}	2.02×10^{-3}	8.67×10^{-3}	8.92×10^{-4}	1	108.86	123.19	1.00
二苯并[*a*,*h*]蒽	B3-v1	7.06×10^{-7}	3.43×10^{-7}	2.68×10^{-6}	2.07×10^{-7}	2	136.88	109.33	0.00
二噁英：4D2378	C3-v0	6.33×10^{-10}	5.71×10^{-10}	7.83×10^{-10}	5.46×10^{-10}	1	20.50	23.20	0.00
二噁英：5D12378	C3-v0	3.68×10^{-10}	2.73×10^{-10}	5.71×10^{-10}	2.61×10^{-10}	1	47.67	53.94	0.00
二噁英：6D123478	C3-v0	3.68×10^{-10}	2.73×10^{-10}	5.71×10^{-10}	2.61×10^{-10}	1	47.67	53.94	0.00
二噁英：6D123678	C3-v0	3.68×10^{-10}	2.73×10^{-10}	5.71×10^{-10}	2.61×10^{-10}	1	47.67	53.94	0.25
二噁英：6D123789	C3-v0	3.68×10^{-10}	2.73×10^{-10}	5.71×10^{-10}	2.61×10^{-10}	1	47.67	53.94	0.25

物质	CARB等级	排放系数/（lb/MMcf）				测试	RSD/%	不确定性/%	检测比
		平均值	中间值	最大值	最小值				
二噁英：7D1234678	C3-v0	3.12×10^{-9}	2.86×10^{-9}	5.19×10^{-9}	1.30×10^{-9}	1	62.77	71.03	1.00
二噁英：8D	C3-v0	7.50×10^{-8}	8.28×10^{-8}	1.23×10^{-7}	1.93×10^{-8}	1	69.66	78.83	1.00
荧蒽	B3-v1	7.78×10^{-6}	6.18×10^{-6}	1.65×10^{-5}	9.31×10^{-7}	2	87.83	70.27	1.00
芴	B3-v0	4.65×10^{-6}	4.60×10^{-6}	8.48×10^{-6}	8.93×10^{-7}	2	83.31	66.66	1.00
甲醛	A3-v1	6.72×10^{-3}	7.14×10^{-3}	1.67×10^{-2}	2.83×10^{-4}	2	91.09	72.89	0.18
呋喃：4F2378	C3-v0	8.16×10^{-10}	7.83×10^{-10}	1.09×10^{-9}	5.71×10^{-10}	1	32.18	36.42	1.00
呋喃：5F12378	C3-v0	4.59×10^{-10}	5.46×10^{-10}	5.71×10^{-10}	2.61×10^{-10}	1	37.52	42.46	0.00
呋喃：5F23478	C3-v0	4.59×10^{-10}	5.46×10^{-10}	5.71×10^{-10}	2.61×10^{-10}	1	37.52	42.46	0.00
呋喃：6F123478	C3-v0	3.64×10^{-10}	2.86×10^{-10}	5.46×10^{-10}	2.61×10^{-10}	1	43.44	49.15	0.50
呋喃：6F123678	C3-v0	2.73×10^{-10}	2.73×10^{-10}	2.86×10^{-10}	2.61×10^{-10}	1	4.51	5.10	0.33
呋喃：6F123789	C3-v0	3.68×10^{-10}	2.73×10^{-10}	5.71×10^{-10}	2.61×10^{-10}	1	47.67	53.94	0.00
呋喃：6F234678	C3-v0	5.51×10^{-10}	5.71×10^{-10}	8.20×10^{-10}	2.61×10^{-10}	1	50.85	57.54	0.50
呋喃：7F1234678	C3-v0	1.44×10^{-9}	1.14×10^{-9}	2.09×10^{-9}	1.09×10^{-9}	1	38.89	44.01	1.00
呋喃：7F1234789	C3-v0	4.64×10^{-10}	2.73×10^{-10}	8.57×10^{-10}	2.61×10^{-10}	1	73.43	83.10	0.00
呋喃：8F	C3-v0	7.15×10^{-9}	7.14×10^{-9}	1.04×10^{-8}	3.91×10^{-9}	1	45.27	51.23	1.00
茚并[1,2,3-*c*,*d*]芘	B3-v0	4.59×10^{-7}	3.55×10^{-7}	7.82×10^{-7}	2.90×10^{-7}	2	43.75	35.01	0.00
铅	B3-v0	1.56×10^{-3}	8.59×10^{-4}	3.32×10^{-3}	4.89×10^{-4}	1	98.91	111.92	0.00
锰	B3-v0	5.81×10^{-3}	2.82×10^{-3}	1.22×10^{-2}	2.40×10^{-3}	1	95.34	107.89	1.00
汞	B3-v0	1.03×10^{-5}	9.04×10^{-6}	1.47×10^{-5}	7.19×10^{-6}	1	38.06	43.07	0.00
2-甲基萘	C3-v0	1.09×10^{-5}	1.07×10^{-5}	1.22×10^{-5}	9.76×10^{-6}	1	11.52	13.04	1.00
萘	B3-v0	6.07×10^{-5}	6.22×10^{-5}	8.12×10^{-5}	4.25×10^{-5}	2	25.60	20.48	1.00
镍	B3-v0	3.34×10^{-1}	3.05×10^{-1}	4.06×10^{-1}	2.90×10^{-1}	1	18.95	21.44	1.00
芘	C3-v0	1.09×10^{-7}	5.95×10^{-8}	2.20×10^{-7}	4.88×10^{-8}	1	87.56	99.09	0.00
菲	B3-v0	1.10×10^{-5}	1.10×10^{-5}	1.99×10^{-5}	3.29×10^{-6}	2	57.86	46.30	1.00
丙烯	A3-v0	2.19×10^{-2}	2.21×10^{-2}	2.25×10^{-2}	2.11×10^{-2}	1	3.26	3.69	0.00

物质	CARB等级	排放系数/（lb/MMcf）				测试	RSD/%	不确定性/%	检测比
		平均值	中间值	最大值	最小值				
芘	B3-v1	4.01×10^{-6}	2.35×10^{-6}	1.08×10^{-5}	3.53×10^{-7}	2	110.05	88.06	0.97
硒	B3-v0	2.88×10^{-3}	3.59×10^{-3}	3.61×10^{-3}	1.45×10^{-3}	1	43.13	48.81	0.17
甲苯	A3-v0	5.75×10^{-3}	5.79×10^{-3}	5.91×10^{-3}	5.55×10^{-3}	1	3.26	3.69	0.00
二甲苯（总）	A3-v0	1.10×10^{-2}	1.11×10^{-2}	1.14×10^{-2}	1.06×10^{-2}	1	3.26	3.69	0.00
锌	B3-v0	1.60×10^{-2}	8.61×10^{-3}	3.09×10^{-2}	8.56×10^{-3}	1	80.41	90.99	1.00

表 D-3b 排放系数数据汇总—燃料油锅

物质	CARB等级	排放系数/（lb/MMBtu）				测试	RSD/%	不确定性/%	检测比
		平均值	中间值	最大值	最小值				
苊	B3-v0	6.00×10^{-9}	5.71×10^{-9}	1.06×10^{-8}	2.14×10^{-9}	2	69.26	55.42	0.87
苊烯	B3-v0	2.09×10^{-9}	2.16×10^{-9}	2.29×10^{-9}	1.59×10^{-9}	2	12.32	9.86	0.00
乙醛	A3-v1	6.99×10^{-6}	3.33×10^{-6}	2.28×10^{-5}	1.79×10^{-6}	2	117.49	94.01	0.75
丙烯醛	A3-v0	1.48×10^{-5}	1.19×10^{-5}	2.28×10^{-5}	9.69×10^{-6}	1	47.31	53.53	0.00
蒽	B3-v1	2.07×10^{-9}	1.83×10^{-9}	4.76×10^{-9}	1.29×10^{-10}	2	98.24	78.60	0.94
砷	B3-v0	9.76×10^{-6}	9.76×10^{-6}	1.14×10^{-5}	8.10×10^{-6}	1	17.00	19.24	0.00
苯	A3-v0	3.15×10^{-5}	3.17×10^{-5}	3.24×10^{-5}	3.04×10^{-5}	1	3.26	3.69	0.00
苯并[*a*]蒽	B3-v1	1.32×10^{-9}	1.44×10^{-9}	2.29×10^{-9}	2.03×10^{-10}	2	77.09	61.68	0.00
苯并[*a*]芘	B3-v0	1.36×10^{-9}	1.46×10^{-9}	2.29×10^{-9}	3.13×10^{-10}	2	71.84	57.48	0.00
苯并[*b*]荧蒽	B3-v0	8.11×10^{-9}	6.77×10^{-9}	1.60×10^{-8}	2.14×10^{-9}	2	75.81	60.66	0.40
苯并[*e*]芘	C3-v0	5.80×10^{-9}	7.00×10^{-9}	7.60×10^{-9}	2.80×10^{-9}	1	45.15	51.09	0.00
苯并[*g,h,i*]苝	B3-v0	6.72×10^{-9}	5.69×10^{-9}	1.50×10^{-8}	2.14×10^{-9}	2	79.36	63.50	0.00
苯并[*k*]荧蒽	B3-v1	1.34×10^{-9}	1.55×10^{-9}	2.29×10^{-9}	2.03×10^{-10}	2	75.32	60.26	0.00
铍	B3-v0	4.28×10^{-7}	4.32×10^{-7}	4.78×10^{-7}	3.74×10^{-7}	1	12.22	13.83	0.00
1,3-丁二烯	B3-v1	4.18×10^{-5}	4.04×10^{-5}	8.00×10^{-5}	5.74×10^{-6}	2	94.58	75.68	0.00
镉	B3-v0	5.82×10^{-6}	4.47×10^{-6}	8.58×10^{-6}	4.40×10^{-6}	1	41.15	46.57	0.00
三氯甲烷	A3-v0	3.37×10^{-5}	3.40×10^{-5}	3.47×10^{-5}	3.25×10^{-5}	1	3.26	3.69	0.00
2-氯萘	C3-v0	1.54×10^{-10}	1.58×10^{-10}	1.94×10^{-10}	1.11×10^{-10}	1	27.13	30.70	0.00
铬（六价）	A3-v0	7.82×10^{-6}	7.85×10^{-6}	8.20×10^{-6}	7.43×10^{-6}	1	4.95	5.60	0.00
铬（总）	A3-v0	3.28×10^{-5}	3.52×10^{-5}	3.98×10^{-5}	2.34×10^{-5}	1	25.70	29.08	1.00
䓛	B3-v0	2.62×10^{-8}	2.19×10^{-8}	5.83×10^{-8}	7.46×10^{-9}	2	80.59	64.48	1.00
铜	B3-v0	2.62×10^{-5}	1.37×10^{-5}	5.89×10^{-5}	6.07×10^{-6}	1	108.86	123.19	1.00
二苯并[*a,h*]蒽	B3-v1	4.73×10^{-9}	2.20×10^{-9}	1.82×10^{-8}	1.41×10^{-9}	2	139.45	111.58	0.00
二噁英：4D2378	C3-v0	4.31×10^{-12}	3.88×10^{-12}	5.32×10^{-12}	3.71×10^{-12}	1	20.50	23.20	0.00

物质	CARB等级	排放系数/（lb/MMBtu）				测试	RSD/%	不确定性/%	检测比
		平均值	中间值	最大值	最小值				
二噁英：5D12378	C3-v0	2.50×10^{-12}	1.86×10^{-12}	3.88×10^{-12}	1.77×10^{-12}	1	47.67	53.94	0.00
二噁英：6D123478	C3-v0	2.50×10^{-12}	1.86×10^{-12}	3.88×10^{-12}	1.77×10^{-12}	1	47.67	53.94	0.00
二噁英：6D123678	C3-v0	2.50×10^{-12}	1.86×10^{-12}	3.88×10^{-12}	1.77×10^{-12}	1	47.67	53.94	0.25
二噁英：6D123789	C3-v0	2.50×10^{-12}	1.86×10^{-12}	3.88×10^{-12}	1.77×10^{-12}	1	47.67	53.94	0.25
二噁英：7D1234678	C3-v0	2.12×10^{-11}	1.94×10^{-11}	3.53×10^{-11}	8.87×10^{-12}	1	62.77	71.03	1.00
二噁英：8D	C3-v0	5.10×10^{-10}	5.63×10^{-10}	8.36×10^{-10}	1.31×10^{-10}	1	69.66	78.83	1.00
荧蒽	B3-v1	5.25×10^{-8}	4.14×10^{-8}	1.12×10^{-7}	5.97×10^{-9}	2	89.14	71.33	1.00
芴	B3-v1	3.14×10^{-8}	3.10×10^{-8}	5.76×10^{-8}	5.73×10^{-9}	2	84.62	67.71	1.00
甲醛	A3-v1	4.52×10^{-5}	4.72×10^{-5}	1.14×10^{-4}	1.82×10^{-6}	2	92.14	73.72	0.18
呋喃：4F2378	C3-v0	5.54×10^{-12}	5.32×10^{-12}	7.43×10^{-12}	3.88×10^{-12}	1	32.18	36.42	1.00
呋喃：5F12378	C3-v0	3.12×10^{-12}	3.71×10^{-12}	3.88×10^{-12}	1.77×10^{-12}	1	37.52	42.46	0.00
呋喃：5F23478	C3-v0	3.12×10^{-12}	3.71×10^{-12}	3.88×10^{-12}	1.77×10^{-12}	1	37.52	42.46	0.00
呋喃：6F123478	C3-v0	2.48×10^{-12}	1.94×10^{-12}	3.71×10^{-12}	1.77×10^{-12}	1	43.44	49.15	0.50
呋喃：6F123678	C3-v0	1.86×10^{-12}	1.86×10^{-12}	1.94×10^{-12}	1.77×10^{-12}	1	4.51	5.10	0.33
呋喃：6F123789	C3-v0	2.50×10^{-12}	1.86×10^{-12}	3.88×10^{-12}	1.77×10^{-12}	1	47.67	53.94	0.00
呋喃：6F234678	C3-v0	3.74×10^{-12}	3.88×10^{-12}	5.57×10^{-12}	1.77×10^{-12}	1	50.85	57.54	0.50
呋喃：7F1234678	C3-v0	9.79×10^{-12}	7.76×10^{-12}	1.42×10^{-11}	7.43×10^{-12}	1	38.89	44.01	1.00
呋喃：7F1234789	C3-v0	3.15×10^{-12}	1.86×10^{-12}	5.82×10^{-12}	1.77×10^{-12}	1	73.43	83.10	0.00
呋喃：8F	C3-v0	4.86×10^{-11}	4.85×10^{-11}	7.06×10^{-11}	2.66×10^{-11}	1	45.27	51.23	1.00
茚并[1,2,3-*c*,*d*]芘	B3-v0	3.05×10^{-9}	2.28×10^{-9}	5.32×10^{-9}	1.97×10^{-9}	2	46.19	36.96	0.00
铅	B3-v0	1.06×10^{-5}	5.84×10^{-6}	2.26×10^{-5}	3.32×10^{-6}	1	98.91	111.92	0.00

物质	CARB等级	排放系数/（lb/MMBtu）				测试	RSD/%	不确定性/%	检测比
		平均值	中间值	最大值	最小值				
锰	B3-v0	3.95×10^{-5}	1.92×10^{-5}	8.29×10^{-5}	1.63×10^{-5}	1	95.34	107.89	1.00
汞	B3-v0	7.02×10^{-8}	6.15×10^{-8}	1.00×10^{-7}	4.89×10^{-8}	1	38.06	43.07	0.00
2-甲基萘	C3-v0	7.40×10^{-8}	7.25×10^{-8}	8.32×10^{-8}	6.63×10^{-8}	1	11.52	13.04	1.00
萘	B3-v0	4.04×10^{-7}	4.11×10^{-7}	5.52×10^{-7}	2.73×10^{-7}	2	28.11	22.49	1.00
镍	B3-v0	2.27×10^{-3}	2.08×10^{-3}	2.76×10^{-3}	1.97×10^{-3}	1	18.95	21.44	1.00
苝	C3-v0	7.44×10^{-10}	4.05×10^{-10}	1.49×10^{-9}	3.32×10^{-10}	1	87.56	99.09	0.00
菲	B3-v0	7.39×10^{-8}	7.35×10^{-8}	1.35×10^{-7}	2.11×10^{-8}	2	60.02	48.02	1.00
丙烯	A3-v0	1.49×10^{-4}	1.50×10^{-4}	1.53×10^{-4}	1.44×10^{-4}	1	3.26	3.69	0.00
芘	B3-v1	2.72×10^{-8}	1.58×10^{-8}	7.37×10^{-8}	2.26×10^{-9}	2	110.83	88.68	0.97
硒	B3-v0	1.96×10^{-5}	2.44×10^{-5}	2.45×10^{-5}	9.83×10^{-6}	1	43.13	48.81	0.17
甲苯	A3-v0	3.91×10^{-5}	3.94×10^{-5}	4.02×10^{-5}	3.77×10^{-5}	1	3.26	3.69	0.00
二甲苯（总）	A3-v0	7.51×10^{-5}	7.56×10^{-5}	7.72×10^{-5}	7.24×10^{-5}	1	3.26	3.69	0.00
锌	B3-v0	1.09×10^{-4}	5.86×10^{-5}	2.10×10^{-4}	5.82×10^{-5}	1	80.41	90.99	1.00

表 D-4a　排放系数数据汇总—炼油厂气锅炉

物质	CARB等级	排放系数/（lb/MMcf）				测试	RSD/%	不确定性/%	检测比
		平均值	中间值	最大值	最小值				
苊	A3-v0	5.88×10^{-6}	5.75×10^{-6}	6.47×10^{-6}	5.44×10^{-6}	1	8.97	10.15	0.37
苊烯	A3-v0	2.56×10^{-6}	2.59×10^{-6}	2.59×10^{-6}	2.50×10^{-6}	1	2.04	2.31	0.00
乙醛	C1-v3	3.97×10^{-3}	2.43×10^{-3}	1.21×10^{-2}	4.92×10^{-6}	5	100.80	51.01	1.00
蒽	A3-v0	2.28×10^{-5}	2.50×10^{-5}	3.89×10^{-5}	4.40×10^{-6}	1	76.23	86.26	1.00
砷	D3-v0	7.04×10^{-4}	7.65×10^{-4}	1.13×10^{-3}	2.11×10^{-4}	1	66.10	74.80	1.00
苯	C1-v2	2.06×10^{-1}	6.24×10^{-2}	1.40	3.39×10^{-3}	5	180.67	88.53	0.80
苯并[*a*]蒽	A3-v0	1.83×10^{-5}	1.79×10^{-5}	2.46×10^{-5}	1.25×10^{-5}	1	33.08	37.44	1.00
苯并[*a*]芘	A3-v0	3.42×10^{-6}	3.37×10^{-6}	4.40×10^{-6}	2.50×10^{-6}	1	27.72	31.36	0.76
苯并[*b*]荧蒽	A3-v0	6.76×10^{-6}	7.24×10^{-6}	8.28×10^{-6}	4.75×10^{-6}	1	26.90	30.44	1.00
苯并[*g,h,i*]苝	A3-v0	3.85×10^{-6}	3.89×10^{-6}	5.17×10^{-6}	2.50×10^{-6}	1	34.64	39.20	0.78
苯并[*k*]荧蒽	A3-v0	2.56×10^{-6}	2.59×10^{-6}	2.59×10^{-6}	2.50×10^{-6}	1	2.04	2.31	0.00
铍	D3-v0	1.55×10^{-4}	1.55×10^{-4}	1.56×10^{-4}	1.53×10^{-4}	1	1.35	1.87	1.00
镉	D3-v0	2.38×10^{-3}	2.05×10^{-3}	3.13×10^{-3}	1.98×10^{-3}	1	27.01	30.57	1.00
铬（六价）	C3-v0	7.70×10^{-3}	7.56×10^{-3}	1.09×10^{-2}	4.67×10^{-3}	1	40.17	45.45	0.00
铬（总）	C3-v1	1.28×10^{-2}	5.43×10^{-3}	3.08×10^{-2}	2.16×10^{-3}	1	122.51	138.63	1.00
䓛	A3-v0	3.42×10^{-6}	2.59×10^{-6}	5.17×10^{-6}	2.50×10^{-6}	1	44.30	50.13	0.50
铜	D3-v0	6.30×10^{-3}	6.30×10^{-3}	7.71×10^{-3}	4.89×10^{-3}	1	31.59	43.78	1.00

物质	CARB等级	排放系数/（lb/MMcf）				测试	RSD/%	不确定性/%	检测比
		平均值	中间值	最大值	最小值				
二苯并[*a*,*h*]蒽	A3-v0	2.56×10^{-6}	2.59×10^{-6}	2.59×10^{-6}	2.50×10^{-6}	1	2.04	2.31	0.00
荧蒽	A3-v0	4.25×10^{-5}	3.10×10^{-5}	7.24×10^{-5}	2.40×10^{-5}	1	61.63	69.74	1.00
芴	A3-v0	9.78×10^{-6}	5.75×10^{-6}	1.82×10^{-5}	5.44×10^{-6}	1	74.23	84.00	1.00
甲醛	C1-v1	1.60×10^{-2}	1.41×10^{-2}	4.14×10^{-2}	3.24×10^{-3}	5	62.29	31.52	1.00
硫化氢	A1-v1	2.74×10^{-1}	2.37×10^{-1}	7.15×10^{-1}	5.94×10^{-2}	5	89.81	44.00	0.00
茚并[1,2,3-*c*,*d*]芘	A3-v0	2.56×10^{-6}	2.59×10^{-6}	2.59×10^{-6}	2.50×10^{-6}	1	2.04	2.31	0.00
铅	D3-v0	2.42×10^{-3}	2.42×10^{-3}	2.49×10^{-3}	2.36×10^{-3}	1	3.87	5.36	1.00
锰	D3-v0	2.39×10^{-3}	2.39×10^{-3}	3.14×10^{-3}	1.64×10^{-3}	1	44.52	61.70	1.00
汞	D3-v0	3.23×10^{-4}	3.18×10^{-4}	3.82×10^{-4}	2.70×10^{-4}	1	17.33	19.60	0.00
萘	A3-v0	2.06×10^{-4}	1.94×10^{-4}	2.40×10^{-4}	1.85×10^{-4}	1	14.51	16.42	1.00
镍	D3-v0	5.59×10^{-3}	5.59×10^{-3}	7.03×10^{-3}	4.16×10^{-3}	1	36.33	50.35	1.00
菲	A3-v0	5.64×10^{-5}	4.49×10^{-5}	8.80×10^{-5}	3.62×10^{-5}	1	49.24	55.72	1.00
苯酚	C2-v0	2.18×10^{-3}	8.64×10^{-4}	5.66×10^{-3}	7.28×10^{-4}	4	98.89	54.25	0.85
芘	A3-v0	5.98×10^{-5}	5.17×10^{-5}	8.28×10^{-5}	4.49×10^{-5}	1	33.82	38.27	1.00
硒	D3-v0	2.06×10^{-3}	2.36×10^{-3}	2.83×10^{-3}	9.79×10^{-4}	1	46.79	52.94	0.16
甲苯	E2-v2	8.40×10^{-1}	8.35×10^{-2}	5.00	4.14×10^{-2}	3	189.87	124.04	0.97
锌	D3-v2	3.42	3.82×10^{-1}	9.78	9.27×10^{-2}	1	161.24	182.45	1.00

表 D-4b 排放系数数据汇总—炼油厂气锅炉

物质	CARB等级	排放系数/（lb/MMBtu）				测试	RSD/%	不确定性/%	检测比
		平均值	中间值	最大值	最小值				
苊	A3-v0	4.90×10^{-9}	4.65×10^{-9}	5.46×10^{-9}	4.59×10^{-9}	1	9.89	11.20	0.37
苊烯	A3-v0	2.13×10^{-9}	2.19×10^{-9}	2.19×10^{-9}	2.02×10^{-9}	1	4.43	5.01	0.00
乙醛	C1-v3	3.01×10^{-6}	2.11×10^{-6}	1.01×10^{-5}	4.10×10^{-9}	5	95.45	48.30	1.00
蒽	A3-v0	1.89×10^{-8}	2.02×10^{-8}	3.28×10^{-8}	3.71×10^{-9}	1	77.14	87.30	1.00
砷	D3-v0	5.88×10^{-7}	6.46×10^{-7}	9.40×10^{-7}	1.78×10^{-7}	1	65.36	73.95	1.00
苯	C1-v2	1.74×10^{-4}	5.03×10^{-5}	1.22×10^{-3}	2.86×10^{-6}	5	186.11	91.19	0.80
苯并[*a*]蒽	A3-v0	1.53×10^{-8}	1.51×10^{-8}	2.07×10^{-8}	1.01×10^{-8}	1	34.78	39.35	1.00
苯并[*a*]芘	A3-v0	2.86×10^{-9}	2.84×10^{-9}	3.71×10^{-9}	2.02×10^{-9}	1	29.49	33.37	0.76
苯并[*b*]荧蒽	A3-v0	5.65×10^{-9}	6.11×10^{-9}	6.99×10^{-9}	3.84×10^{-9}	1	28.79	32.57	1.00
苯并[*g*,*h*,*i*]苝	A3-v0	3.22×10^{-9}	3.28×10^{-9}	4.36×10^{-9}	2.02×10^{-9}	1	36.33	41.11	0.78
苯并[*k*]荧蒽	A3-v0	2.13×10^{-9}	2.19×10^{-9}	2.19×10^{-9}	2.02×10^{-9}	1	4.43	5.01	0.00
铍	D3-v0	1.31×10^{-7}	1.31×10^{-7}	1.32×10^{-7}	1.29×10^{-7}	1	1.35	1.87	1.00

物质	CARB等级	排放系数/（lb/MMBtu）				测试	RSD/%	不确定性/%	检测比
		平均值	中间值	最大值	最小值				
镉	D3-v0	2.00×10^{-6}	1.70×10^{-6}	2.64×10^{-6}	1.67×10^{-6}	1	27.60	31.23	1.00
铬（六价）	C3-v0	6.32×10^{-6}	6.29×10^{-6}	8.78×10^{-6}	3.89×10^{-6}	1	38.70	43.79	0.00
铬（总）	C3-v1	1.04×10^{-5}	4.51×10^{-6}	2.49×10^{-5}	1.80×10^{-6}	1	121.39	137.36	1.00
䓛	A3-v0	2.86×10^{-9}	2.19×10^{-9}	4.36×10^{-9}	2.02×10^{-9}	1	45.70	51.71	0.50
铜	D3-v0	5.32×10^{-6}	5.32×10^{-6}	6.51×10^{-6}	4.13×10^{-6}	1	31.59	43.78	1.00
二苯并[*a*,*h*]蒽	A3-v0	2.13×10^{-9}	2.19×10^{-9}	2.19×10^{-9}	2.02×10^{-9}	1	4.43	5.01	0.00
荧蒽	A3-v0	3.56×10^{-8}	2.62×10^{-8}	6.11×10^{-8}	1.94×10^{-8}	1	62.95	71.23	1.00
芴	A3-v0	8.19×10^{-9}	4.65×10^{-9}	1.53×10^{-8}	4.59×10^{-9}	1	75.53	85.46	1.00
甲醛	C1-v1	1.32×10^{-5}	1.16×10^{-5}	3.62×10^{-5}	2.81×10^{-6}	5	66.84	33.82	1.00
硫化氢	A1-v1	2.21×10^{-4}	1.69×10^{-4}	5.93×10^{-4}	5.01×10^{-5}	5	92.80	45.47	0.00
茚并[1,2,3-*c*,*d*]芘	A3-v0	2.13×10^{-9}	2.19×10^{-9}	2.19×10^{-9}	2.02×10^{-9}	1	4.43	5.01	0.00
铅	D3-v0	2.05×10^{-6}	2.05×10^{-6}	2.10×10^{-6}	1.99×10^{-6}	1	3.87	5.36	1.00
锰	D3-v0	2.02×10^{-6}	2.02×10^{-6}	2.65×10^{-6}	1.38×10^{-6}	1	44.52	61.70	1.00
汞	D3-v0	2.72×10^{-7}	2.69×10^{-7}	3.22×10^{-7}	2.24×10^{-7}	1	18.19	20.58	0.00
萘	A3-v0	1.72×10^{-7}	1.63×10^{-7}	2.03×10^{-7}	1.49×10^{-7}	1	16.13	18.25	1.00
镍	D3-v0	4.72×10^{-6}	4.72×10^{-6}	5.94×10^{-6}	3.51×10^{-6}	1	36.33	50.35	1.00
菲	A3-v0	4.71×10^{-8}	3.63×10^{-8}	7.43×10^{-8}	3.06×10^{-8}	1	50.50	57.15	1.00
苯酚	C2-v0	1.83×10^{-6}	7.04×10^{-7}	4.91×10^{-6}	5.45×10^{-7}	4	99.84	56.49	0.85
芘	A3-v0	5.00×10^{-8}	4.36×10^{-8}	6.99×10^{-8}	3.63×10^{-8}	1	35.35	40.00	1.00
硒	D3-v0	1.73×10^{-6}	1.99×10^{-6}	2.39×10^{-6}	8.11×10^{-7}	1	47.44	53.68	0.16
甲苯	E2-v2	7.23×10^{-4}	7.25×10^{-5}	4.37×10^{-3}	3.59×10^{-5}	3	193.00	126.09	0.97
锌	D3-v2	2.83×10^{-3}	3.22×10^{-4}	8.10×10^{-3}	7.83×10^{-5}	1	161.02	182.20	1.00

表 D-5a　排放系数数据汇总—采用选择性催化还原（NO_x）控制措施的炼油厂气锅炉

物质	CARB等级	排放系数/（lb/MMcf）				测试	RSD/%	不确定性/%	检测比
		平均值	中间值	最大值	最小值				
苊	A3-v0	5.88×10^{-6}	5.75×10^{-6}	6.47×10^{-6}	5.44×10^{-6}	1	8.97	10.15	0.37
苊烯	A3-v0	2.56×10^{-6}	2.59×10^{-6}	2.59×10^{-6}	2.50×10^{-6}	1	2.04	2.31	0.00
乙醛	C1-v3	3.97×10^{-3}	2.43×10^{-3}	1.21×10^{-2}	4.92×10^{-6}	5	100.80	51.01	1.00
蒽	A3-v0	2.28×10^{-5}	2.50×10^{-5}	3.89×10^{-5}	4.40×10^{-6}	1	76.23	86.26	1.00
砷	D3-v0	7.04×10^{-4}	7.65×10^{-4}	1.13×10^{-3}	2.11×10^{-4}	1	66.10	74.80	1.00
苯	C1-v2	2.06×10^{-1}	6.24×10^{-2}	1.40	3.39×10^{-3}	5	180.67	88.53	0.80

物质	CARB 等级	排放系数/（lb/MMcf）				测试	RSD/%	不确定性/%	检测比
		平均值	中间值	最大值	最小值				
苯并[*a*]蒽	A3-v0	1.83×10^{-5}	1.79×10^{-5}	2.46×10^{-5}	1.25×10^{-5}	1	33.08	37.44	1.00
苯并[*a*]芘	A3-v0	3.42×10^{-6}	3.37×10^{-6}	4.40×10^{-6}	2.50×10^{-6}	1	27.72	31.36	0.76
苯并[*b*]荧蒽	A3-v0	6.76×10^{-6}	7.24×10^{-6}	8.28×10^{-6}	4.75×10^{-6}	1	26.90	30.44	1.00
苯并[*g,h,i*]苝	A3-v0	3.85×10^{-6}	3.89×10^{-6}	5.17×10^{-6}	2.50×10^{-6}	1	34.64	39.20	0.78
苯并[*k*]荧蒽	A3-v0	2.56×10^{-6}	2.59×10^{-6}	2.59×10^{-6}	2.50×10^{-6}	1	2.04	2.31	0.00
铍	D3-v0	1.55×10^{-4}	1.55×10^{-4}	1.56×10^{-4}	1.53×10^{-4}	1	1.35	1.87	1.00
镉	D3-v0	2.38×10^{-3}	2.05×10^{-3}	3.13×10^{-3}	1.98×10^{-3}	1	27.01	30.57	1.00
铬（六价）	C3-v0	7.70×10^{-3}	7.56×10^{-3}	1.09×10^{-2}	4.67×10^{-3}	1	40.17	45.45	0.00
铬（总）	C3-v1	1.28×10^{-2}	5.43×10^{-3}	3.08×10^{-2}	2.16×10^{-3}	1	122.51	138.63	1.00
䓛	A3-v0	3.42×10^{-6}	2.59×10^{-6}	5.17×10^{-6}	2.50×10^{-6}	1	44.30	50.13	0.50
铜	D3-v0	6.30×10^{-3}	6.30×10^{-3}	7.71×10^{-3}	4.89×10^{-3}	1	31.59	43.78	1.00
二苯并[*a,h*]蒽	A3-v0	2.56×10^{-6}	2.59×10^{-6}	2.59×10^{-6}	2.50×10^{-6}	1	2.04	2.31	0.00
荧蒽	A3-v0	4.25×10^{-5}	3.10×10^{-5}	7.24×10^{-5}	2.40×10^{-5}	1	61.63	69.74	1.00
芴	A3-v0	9.78×10^{-6}	5.75×10^{-6}	1.82×10^{-5}	5.44×10^{-6}	1	74.23	84.00	1.00
甲醛	C1-v1	1.60×10^{-2}	1.41×10^{-2}	4.14×10^{-2}	3.24×10^{-3}	5	62.29	31.52	1.00
硫化氢	A1-v1	2.74×10^{-1}	2.37×10^{-1}	7.15×10^{-1}	5.94×10^{-2}	5	89.81	44.00	0.00
茚并[1,2,3-*c,d*]芘	A3-v0	2.56×10^{-6}	2.59×10^{-6}	2.59×10^{-6}	2.50×10^{-6}	1	2.04	2.31	0.00
铅	D3-v0	2.42×10^{-3}	2.42×10^{-3}	2.49×10^{-3}	2.36×10^{-3}	1	3.87	5.36	1.00
锰	D3-v0	2.39×10^{-3}	2.39×10^{-3}	3.14×10^{-3}	1.64×10^{-3}	1	44.52	61.70	1.00
汞	D3-v0	3.23×10^{-4}	3.18×10^{-4}	3.82×10^{-4}	2.70×10^{-4}	1	17.33	19.60	0.00
萘	A3-v0	2.06×10^{-4}	1.94×10^{-4}	2.40×10^{-4}	1.85×10^{-4}	1	14.51	16.42	1.00
镍	D3-v0	5.59×10^{-3}	5.59×10^{-3}	7.03×10^{-3}	4.16×10^{-3}	1	36.33	50.35	1.00
菲	A3-v0	5.64×10^{-5}	4.49×10^{-5}	8.80×10^{-5}	3.62×10^{-5}	1	49.24	55.72	1.00
苯酚	C2-v0	2.18×10^{-3}	8.64×10^{-4}	5.66×10^{-3}	7.28×10^{-4}	4	95.89	54.25	0.85
芘	A3-v0	5.98×10^{-5}	5.17×10^{-5}	8.28×10^{-5}	4.49×10^{-5}	1	33.82	38.27	1.00
硒	D3-v0	2.06×10^{-3}	2.36×10^{-3}	2.83×10^{-3}	9.79×10^{-4}	1	46.79	52.94	0.16
甲苯	E2-v2	8.40×10^{-1}	8.35×10^{-2}	5.00	4.14×10^{-2}	3	189.87	124.04	0.97
锌	D3-v2	3.42	3.82×10^{-1}	9.78	9.27×10^{-2}	1	161.24	182.45	1.00

表 D-5b 排放系数数据汇总—采用选择性催化还原（NO_x）控制措施的炼油厂气锅炉

物质	CARB 等级	排放系数/（lb/MMBtu）				测试	RSD/%	不确定性/%	检测比
		平均值	中间值	最大值	最小值				
苊	A3-v0	4.90×10^{-9}	4.65×10^{-9}	5.46×10^{-9}	4.59×10^{-9}	1	9.89	11.20	0.37
苊烯	A3-v0	2.13×10^{-9}	2.19×10^{-9}	2.19×10^{-9}	2.02×10^{-9}	1	4.43	5.01	0.00
乙醛	C1-v3	3.01×10^{-6}	2.11×10^{-6}	1.01×10^{-5}	4.10×10^{-9}	5	95.45	48.30	1.00
蒽	A3-v0	1.89×10^{-8}	2.02×10^{-8}	3.28×10^{-8}	3.71×10^{-9}	1	77.14	87.30	1.00
砷	D3-v0	5.88×10^{-7}	6.46×10^{-7}	9.40×10^{-7}	1.78×10^{-7}	1	65.36	73.95	1.00
苯	C1-v2	1.74×10^{-4}	5.03×10^{-5}	1.22×10^{-3}	2.86×10^{-6}	5	186.11	91.19	0.80
苯并[*a*]蒽	A3-v0	1.53×10^{-8}	1.51×10^{-8}	2.07×10^{-8}	1.01×10^{-8}	1	34.78	39.35	1.00
苯并[*a*]芘	A3-v0	2.86×10^{-9}	2.84×10^{-9}	3.71×10^{-9}	2.02×10^{-9}	1	29.49	33.37	0.76
苯并[*b*]荧蒽	A3-v0	5.65×10^{-9}	6.11×10^{-9}	6.99×10^{-9}	3.84×10^{-9}	1	28.79	32.57	1.00
苯并[*g,h,i*]苝	A3-v0	3.22×10^{-9}	3.28×10^{-9}	4.36×10^{-9}	2.02×10^{-9}	1	36.33	41.11	0.78
苯并[*k*]荧蒽	A3-v0	2.13×10^{-9}	2.19×10^{-9}	2.19×10^{-9}	2.02×10^{-9}	1	4.43	5.01	0.00
铍	D3-v0	1.31×10^{-7}	1.31×10^{-7}	1.32×10^{-7}	1.29×10^{-7}	1	1.35	1.87	1.00
镉	D3-v0	2.00×10^{-6}	1.70×10^{-6}	2.64×10^{-6}	1.67×10^{-6}	1	27.60	31.23	1.00
铬（六价）	C3-v0	6.32×10^{-6}	6.29×10^{-6}	8.78×10^{-6}	3.89×10^{-6}	1	38.70	43.79	0.00
铬（总）	C3-v1	1.04×10^{-5}	4.51×10^{-6}	2.49×10^{-5}	1.80×10^{-6}	1	121.39	137.36	1.00
䓛	A3-v0	2.86×10^{-9}	2.19×10^{-9}	4.36×10^{-9}	2.02×10^{-9}	1	45.70	51.71	0.50
铜	D3-v0	5.32×10^{-6}	5.32×10^{-6}	6.51×10^{-6}	4.13×10^{-6}	1	31.59	43.78	1.00
二苯并[*a,h*]蒽	A3-v0	2.13×10^{-9}	2.19×10^{-9}	2.19×10^{-9}	2.02×10^{-9}	1	4.43	5.01	0.00
荧蒽	A3-v0	3.56×10^{-8}	2.62×10^{-8}	6.11×10^{-8}	1.94×10^{-8}	1	62.95	71.23	1.00
芴	A3-v0	8.19×10^{-9}	4.65×10^{-9}	1.53×10^{-8}	4.59×10^{-9}	1	75.53	85.46	1.00
甲醛	C1-v1	1.32×10^{-5}	1.16×10^{-5}	3.62×10^{-5}	2.81×10^{-6}	5	66.84	33.82	1.00
硫化氢	A1-v1	2.21×10^{-4}	1.69×10^{-4}	5.93×10^{-4}	5.01×10^{-5}	5	92.80	45.47	0.00
茚并[1,2,3-*c,d*]芘	A3-v0	2.13×10^{-9}	2.19×10^{-9}	2.19×10^{-9}	2.02×10^{-9}	1	4.43	5.01	0.00
铅	D3-v0	2.05×10^{-6}	2.05×10^{-6}	2.10×10^{-6}	1.99×10^{-6}	1	3.87	5.36	1.00
锰	D3-v0	2.02×10^{-6}	2.02×10^{-6}	2.65×10^{-6}	1.38×10^{-6}	1	44.52	61.70	1.00
汞	D3-v0	2.72×10^{-7}	2.69×10^{-7}	3.22×10^{-7}	2.24×10^{-7}	1	18.19	20.58	0.00
萘	A3-v0	1.72×10^{-7}	1.63×10^{-7}	2.03×10^{-7}	1.49×10^{-7}	1	16.13	18.25	1.00
镍	D3-v0	4.72×10^{-6}	4.72×10^{-6}	5.94×10^{-6}	3.51×10^{-6}	1	36.33	50.35	1.00
菲	A3-v0	4.71×10^{-8}	3.63×10^{-8}	7.43×10^{-8}	3.06×10^{-8}	1	50.50	57.15	1.00
苯酚	C2-v0	1.83×10^{-6}	7.04×10^{-7}	4.91×10^{-6}	5.45×10^{-7}	4	99.84	56.49	0.85
芘	A3-v0	5.00×10^{-8}	4.36×10^{-8}	6.99×10^{-8}	3.63×10^{-8}	1	35.35	40.00	1.00

物质	CARB 等级	排放系数/（lb/MMBtu）				测试	RSD/%	不确定性/%	检测比
		平均值	中间值	最大值	最小值				
硒	D3-v0	1.73×10^{-6}	1.99×10^{-6}	2.39×10^{-6}	8.11×10^{-7}	1	47.44	53.68	0.16
甲苯	E2-v2	7.23×10^{-4}	7.25×10^{-5}	4.37×10^{-3}	3.59×10^{-5}	3	193.00	126.09	0.97
锌	D3-v2	2.83×10^{-3}	3.22×10^{-4}	8.10×10^{-3}	7.83×10^{-5}	1	161.02	182.20	1.00

表 D-6a 排放系数数据汇总—采用喷淋干燥器和纤维过滤器控制的石油焦煅烧

物质	CARB 等级	排放系数/（lb/t 石油焦）				测试	RSD/%	不确定性/%	检测比
		平均值	中间值	最大值	最小值				
苊	A3-v0	1.46×10^{-8}	1.38×10^{-8}	1.64×10^{-8}	1.37×10^{-8}	1	10.68	12.08	1.00
苊烯	A3-v0	1.83×10^{-8}	1.69×10^{-8}	2.81×10^{-8}	9.87×10^{-9}	1	50.39	57.02	1.00
乙醛	A3-v0	1.02×10^{-3}	1.16×10^{-3}	1.22×10^{-3}	6.77×10^{-4}	1	29.23	33.07	1.00
丙烯醛	A3-v0	3.36×10^{-4}	3.41×10^{-4}	3.60×10^{-4}	3.08×10^{-4}	1	7.79	8.82	0.00
蒽	A3-v0	1.82×10^{-8}	1.84×10^{-8}	1.97×10^{-8}	1.64×10^{-8}	1	9.02	10.20	1.00
锑	C3-v0	4.61×10^{-5}	4.64×10^{-5}	4.79×10^{-5}	4.41×10^{-5}	1	4.04	4.57	0.34
砷	C3-v0	4.66×10^{-6}	4.64×10^{-6}	4.92×10^{-6}	4.41×10^{-6}	1	5.42	6.13	0.00
钡	C3-v0	1.95×10^{-5}	1.99×10^{-5}	2.46×10^{-5}	1.39×10^{-5}	1	27.51	31.13	1.00
苯	C3-v0	3.24×10^{-4}	4.06×10^{-4}	4.50×10^{-4}	1.15×10^{-4}	1	56.20	63.60	1.00
苯并[*a*]蒽	A3-v0	8.71×10^{-9}	8.25×10^{-9}	1.02×10^{-8}	7.67×10^{-9}	1	15.15	17.15	0.39
苯并[*a*]芘	A3-v0	8.05×10^{-9}	8.22×10^{-9}	8.25×10^{-9}	7.67×10^{-9}	1	4.04	4.57	0.00
苯并[*b*]荧蒽	A3-v0	8.05×10^{-9}	8.22×10^{-9}	8.25×10^{-9}	7.67×10^{-9}	1	4.04	4.57	0.00
苯并[*g,h,i*]苝	A3-v0	8.05×10^{-9}	8.22×10^{-9}	8.25×10^{-9}	7.67×10^{-9}	1	4.04	4.57	0.00
苯并[*k*]荧蒽	A3-v0	8.05×10^{-9}	8.22×10^{-9}	8.25×10^{-9}	7.67×10^{-9}	1	4.04	4.57	0.00
铍	C3-v0	1.93×10^{-6}	1.72×10^{-6}	2.43×10^{-6}	1.63×10^{-6}	1	22.77	25.76	0.42
镉	C3-v0	9.32×10^{-6}	9.27×10^{-6}	9.84×10^{-6}	8.84×10^{-6}	1	5.34	6.04	0.00
铬（六价）	C3-v0	6.31×10^{-7}	6.30×10^{-7}	7.17×10^{-7}	5.45×10^{-7}	1	13.63	15.42	1.00
铬（总）	C3-v0	2.05×10^{-5}	2.04×10^{-5}	2.09×10^{-5}	2.01×10^{-5}	1	1.82	2.06	1.00
䓛	A3-v0	1.28×10^{-8}	1.18×10^{-8}	1.84×10^{-8}	8.25×10^{-9}	1	40.02	45.28	0.79
铜	C3-v0	9.32×10^{-6}	9.27×10^{-6}	9.84×10^{-6}	8.84×10^{-6}	1	5.34	6.04	0.00
二苯并[*a,h*]蒽	A3-v0	8.05×10^{-9}	8.22×10^{-9}	8.25×10^{-9}	7.67×10^{-9}	1	4.04	4.57	0.00
二噁英：4D 2378	A3-v0	1.14×10^{-11}	1.18×10^{-11}	1.32×10^{-11}	9.05×10^{-12}	1	18.56	21.00	0.00
二噁英：其他 4D	A3-v0	1.44×10^{-10}	1.01×10^{-10}	2.99×10^{-10}	3.17×10^{-11}	1	96.53	109.23	1.00
二噁英：5D 12378	A3-v0	9.56×10^{-12}	9.20×10^{-12}	1.35×10^{-11}	6.01×10^{-12}	1	39.05	44.19	0.00

物质	CARB等级	排放系数/（lb/t 石油焦）				测试	RSD/%	不确定性/%	检测比
		平均值	中间值	最大值	最小值				
二噁英：其他5D	A3-v0	8.45×10^{-11}	8.83×10^{-11}	1.02×10^{-10}	6.34×10^{-11}	1	23.10	26.14	0.40
二噁英：6D 123478	A3-v0	9.93×10^{-12}	9.24×10^{-12}	1.57×10^{-11}	4.83×10^{-12}	1	55.10	62.35	0.31
二噁英：6D 123678	A3-v0	1.38×10^{-11}	1.27×10^{-11}	2.04×10^{-11}	8.30×10^{-12}	1	44.48	50.33	0.69
二噁英：6D 123789	A3-v0	1.29×10^{-11}	1.45×10^{-11}	1.50×10^{-11}	9.20×10^{-12}	1	24.83	28.10	0.39
二噁英：其他6D	A3-v0	6.36×10^{-11}	6.71×10^{-11}	8.96×10^{-11}	3.39×10^{-11}	1	44.09	49.89	0.65
二噁英：7D 1234678	A3-v0	1.38×10^{-10}	1.18×10^{-10}	2.18×10^{-10}	7.96×10^{-11}	1	51.62	58.41	1.00
二噁英：其他7D	A3-v0	1.32×10^{-10}	1.09×10^{-10}	1.90×10^{-10}	9.72×10^{-11}	1	38.24	43.27	1.00
二噁英：8D	A3-v0	1.77×10^{-9}	1.79×10^{-9}	2.76×10^{-9}	7.60×10^{-10}	1	56.40	63.82	1.00
荧蒽	A3-v0	3.58×10^{-8}	3.30×10^{-8}	4.30×10^{-8}	3.13×10^{-8}	1	17.64	19.96	1.00
芴	A3-v0	5.64×10^{-8}	5.21×10^{-8}	6.61×10^{-8}	5.10×10^{-8}	1	14.90	16.86	1.00
甲醛	A3-v0	3.36×10^{-4}	3.41×10^{-4}	3.60×10^{-4}	3.08×10^{-4}	1	7.79	8.82	0.00
呋喃：4F 2378	A3-v0	1.33×10^{-11}	1.19×10^{-11}	1.63×10^{-11}	1.18×10^{-11}	1	19.13	21.65	0.70
呋喃：其他4F	A3-v0	1.39×10^{-10}	1.10×10^{-10}	2.15×10^{-10}	9.21×10^{-11}	1	47.70	53.98	1.00
呋喃：5F 12378	A3-v0	1.36×10^{-11}	1.43×10^{-11}	1.50×10^{-11}	1.16×10^{-11}	1	13.01	14.72	0.65
呋喃：5F 23478	A3-v0	1.25×10^{-11}	1.38×10^{-11}	1.46×10^{-11}	9.10×10^{-12}	1	23.87	27.01	0.63
呋喃：其他5F	A3-v0	1.20×10^{-10}	9.47×10^{-11}	1.79×10^{-10}	8.70×10^{-11}	1	42.57	48.17	0.74
呋喃：6F 123478	A3-v0	2.44×10^{-11}	2.49×10^{-11}	2.71×10^{-11}	2.12×10^{-11}	1	12.27	13.89	1.00
呋喃：6F 123678	A3-v0	2.21×10^{-11}	2.19×10^{-11}	3.13×10^{-11}	1.31×10^{-11}	1	41.02	46.42	1.00
呋喃：6F 123789	A3-v0	9.19×10^{-12}	8.96×10^{-12}	1.20×10^{-11}	6.64×10^{-12}	1	29.03	32.85	0.67
呋喃：6F 234678	A3-v0	2.01×10^{-11}	2.04×10^{-11}	2.04×10^{-11}	1.96×10^{-11}	1	2.55	2.88	1.00

物质	CARB等级	排放系数/（lb/t 石油焦）				测试	RSD/%	不确定性/%	检测比
		平均值	中间值	最大值	最小值				
呋喃：其他6F	A3-v0	1.52×10^{-10}	1.31×10^{-10}	2.36×10^{-10}	9.04×10^{-11}	1	49.18	55.66	1.00
呋喃：7F 1234678	A3-v0	1.50×10^{-10}	1.42×10^{-10}	1.76×10^{-10}	1.32×10^{-10}	1	15.51	17.55	1.00
呋喃：7F 1234789	A3-v0	2.56×10^{-11}	2.56×10^{-11}	2.99×10^{-11}	2.12×10^{-11}	1	17.09	19.33	0.72
呋喃：其他7F	A3-v0	5.16×10^{-11}	5.16×10^{-11}	5.16×10^{-11}	5.16×10^{-11}	1	0.00	0.00	0.50
呋喃：8F	A3-v1	1.46×10^{-10}	1.36×10^{-10}	2.86×10^{-10}	1.61×10^{-11}	1	92.60	104.78	1.00
茚并[1,2,3-*c*,*d*]芘	A3-v0	8.05×10^{-9}	8.22×10^{-9}	8.25×10^{-9}	7.67×10^{-9}	1	4.04	4.57	0.00
铅	C3-v0	6.20×10^{-5}	4.92×10^{-5}	9.27×10^{-5}	4.41×10^{-5}	1	43.08	48.75	0.50
锰	C3-v0	4.56×10^{-5}	4.41×10^{-5}	7.63×10^{-5}	1.63×10^{-5}	1	65.87	74.54	0.88
汞	C3-v1	4.63×10^{-5}	1.63×10^{-5}	1.12×10^{-4}	1.08×10^{-5}	1	122.58	138.71	1.00
萘	A3-v0	2.41×10^{-6}	2.46×10^{-6}	3.14×10^{-6}	1.64×10^{-6}	1	31.02	35.10	1.00
镍	C3-v0	9.06×10^{-5}	4.92×10^{-5}	1.76×10^{-4}	4.64×10^{-5}	1	81.90	92.67	0.65
菲	A3-v0	1.88×10^{-7}	1.81×10^{-7}	2.15×10^{-7}	1.69×10^{-7}	1	12.67	14.34	1.00
磷	C3-v0	4.66×10^{-4}	4.64×10^{-4}	4.92×10^{-4}	4.41×10^{-4}	1	5.42	6.13	0.00
芘	A3-v0	2.67×10^{-8}	2.64×10^{-8}	3.23×10^{-8}	2.15×10^{-8}	1	20.27	22.94	1.00
硒	C3-v0	4.66×10^{-6}	4.64×10^{-6}	4.92×10^{-6}	4.41×10^{-6}	1	5.42	6.13	0.00
银	C3-v0	1.63×10^{-5}	1.63×10^{-5}	1.72×10^{-5}	1.54×10^{-5}	1	5.45	6.17	0.00
铊	C3-v0	6.99×10^{-5}	6.96×10^{-5}	7.38×10^{-5}	6.64×10^{-5}	1	5.31	6.01	0.00
甲苯	C3-v0	5.34×10^{-5}	4.46×10^{-5}	7.17×10^{-5}	4.39×10^{-5}	1	29.73	33.64	1.00
二甲苯（间，对）	C3-v0	3.09×10^{-5}	3.44×10^{-5}	3.79×10^{-5}	2.04×10^{-5}	1	29.89	33.82	0.22
二甲苯（邻）	C3-v0	4.49×10^{-5}	4.34×10^{-5}	4.79×10^{-5}	4.34×10^{-5}	1	5.72	6.47	0.00
锌	C3-v0	1.17×10^{-4}	1.04×10^{-4}	1.63×10^{-4}	8.37×10^{-5}	1	35.15	39.78	1.00

表 D-6b 排放系数数据汇总—采用喷淋干燥器和纤维过滤器控制的石油焦煅烧

物质	CARB等级	排放系数/（lb/MMBtu）				测试	RSD/%	不确定性/%	检测比
		平均值	中间值	最大值	最小值				
苊	A3-v0	4.40×10^{-8}	4.06×10^{-8}	5.43×10^{-8}	3.70×10^{-8}	1	20.68	23.40	1.00
苊烯	A3-v0	5.59×10^{-8}	4.58×10^{-8}	9.29×10^{-8}	2.90×10^{-8}	1	59.27	67.06	1.00
乙醛	A3-v0	3.12×10^{-3}	3.14×10^{-3}	3.89×10^{-3}	2.33×10^{-3}	1	24.96	28.25	1.00
丙烯醛	A3-v0	1.04×10^{-3}	1.06×10^{-3}	1.14×10^{-3}	9.25×10^{-4}	1	10.62	12.02	0.00

物质	CARB等级	排放系数/（lb/MMBtu）				测试	RSD/%	不确定性/%	检测比
		平均值	中间值	最大值	最小值				
蒽	A3-v0	5.40×10^{-8}	5.43×10^{-8}	5.79×10^{-8}	4.98×10^{-8}	1	7.50	8.48	1.00
锑	C3-v0	1.44×10^{-4}	1.42×10^{-4}	1.52×10^{-4}	1.37×10^{-4}	1	5.19	5.87	0.34
砷	C3-v0	1.45×10^{-5}	1.42×10^{-5}	1.56×10^{-5}	1.37×10^{-5}	1	6.73	7.62	0.00
钡	C3-v0	6.10×10^{-5}	6.40×10^{-5}	7.79×10^{-5}	4.11×10^{-5}	1	30.51	34.52	1.00
苯	C3-v0	1.03×10^{-3}	1.39×10^{-3}	1.45×10^{-3}	2.62×10^{-4}	1	64.73	73.25	1.00
苯并[*a*]蒽	A3-v0	2.60×10^{-8}	2.72×10^{-8}	2.99×10^{-8}	2.08×10^{-8}	1	18.05	20.43	0.39
苯并[*a*]芘	A3-v0	2.41×10^{-8}	2.42×10^{-8}	2.72×10^{-8}	2.08×10^{-8}	1	13.35	15.10	0.00
苯并[*b*]荧蒽	A3-v0	2.41×10^{-8}	2.42×10^{-8}	2.72×10^{-8}	2.08×10^{-8}	1	13.35	15.10	0.00
苯并[*g,h,i*]苝	A3-v0	2.41×10^{-8}	2.42×10^{-8}	2.72×10^{-8}	2.08×10^{-8}	1	13.35	15.10	0.00
苯并[*k*]荧蒽	A3-v0	2.41×10^{-8}	2.42×10^{-8}	2.72×10^{-8}	2.08×10^{-8}	1	13.35	15.10	0.00
铍	C3-v0	6.03×10^{-6}	5.45×10^{-6}	7.83×10^{-6}	4.81×10^{-6}	1	26.41	29.88	0.42
镉	C3-v0	2.90×10^{-5}	2.85×10^{-5}	3.12×10^{-5}	2.74×10^{-5}	1	6.71	7.59	0.00
铬（六价）	C3-v0	2.12×10^{-6}	1.93×10^{-6}	2.88×10^{-6}	1.54×10^{-6}	1	32.38	36.64	1.00
铬（总）	C3-v0	6.90×10^{-5}	5.92×10^{-5}	9.35×10^{-5}	5.44×10^{-5}	1	30.92	34.99	1.00
䓛	A3-v0	3.73×10^{-8}	3.48×10^{-8}	4.98×10^{-8}	2.72×10^{-8}	1	30.84	34.90	0.79
铜	C3-v0	2.90×10^{-5}	2.85×10^{-5}	3.12×10^{-5}	2.74×10^{-5}	1	6.71	7.59	0.00
二苯并[*a,h*]蒽	A3-v0	2.41×10^{-8}	2.42×10^{-8}	2.72×10^{-8}	2.08×10^{-8}	1	13.35	15.10	0.00
二噁英：4D 2378	A3-v0	3.68×10^{-11}	3.66×10^{-11}	4.86×10^{-11}	2.51×10^{-11}	1	31.88	36.08	0.00
二噁英：其他4D	A3-v0	4.44×10^{-10}	4.14×10^{-10}	8.31×10^{-10}	8.81×10^{-11}	1	83.85	94.88	1.00
二噁英：5D 12378	A3-v0	2.92×10^{-11}	2.56×10^{-11}	3.74×10^{-11}	2.47×10^{-11}	1	24.24	27.43	0.00
二噁英：其他5D	A3-v0	2.74×10^{-10}	2.83×10^{-10}	3.63×10^{-10}	1.76×10^{-10}	1	34.15	38.64	0.40
二噁英：6D 123478	A3-v0	3.45×10^{-11}	2.57×10^{-11}	6.45×10^{-11}	1.34×10^{-11}	1	77.21	87.37	0.31
二噁英：6D 123678	A3-v0	4.40×10^{-11}	5.23×10^{-11}	5.68×10^{-11}	2.30×10^{-11}	1	41.59	47.07	0.69
二噁英：6D 123789	A3-v0	4.22×10^{-11}	4.16×10^{-11}	5.95×10^{-11}	2.56×10^{-11}	1	40.22	45.52	0.39
二噁英：其他6D	A3-v0	2.06×10^{-10}	2.49×10^{-10}	2.76×10^{-10}	9.42×10^{-11}	1	47.47	53.72	0.65
二噁英：7D 1234678	A3-v0	4.19×10^{-10}	3.27×10^{-10}	6.05×10^{-10}	3.27×10^{-10}	1	38.30	43.34	1.00

物质	CARB等级	排放系数/（lb/MMBtu）				测试	RSD/%	不确定性/%	检测比
		平均值	中间值	最大值	最小值				
二噁英：其他7D	A3-v0	4.09×10^{-10}	3.99×10^{-10}	5.27×10^{-10}	3.02×10^{-10}	1	27.59	31.22	1.00
二噁英：8D	A3-v0	5.25×10^{-9}	4.98×10^{-9}	7.65×10^{-9}	3.12×10^{-9}	1	43.40	49.11	1.00
荧蒽	A3-v0	1.06×10^{-7}	1.09×10^{-7}	1.16×10^{-7}	9.18×10^{-8}	1	11.95	13.52	1.00
芴	A3-v0	1.70×10^{-7}	1.50×10^{-7}	2.18×10^{-7}	1.41×10^{-7}	1	24.78	28.04	1.00
甲醛	A3-v0	1.04×10^{-3}	1.06×10^{-3}	1.14×10^{-3}	9.25×10^{-4}	1	10.62	12.02	0.00
呋喃：4F 2378	A3-v0	4.23×10^{-11}	4.53×10^{-11}	4.85×10^{-11}	3.31×10^{-11}	1	19.19	21.72	0.70
呋喃：其他4F	A3-v0	4.35×10^{-10}	4.51×10^{-10}	5.97×10^{-10}	2.56×10^{-10}	1	39.34	44.51	1.00
呋喃：5F 12378	A3-v0	4.42×10^{-11}	4.16×10^{-11}	5.87×10^{-11}	3.23×10^{-11}	1	30.36	34.35	0.65
呋喃：5F 23478	A3-v0	4.09×10^{-11}	4.07×10^{-11}	5.66×10^{-11}	2.53×10^{-11}	1	38.39	43.44	0.63
呋喃：其他5F	A3-v0	3.76×10^{-10}	3.89×10^{-10}	4.98×10^{-10}	2.42×10^{-10}	1	34.21	38.71	0.74
呋喃：6F 123478	A3-v0	7.88×10^{-11}	7.53×10^{-11}	1.02×10^{-10}	5.88×10^{-11}	1	27.77	31.43	1.00
呋喃：6F 123678	A3-v0	7.11×10^{-11}	8.68×10^{-11}	9.00×10^{-11}	3.65×10^{-11}	1	42.25	47.81	1.00
呋喃：6F 123789	A3-v0	2.95×10^{-11}	3.32×10^{-11}	3.68×10^{-11}	1.84×10^{-11}	1	33.01	37.36	0.67
呋喃：6F 234678	A3-v0	6.50×10^{-11}	5.68×10^{-11}	8.39×10^{-11}	5.43×10^{-11}	1	25.28	28.60	1.00
呋喃：其他6F	A3-v0	4.81×10^{-10}	5.38×10^{-10}	6.54×10^{-10}	2.51×10^{-10}	1	43.15	48.82	1.00
呋喃：7F 1234678	A3-v0	4.75×10^{-10}	4.90×10^{-10}	5.42×10^{-10}	3.94×10^{-10}	1	15.81	17.89	1.00
呋喃：7F 1234789	A3-v0	8.04×10^{-11}	8.31×10^{-11}	8.70×10^{-11}	7.12×10^{-11}	1	10.23	11.58	0.72
呋喃：其他7F	A3-v0	1.77×10^{-10}	1.77×10^{-10}	2.12×10^{-10}	1.43×10^{-10}	1	27.28	37.81	0.50
呋喃：8F	A3-v1	4.13×10^{-10}	3.77×10^{-10}	7.94×10^{-10}	6.63×10^{-11}	1	88.52	100.16	1.00
茚并[1,2,3-*c*,*d*]芘	A3-v0	2.41×10^{-8}	2.42×10^{-8}	2.72×10^{-8}	2.08×10^{-8}	1	13.35	15.10	0.00
铅	C3-v0	1.91×10^{-4}	1.56×10^{-4}	2.74×10^{-4}	1.42×10^{-4}	1	37.94	42.93	0.50

物质	CARB等级	排放系数/（lb/MMBtu）				测试	RSD/%	不确定性/%	检测比
		平均值	中间值	最大值	最小值				
锰	C3-v0	1.44×10^{-4}	1.42×10^{-4}	2.42×10^{-4}	4.81×10^{-5}	1	67.22	76.06	0.88
汞	C3-v1	1.48×10^{-4}	4.81×10^{-5}	3.60×10^{-4}	3.43×10^{-5}	1	124.89	141.33	1.00
萘	A3-v0	7.29×10^{-6}	6.67×10^{-6}	1.04×10^{-5}	4.83×10^{-6}	1	38.67	43.75	1.00
镍	C3-v0	2.87×10^{-4}	1.56×10^{-4}	5.68×10^{-4}	1.37×10^{-4}	1	84.93	96.10	0.65
菲	A3-v0	5.66×10^{-7}	5.31×10^{-7}	7.09×10^{-7}	4.58×10^{-7}	1	22.80	25.80	1.00
磷	C3-v0	1.45×10^{-3}	1.42×10^{-3}	1.56×10^{-3}	1.37×10^{-3}	1	6.73	7.62	0.00
芘	A3-v0	7.86×10^{-8}	7.75×10^{-8}	8.76×10^{-8}	7.09×10^{-8}	1	10.68	12.09	1.00
硒	C3-v0	1.45×10^{-5}	1.42×10^{-5}	1.56×10^{-5}	1.37×10^{-5}	1	6.73	7.62	0.00
银	C3-v0	5.07×10^{-5}	4.97×10^{-5}	5.45×10^{-5}	4.81×10^{-5}	1	6.52	7.37	0.00
铊	C3-v0	2.18×10^{-4}	2.14×10^{-4}	2.34×10^{-4}	2.06×10^{-4}	1	6.65	7.53	0.00
甲苯	C3-v0	1.63×10^{-4}	1.44×10^{-4}	2.45×10^{-4}	9.97×10^{-5}	1	45.82	51.85	1.00
二甲苯（间，对）	C3-v0	8.90×10^{-5}	8.62×10^{-5}	1.11×10^{-4}	6.99×10^{-5}	1	23.14	26.18	0.22
二甲苯（邻）	C3-v0	1.32×10^{-4}	1.40×10^{-4}	1.48×10^{-4}	1.09×10^{-4}	1	15.78	17.86	0.00
锌	C3-v0	3.66×10^{-4}	3.08×10^{-4}	5.25×10^{-4}	2.65×10^{-4}	1	38.08	43.10	1.00

表 D-7a 排放系数数据汇总—采用天然气的加热器

物质	CARB等级	排放系数/（lb/MMcf）				测试	RSD/%	不确定性/%	检测比
		平均值	中间值	最大值	最小值				
苊	A3-v0	1.39×10^{-6}	1.40×10^{-6}	1.62×10^{-6}	1.15×10^{-6}	1	16.72	18.92	0.72
苊烯	A3-v1	1.21×10^{-5}	2.84×10^{-6}	3.23×10^{-5}	1.15×10^{-6}	1	144.82	163.88	0.97
乙醛	A3-v0	4.61×10^{-3}	4.61×10^{-3}	4.82×10^{-3}	4.41×10^{-3}	1	4.47	5.06	0.32
丙烯醛	A3-v0	4.51×10^{-3}	4.56×10^{-3}	4.64×10^{-3}	4.32×10^{-3}	1	3.66	4.14	0.00
蒽	A3-v0	1.61×10^{-6}	1.83×10^{-6}	1.85×10^{-6}	1.15×10^{-6}	1	24.62	27.86	0.76
苯	A3-v0	2.34×10^{-3}	1.65×10^{-3}	3.71×10^{-3}	1.65×10^{-3}	1	50.72	57.40	0.53
苯并[*a*]蒽	A3-v0	1.41×10^{-6}	1.18×10^{-6}	1.90×10^{-6}	1.15×10^{-6}	1	29.86	33.79	0.45
苯并[*a*]芘	A3-v0	1.14×10^{-6}	1.15×10^{-6}	1.18×10^{-6}	1.08×10^{-6}	1	4.76	5.39	0.00
苯并[*b*]荧蒽	A3-v0	1.14×10^{-6}	1.15×10^{-6}	1.18×10^{-6}	1.08×10^{-6}	1	4.76	5.39	0.00
苯并[*g,h,i*]苝	A3-v0	1.25×10^{-6}	1.18×10^{-6}	1.42×10^{-6}	1.15×10^{-6}	1	11.81	13.36	0.38
苯并[*k*]荧蒽	A3-v0	1.14×10^{-6}	1.15×10^{-6}	1.18×10^{-6}	1.08×10^{-6}	1	4.76	5.39	0.00
䓛	A3-v0	1.39×10^{-6}	1.18×10^{-6}	1.83×10^{-6}	1.15×10^{-6}	1	27.63	31.27	0.44
二苯并[*a,h*]蒽	A3-v0	1.14×10^{-6}	1.15×10^{-6}	1.18×10^{-6}	1.08×10^{-6}	1	4.76	5.39	0.00
乙苯	A3-v0	2.25×10^{-3}	2.25×10^{-3}	2.25×10^{-3}	2.25×10^{-3}	1	0.00	0.00	0.00
荧蒽	A3-v0	1.19×10^{-5}	1.07×10^{-5}	1.79×10^{-5}	7.15×10^{-6}	1	46.07	52.14	1.00

物质	CARB等级	排放系数/（lb/MMcf）				测试	RSD/%	不确定性/%	检测比
		平均值	中间值	最大值	最小值				
芴	A3-v0	4.59×10^{-6}	4.50×10^{-6}	5.82×10^{-6}	3.46×10^{-6}	1	25.79	29.19	1.00
甲醛	A3-v0	4.75×10^{-3}	4.61×10^{-3}	5.32×10^{-3}	4.32×10^{-3}	1	10.76	12.18	0.37
茚并[1,2,3-*c*,*d*]芘	A3-v0	1.14×10^{-6}	1.15×10^{-6}	1.18×10^{-6}	1.08×10^{-6}	1	4.76	5.39	0.00
萘	A3-v0	2.37×10^{-4}	2.37×10^{-4}	2.80×10^{-4}	1.94×10^{-4}	1	18.28	20.69	1.00
菲	A3-v0	3.37×10^{-5}	3.31×10^{-5}	4.74×10^{-5}	2.05×10^{-5}	1	39.96	45.22	1.00
丙烯	A3-v0	4.63×10^{-1}	4.57×10^{-1}	6.13×10^{-1}	3.20×10^{-1}	1	31.59	35.74	1.00
芘	A3-v0	5.60×10^{-6}	2.84×10^{-6}	1.16×10^{-5}	2.31×10^{-6}	1	93.70	106.03	1.00
甲苯	A3-v0	3.23×10^{-2}	1.38×10^{-2}	7.47×10^{-2}	8.37×10^{-3}	1	114.08	129.09	1.00
二甲苯（总）	A3-v0	1.87×10^{-2}	2.05×10^{-2}	2.97×10^{-2}	5.71×10^{-3}	1	64.92	73.46	1.00

表 D-7b 排放系数数据汇总—采用天然气的加热器

物质	CARB等级	排放系数/（lb/MMBtu）				测试	RSD/%	不确定性/%	检测比
		平均值	中间值	最大值	最小值				
苊	A3-v0	1.36×10^{-9}	1.36×10^{-9}	1.58×10^{-9}	1.13×10^{-9}	1	16.72	18.92	0.72
苊烯	A3-v1	1.18×10^{-8}	2.77×10^{-9}	3.16×10^{-8}	1.13×10^{-9}	1	144.82	163.88	0.97
乙醛	A3-v0	4.50×10^{-6}	4.50×10^{-6}	4.71×10^{-6}	4.30×10^{-6}	1	4.47	5.06	0.32
丙烯醛	A3-v0	4.40×10^{-6}	4.46×10^{-6}	4.53×10^{-6}	4.22×10^{-6}	1	3.66	4.14	0.00
蒽	A3-v0	1.57×10^{-9}	1.79×10^{-9}	1.80×10^{-9}	1.13×10^{-9}	1	24.62	27.86	0.76
苯	A3-v0	2.28×10^{-6}	1.61×10^{-6}	3.62×10^{-6}	1.61×10^{-6}	1	50.72	57.40	0.53
苯并[*a*]蒽	A3-v0	1.38×10^{-9}	1.16×10^{-9}	1.85×10^{-9}	1.13×10^{-9}	1	29.86	33.79	0.45
苯并[*a*]芘	A3-v0	1.11×10^{-9}	1.13×10^{-9}	1.16×10^{-9}	1.05×10^{-9}	1	4.76	5.39	0.00
苯并[*b*]荧蒽	A3-v0	1.11×10^{-9}	1.13×10^{-9}	1.16×10^{-9}	1.05×10^{-9}	1	4.76	5.39	0.00
苯并[*g*,*h*,*i*]苝	A3-v0	1.22×10^{-9}	1.16×10^{-9}	1.39×10^{-9}	1.13×10^{-9}	1	11.81	13.36	0.38
苯并[*k*]荧蒽	A3-v0	1.11×10^{-9}	1.13×10^{-9}	1.16×10^{-9}	1.05×10^{-9}	1	4.76	5.39	0.00
䓛	A3-v0	1.36×10^{-9}	1.16×10^{-9}	1.79×10^{-9}	1.13×10^{-9}	1	27.63	31.27	0.44
二苯并[*a*,*h*]蒽	A3-v0	1.11×10^{-9}	1.13×10^{-9}	1.16×10^{-9}	1.05×10^{-9}	1	4.76	5.39	0.00
乙苯	A3-v0	2.20×10^{-6}	2.20×10^{-6}	2.20×10^{-6}	2.20×10^{-6}	1	0.00	0.00	0.00
荧蒽	A3-v0	1.16×10^{-8}	1.04×10^{-8}	1.75×10^{-8}	6.98×10^{-9}	1	46.07	52.14	1.00
芴	A3-v0	4.49×10^{-9}	4.39×10^{-9}	5.69×10^{-9}	3.38×10^{-9}	1	25.79	29.19	1.00
甲醛	A3-v0	4.64×10^{-6}	4.50×10^{-6}	5.19×10^{-6}	4.22×10^{-6}	1	10.76	12.18	0.37
茚并[1,2,3-*c*,*d*]芘	A3-v0	1.11×10^{-9}	1.13×10^{-9}	1.16×10^{-9}	1.05×10^{-9}	1	4.76	5.39	0.00
萘	A3-v0	2.31×10^{-7}	2.31×10^{-7}	2.74×10^{-7}	1.89×10^{-7}	1	18.28	20.69	1.00

物质	CARB等级	排放系数/（lb/MMBtu）				测试	RSD/%	不确定性/%	检测比
		平均值	中间值	最大值	最小值				
菲	A3-v0	3.29×10^{-8}	3.24×10^{-8}	4.63×10^{-8}	2.00×10^{-8}	1	39.96	45.22	1.00
丙烯	A3-v0	4.53×10^{-4}	4.47×10^{-4}	5.98×10^{-4}	3.13×10^{-4}	1	31.59	35.74	1.00
芘	A3-v0	5.47×10^{-9}	2.77×10^{-9}	1.14×10^{-8}	2.25×10^{-9}	1	93.70	106.03	1.00
甲苯	A3-v0	3.15×10^{-5}	1.35×10^{-5}	7.29×10^{-5}	8.17×10^{-6}	1	114.08	129.09	1.00
二甲苯（总）	A3-v0	1.82×10^{-5}	2.01×10^{-5}	2.90×10^{-5}	5.58×10^{-6}	1	64.92	73.46	1.00

表 D-8a 排放系数数据汇总—采用天然气和炼油厂气的加热器

物质	CARB等级	排放系数/（lb/MMcf）				测试	RSD/%	不确定性/%	检测比
		平均值	中间值	最大值	最小值				
苊	A3-v0	7.53×10^{-6}	2.44×10^{-6}	1.81×10^{-5}	2.05×10^{-6}	1	121.63	137.64	1.00
苊烯	A3-v1	5.88×10^{-5}	2.32×10^{-6}	1.72×10^{-4}	2.11×10^{-6}	1	166.69	188.62	1.00
乙醛	C3-v0	1.47×10^{-2}	1.43×10^{-2}	1.67×10^{-2}	1.30×10^{-2}	1	12.83	14.52	1.00
丙烯醛	C3-v0	2.29×10^{-3}	2.10×10^{-3}	2.84×10^{-3}	1.93×10^{-3}	1	21.23	24.03	0.00
蒽	A3-v0	1.04×10^{-5}	8.97×10^{-6}	1.43×10^{-5}	7.89×10^{-6}	1	33.12	37.48	1.00
苯	A3-v0	2.12×10^{-2}	1.99×10^{-2}	2.44×10^{-2}	1.94×10^{-2}	1	13.02	14.73	0.00
苯并[*a*]蒽	A3-v0	9.57×10^{-6}	7.66×10^{-6}	1.67×10^{-5}	4.34×10^{-6}	1	66.91	75.72	1.00
苯并[*a*]芘	A3-v1	6.07×10^{-6}	6.67×10^{-6}	1.10×10^{-5}	5.25×10^{-7}	1	86.79	98.21	0.97
苯并[*b*]荧蒽	A3-v0	2.63×10^{-6}	1.91×10^{-6}	4.19×10^{-6}	1.79×10^{-6}	1	51.36	58.12	1.00
苯并[*g,h,i*]苝	A3-v0	4.13×10^{-7}	1.59×10^{-7}	9.55×10^{-7}	1.25×10^{-7}	1	113.74	128.71	0.77
苯并[*k*]荧蒽	A3-v0	1.46×10^{-6}	8.35×10^{-7}	3.18×10^{-6}	3.70×10^{-7}	1	103.06	116.62	0.92
䓛	A3-v0	7.91×10^{-7}	6.38×10^{-7}	1.24×10^{-6}	4.91×10^{-7}	1	50.32	56.94	0.52
二苯并[*a,h*]蒽	A3-v0	1.38×10^{-7}	1.07×10^{-7}	2.08×10^{-7}	1.01×10^{-7}	1	43.36	49.06	0.00
荧蒽	A3-v0	1.80×10^{-5}	1.03×10^{-5}	3.82×10^{-5}	5.49×10^{-6}	1	98.02	110.92	1.00
芴	A3-v1	6.48×10^{-4}	1.50×10^{-4}	1.69×10^{-3}	1.01×10^{-4}	1	139.64	158.01	1.00
甲醛	C3-v0	4.33×10^{-2}	2.38×10^{-2}	8.89×10^{-2}	1.73×10^{-2}	1	91.33	103.35	1.00
茚并[1,2,3-*c,d*]芘	A3-v0	4.56×10^{-7}	4.04×10^{-7}	6.67×10^{-7}	2.96×10^{-7}	1	41.87	47.38	0.49
萘	A3-v1	2.31×10^{-3}	4.04×10^{-4}	6.18×10^{-3}	3.45×10^{-4}	1	145.12	164.21	1.00
菲	A3-v0	2.06×10^{-4}	1.06×10^{-4}	4.30×10^{-4}	8.36×10^{-5}	1	93.74	106.07	1.00
苯酚	A3-v0	1.72×10^{-3}	1.82×10^{-3}	2.08×10^{-3}	1.26×10^{-3}	1	24.34	27.54	1.00
丙烯	A3-v0	1.20×10^{-2}	1.13×10^{-2}	1.38×10^{-2}	1.10×10^{-2}	1	13.02	14.73	0.00
芘	A3-v0	1.25×10^{-5}	7.14×10^{-6}	2.62×10^{-5}	4.04×10^{-6}	1	96.40	109.08	1.00
甲苯	A3-v0	2.63×10^{-2}	2.46×10^{-2}	3.03×10^{-2}	2.41×10^{-2}	1	13.02	14.73	0.00
二甲苯（总）	A3-v0	3.03×10^{-2}	2.84×10^{-2}	3.49×10^{-2}	2.77×10^{-2}	1	13.02	14.73	0.00

表 D-8b 排放系数数据汇总—采用天然气和炼油厂气的加热器

物质	CARB等级	排放系数/（lb/MMBtu）				测试	RSD/%	不确定性/%	检测比
		平均值	中间值	最大值	最小值				
苊	A3-v0	4.05×10^{-9}	1.38×10^{-9}	9.73×10^{-9}	1.05×10^{-9}	1	121.25	137.21	1.00
苊烯	A3-v1	3.16×10^{-8}	1.31×10^{-9}	9.23×10^{-8}	1.08×10^{-9}	1	166.64	188.56	1.00
乙醛	C3-v0	7.02×10^{-6}	6.94×10^{-6}	7.52×10^{-6}	6.59×10^{-6}	1	6.67	7.55	1.00
丙烯醛	C3-v0	1.08×10^{-6}	1.10×10^{-6}	1.12×10^{-6}	1.03×10^{-6}	1	4.51	5.11	0.00
蒽	A3-v0	5.59×10^{-9}	4.60×10^{-9}	7.69×10^{-9}	4.48×10^{-9}	1	32.56	36.85	1.00
苯	A3-v0	1.01×10^{-5}	1.02×10^{-5}	1.06×10^{-5}	9.61×10^{-6}	1	4.81	5.44	0.00
苯并[*a*]蒽	A3-v0	5.18×10^{-9}	4.34×10^{-9}	8.97×10^{-9}	2.23×10^{-9}	1	66.60	75.36	1.00
苯并[*a*]芘	A3-v1	3.24×10^{-9}	3.78×10^{-9}	5.65×10^{-9}	2.82×10^{-10}	1	84.14	95.21	0.97
苯并[*b*]荧蒽	A3-v0	1.44×10^{-9}	1.03×10^{-9}	2.38×10^{-9}	9.21×10^{-10}	1	56.34	63.75	1.00
苯并[*g,h,i*]苝	A3-v0	2.22×10^{-10}	8.16×10^{-11}	5.13×10^{-10}	7.08×10^{-11}	1	113.71	128.67	0.77
苯并[*k*]荧蒽	A3-v0	7.64×10^{-10}	4.49×10^{-10}	1.63×10^{-9}	2.10×10^{-10}	1	99.78	112.91	0.92
䓛	A3-v0	4.27×10^{-10}	3.62×10^{-10}	6.67×10^{-10}	2.52×10^{-10}	1	50.33	56.95	0.52
二苯并[*a,h*]蒽	A3-v0	7.45×10^{-11}	5.73×10^{-11}	1.12×10^{-10}	5.48×10^{-11}	1	43.05	48.72	0.00
荧蒽	A3-v0	9.73×10^{-9}	5.86×10^{-9}	2.05×10^{-8}	2.82×10^{-9}	1	97.23	110.02	1.00
芴	A3-v1	3.49×10^{-7}	8.52×10^{-8}	9.09×10^{-7}	5.20×10^{-8}	1	139.21	157.53	1.00
甲醛	C3-v0	2.19×10^{-5}	9.37×10^{-6}	4.74×10^{-5}	9.10×10^{-6}	1	100.34	113.54	1.00
茚并[1,2,3-*c,d*]芘	A3-v0	2.45×10^{-10}	2.08×10^{-10}	3.58×10^{-10}	1.68×10^{-10}	1	41.08	46.49	0.49
萘	A3-v1	1.24×10^{-6}	2.08×10^{-7}	3.32×10^{-6}	1.96×10^{-7}	1	145.06	164.15	1.00
菲	A3-v0	1.11×10^{-7}	6.02×10^{-8}	2.31×10^{-7}	4.29×10^{-8}	1	93.26	105.53	1.00
苯酚	A3-v0	9.22×10^{-7}	9.35×10^{-7}	1.12×10^{-6}	7.14×10^{-7}	1	21.82	24.69	1.00
丙烯	A3-v0	5.75×10^{-6}	5.78×10^{-6}	6.01×10^{-6}	5.46×10^{-6}	1	4.81	5.44	0.00
芘	A3-v0	6.74×10^{-9}	4.05×10^{-9}	1.41×10^{-8}	2.08×10^{-9}	1	95.66	108.24	1.00
甲苯	A3-v0	1.26×10^{-5}	1.26×10^{-5}	1.31×10^{-5}	1.19×10^{-5}	1	4.81	5.44	0.00
二甲苯（总）	A3-v0	1.45×10^{-5}	1.46×10^{-5}	1.51×10^{-5}	1.38×10^{-5}	1	4.81	5.44	0.00

表 D-9a 排放系数数据汇总—采用燃料油的加热器

物质	CARB等级	排放系数/（lb/MMcf）				测试	RSD/%	不确定性/%	检测比
		平均值	中间值	最大值	最小值				
苊	C3-v1	1.75×10^{-6}	2.20×10^{-6}	2.99×10^{-6}	6.81×10^{-8}	1	86.27	97.62	1.00
苊烯	C3-v0	8.02×10^{-8}	5.33×10^{-8}	1.37×10^{-7}	5.03×10^{-8}	1	61.23	69.29	1.00
乙醛	C3-v0	5.43×10^{-4}	5.44×10^{-4}	5.48×10^{-4}	5.38×10^{-4}	1	0.98	1.11	0.00

物质	CARB等级	排放系数/（lb/MMcf）				测试	RSD/%	不确定性/%	检测比
		平均值	中间值	最大值	最小值				
丙烯醛	C3-v0	5.98×10^{-4}	5.99×10^{-4}	6.03×10^{-4}	5.91×10^{-4}	1	0.95	1.07	0.00
蒽	C3-v0	6.62×10^{-8}	6.81×10^{-8}	7.41×10^{-8}	5.65×10^{-8}	1	13.48	15.25	1.00
砷	D3-v0	8.34×10^{-4}	8.28×10^{-4}	8.62×10^{-4}	8.13×10^{-4}	1	3.01	3.41	0.00
苯	A3-v0	8.47×10^{-3}	8.49×10^{-3}	8.74×10^{-3}	8.19×10^{-3}	1	3.22	3.65	0.00
苯并[*a*]蒽	C3-v1	3.84×10^{-6}	2.05×10^{-7}	1.12×10^{-5}	1.33×10^{-7}	1	165.56	187.35	1.00
苯并[*a*]芘	C3-v0	9.80×10^{-8}	8.63×10^{-8}	1.84×10^{-7}	2.40×10^{-8}	1	82.16	92.97	1.00
苯并[*b*]荧蒽	C3-v0	7.95×10^{-7}	6.37×10^{-7}	1.15×10^{-6}	5.98×10^{-7}	1	38.74	43.84	1.00
苯并[*e*]芘	C3-v0	5.54×10^{-7}	5.30×10^{-7}	7.73×10^{-7}	3.60×10^{-7}	1	37.44	42.36	1.00
苯并[*g,h,i*]苝	C3-v1	2.12×10^{-6}	5.50×10^{-7}	5.57×10^{-6}	2.55×10^{-7}	1	140.55	159.04	1.00
苯并[*k*]荧蒽	C3-v0	3.36×10^{-8}	2.08×10^{-8}	6.81×10^{-8}	1.18×10^{-8}	1	90.02	101.86	1.00
铍	D3-v0	7.78×10^{-5}	7.64×10^{-5}	8.66×10^{-5}	7.04×10^{-5}	1	10.51	11.89	0.00
1,3-丁二烯	A3-v0	1.95×10^{-2}	1.96×10^{-2}	2.01×10^{-2}	1.89×10^{-2}	1	3.14	3.55	0.00
三氯甲烷	A3-v0	8.63×10^{-3}	8.65×10^{-3}	8.88×10^{-3}	8.35×10^{-3}	1	3.06	3.46	0.00
2-氯萘	C3-v2	1.17×10^{-5}	5.33×10^{-8}	3.50×10^{-5}	3.57×10^{-8}	1	172.55	195.25	1.00
铬（总）	A3-v0	2.54×10^{-3}	2.66×10^{-3}	2.74×10^{-3}	2.22×10^{-3}	1	11.14	12.60	1.00
䓛	C3-v1	1.12×10^{-5}	2.80×10^{-6}	2.92×10^{-5}	1.54×10^{-6}	1	139.73	158.12	1.00
铜	D3-v0	2.62×10^{-3}	1.64×10^{-3}	4.58×10^{-3}	1.63×10^{-3}	1	64.94	73.48	1.00
二苯并[*a,h*]蒽	C3-v1	1.76×10^{-6}	1.18×10^{-7}	5.09×10^{-6}	6.54×10^{-8}	1	164.18	185.78	1.00
二噁英：4D 2378	C3-v0	4.96×10^{-10}	5.94×10^{-10}	5.97×10^{-10}	2.97×10^{-10}	1	34.70	39.26	0.00
二噁英：5D 12378	C3-v1	2.49×10^{-9}	5.94×10^{-10}	6.57×10^{-9}	2.97×10^{-10}	1	142.30	161.02	0.00
二噁英：6D 123478	C3-v1	2.19×10^{-9}	5.94×10^{-10}	5.68×10^{-9}	2.97×10^{-10}	1	138.10	156.28	0.00
二噁英：6D 123678	C3-v1	2.99×10^{-9}	5.94×10^{-10}	8.07×10^{-9}	2.97×10^{-10}	1	147.43	166.83	0.07
二噁英：6D 123789	C3-v1	4.78×10^{-9}	5.94×10^{-10}	1.34×10^{-8}	2.97×10^{-10}	1	157.08	177.75	0.04
二噁英：7D 1234678	C3-v1	1.33×10^{-8}	4.45×10^{-9}	3.29×10^{-8}	2.68×10^{-9}	1	127.05	143.76	1.00
二噁英：8D	C3-v0	4.68×10^{-8}	5.64×10^{-8}	5.97×10^{-8}	2.41×10^{-8}	1	42.12	47.67	1.00
荧蒽	C3-v0	1.97×10^{-6}	2.28×10^{-6}	2.48×10^{-6}	1.13×10^{-6}	1	37.09	41.97	1.00
芴	C3-v0	7.48×10^{-5}	3.25×10^{-5}	1.67×10^{-4}	2.52×10^{-5}	1	106.53	120.55	1.00
甲醛	C3-v0	3.80×10^{-3}	3.81×10^{-3}	3.84×10^{-3}	3.77×10^{-3}	1	0.95	1.08	0.00

物质	CARB等级	排放系数/（lb/MMcf）				测试	RSD/%	不确定性/%	检测比
		平均值	中间值	最大值	最小值				
呋喃：4F 2378	C3-v2	8.93×10^{-8}	1.48×10^{-9}	2.66×10^{-7}	5.95×10^{-10}	1	171.19	193.71	1.00
呋喃：5F 12378	C3-v1	8.56×10^{-9}	5.94×10^{-10}	2.48×10^{-8}	2.97×10^{-10}	1	164.20	185.80	0.00
呋喃：5F 23478	C3-v2	1.52×10^{-8}	5.94×10^{-10}	4.48×10^{-8}	2.97×10^{-10}	1	168.14	190.26	0.00
呋喃：6F 123478	C3-v2	1.92×10^{-8}	5.94×10^{-10}	5.68×10^{-8}	1.49×10^{-10}	1	169.85	192.20	0.01
呋喃：6F 123678	C3-v2	6.12×10^{-9}	2.97×10^{-10}	1.79×10^{-8}	1.49×10^{-10}	1	166.91	188.87	0.02
呋喃：5F 23478	C3-v2	1.52×10^{-8}	5.94×10^{-10}	4.48×10^{-8}	2.97×10^{-10}	1	168.14	190.26	0.00
呋喃：6F 123478	C3-v2	1.92×10^{-8}	5.94×10^{-10}	5.68×10^{-8}	1.49×10^{-10}	1	169.85	192.20	0.01
呋喃：6F 123678	C3-v2	6.12×10^{-9}	2.97×10^{-10}	1.79×10^{-8}	1.49×10^{-10}	1	166.91	188.87	0.02
呋喃：6F 123789	C3-v0	4.96×10^{-10}	5.94×10^{-10}	5.97×10^{-10}	2.97×10^{-10}	1	34.70	39.26	0.00
呋喃：6F 234678	C3-v1	8.76×10^{-9}	8.91×10^{-10}	2.48×10^{-8}	5.95×10^{-10}	1	158.52	179.38	0.03
呋喃：7F 1234678	C3-v1	1.95×10^{-8}	1.19×10^{-9}	5.68×10^{-8}	5.95×10^{-10}	1	165.30	187.05	1.00
呋喃：7F 1234789	C3-v0	1.19×10^{-9}	5.94×10^{-10}	2.69×10^{-9}	2.97×10^{-10}	1	109.22	123.59	0.00
呋喃：8F	C3-v1	1.04×10^{-8}	4.75×10^{-9}	2.54×10^{-8}	1.19×10^{-9}	1	125.10	141.57	1.00
茚并[1,2,3-*c*,*d*]芘	C3-v1	1.81×10^{-6}	1.55×10^{-7}	5.12×10^{-6}	1.48×10^{-7}	1	158.71	179.59	1.00
铅	D3-v0	2.96×10^{-4}	1.79×10^{-4}	5.48×10^{-4}	1.62×10^{-4}	1	73.61	83.30	0.62
锰	D3-v0	1.89×10^{-3}	1.79×10^{-3}	2.22×10^{-3}	1.67×10^{-3}	1	15.12	17.11	0.39
汞	D3-v0	1.72×10^{-5}	1.29×10^{-5}	2.83×10^{-5}	1.04×10^{-5}	1	56.41	63.84	0.00
2-甲基萘	C3-v1	3.60×10^{-5}	1.06×10^{-5}	9.29×10^{-5}	4.54×10^{-6}	1	137.05	155.09	1.00
萘	C3-v0	8.46×10^{-4}	1.04×10^{-3}	1.11×10^{-3}	3.88×10^{-4}	1	47.07	53.26	1.00
镍	D3-v0	3.46×10^{-1}	3.47×10^{-1}	4.09×10^{-1}	2.81×10^{-1}	1	18.57	21.01	1.00
芘	C3-v0	7.41×10^{-8}	3.57×10^{-8}	1.66×10^{-7}	2.07×10^{-8}	1	107.75	121.93	1.00
菲	C3-v1	2.49×10^{-5}	1.18×10^{-5}	6.02×10^{-5}	2.83×10^{-6}	1	123.75	140.04	1.00
丙烯	A3-v0	1.52×10^{-2}	1.52×10^{-2}	1.56×10^{-2}	1.47×10^{-2}	1	3.01	3.41	0.00

物质	CARB等级	排放系数/（lb/MMcf）				测试	RSD/%	不确定性/%	检测比
		平均值	中间值	最大值	最小值				
芘	C3-v0	1.32×10^{-6}	1.19×10^{-6}	2.14×10^{-6}	6.28×10^{-7}	1	57.94	65.56	1.00
硒	D3-v0	4.63×10^{-3}	3.96×10^{-3}	6.59×10^{-3}	3.33×10^{-3}	1	37.32	42.23	0.00
甲苯	A3-v0	9.99×10^{-3}	1.00×10^{-2}	1.03×10^{-2}	9.67×10^{-3}	1	3.06	3.46	0.00
二甲苯（总）	A3-v0	1.92×10^{-2}	1.92×10^{-2}	1.98×10^{-2}	1.86×10^{-2}	1	3.21	3.63	0.00
锌	D3-v0	8.93×10^{-3}	8.35×10^{-3}	1.22×10^{-2}	6.27×10^{-3}	1	33.43	37.83	1.00

表 D-9b 排放系数数据汇总—采用燃料油的加热器

物质	CARB等级	排放系数/（lb/MMBtu）				测试	RSD/%	不确定性/%	检测比
		平均值	中间值	最大值	最小值				
苊	C3-v1	1.22×10^{-8}	1.53×10^{-8}	2.09×10^{-8}	4.76×10^{-10}	1	86.27	97.62	1.00
苊烯	C3-v0	5.59×10^{-10}	3.72×10^{-10}	9.55×10^{-10}	3.51×10^{-10}	1	61.23	69.29	1.00
乙醛	C3-v0	3.79×10^{-6}	3.80×10^{-6}	3.83×10^{-6}	3.75×10^{-6}	1	0.98	1.11	0.00
丙烯醛	C3-v0	4.17×10^{-6}	4.18×10^{-6}	4.21×10^{-6}	4.13×10^{-6}	1	0.95	1.07	0.00
蒽	C3-v0	4.62×10^{-10}	4.75×10^{-10}	5.17×10^{-10}	3.94×10^{-10}	1	13.48	15.25	1.00
砷	D3-v0	5.82×10^{-6}	5.78×10^{-6}	6.02×10^{-6}	5.67×10^{-6}	1	3.01	3.41	0.00
苯	A3-v0	5.91×10^{-5}	5.92×10^{-5}	6.10×10^{-5}	5.72×10^{-5}	1	3.22	3.65	0.00
苯并[*a*]蒽	C3-v1	2.68×10^{-8}	1.43×10^{-9}	7.79×10^{-8}	9.30×10^{-10}	1	165.56	187.35	1.00
苯并[*a*]芘	C3-v0	6.84×10^{-10}	6.02×10^{-10}	1.28×10^{-9}	1.67×10^{-10}	1	82.16	92.97	1.00
苯并[*b*]荧蒽	C3-v0	5.55×10^{-9}	4.44×10^{-9}	8.02×10^{-9}	4.17×10^{-9}	1	38.74	43.84	1.00
苯并[*e*]芘	C3-v0	3.87×10^{-9}	3.70×10^{-9}	5.39×10^{-9}	2.51×10^{-9}	1	37.44	42.36	1.00
苯并[*g,h,i*]苝	C3-v1	1.48×10^{-8}	3.84×10^{-9}	3.88×10^{-8}	1.78×10^{-9}	1	140.55	159.04	1.00
苯并[*k*]荧蒽	C3-v0	2.35×10^{-10}	1.45×10^{-10}	4.76×10^{-10}	8.27×10^{-11}	1	90.02	101.86	1.00
铍	D3-v0	5.43×10^{-7}	5.33×10^{-7}	6.04×10^{-7}	4.92×10^{-7}	1	10.51	11.89	0.00
1,3-丁二烯	A3-v0	1.36×10^{-4}	1.37×10^{-4}	1.40×10^{-4}	1.32×10^{-4}	1	3.14	3.55	0.00
镉	D3-v1	5.73×10^{-6}	8.28×10^{-6}	8.60×10^{-6}	2.99×10^{-7}	1	82.13	92.94	1.00
三氯甲烷	A3-v0	6.02×10^{-5}	6.03×10^{-5}	6.20×10^{-5}	5.83×10^{-5}	1	3.06	3.46	0.00
2-氯萘	C3-v2	8.16×10^{-8}	3.72×10^{-10}	2.44×10^{-7}	2.49×10^{-10}	1	172.55	195.25	1.00
铬（六价）	A3-v0	2.00×10^{-6}	2.14×10^{-6}	2.18×10^{-6}	1.67×10^{-6}	1	14.20	16.07	0.00
铬（总）	A3-v0	1.77×10^{-5}	1.85×10^{-5}	1.91×10^{-5}	1.55×10^{-5}	1	11.14	12.60	1.00
䓛	C3-v1	7.81×10^{-8}	1.95×10^{-8}	2.04×10^{-7}	1.07×10^{-8}	1	139.73	158.12	1.00
铜	D3-v0	1.83×10^{-5}	1.15×10^{-5}	3.20×10^{-5}	1.14×10^{-5}	1	64.94	73.48	1.00
二苯并[*a,h*]蒽	C3-v1	1.23×10^{-8}	8.23×10^{-10}	3.55×10^{-8}	4.57×10^{-10}	1	164.18	185.78	1.00
二噁英：4D 2378	C3-v0	3.46×10^{-12}	4.15×10^{-12}	4.17×10^{-12}	2.08×10^{-12}	1	34.70	39.26	0.00

物质	CARB等级	排放系数/（lb/MMBtu）				测试	RSD/%	不确定性/%	检测比
		平均值	中间值	最大值	最小值				
二噁英：5D 12378	C3-v1	1.74×10^{-11}	4.15×10^{-12}	4.59×10^{-11}	2.08×10^{-12}	1	142.30	161.02	0.00
二噁英：6D 123478	C3-v1	1.53×10^{-11}	4.15×10^{-12}	3.96×10^{-11}	2.08×10^{-12}	1	138.10	156.28	0.00
二噁英：6D 123678	C3-v1	2.08×10^{-11}	4.15×10^{-12}	5.63×10^{-11}	2.08×10^{-12}	1	147.43	166.83	0.07
二噁英：6D 123789	C3-v1	3.33×10^{-11}	4.15×10^{-12}	9.38×10^{-11}	2.08×10^{-12}	1	157.08	177.75	0.04
二噁英：7D 1234678	C3-v1	9.30×10^{-11}	3.11×10^{-11}	2.29×10^{-10}	1.87×10^{-11}	1	127.05	143.76	1.00
二噁英：8D	C3-v0	3.26×10^{-10}	3.94×10^{-10}	4.17×10^{-10}	1.68×10^{-10}	1	42.12	47.67	1.00
荧蒽	C3-v0	1.37×10^{-8}	1.59×10^{-8}	1.73×10^{-8}	7.89×10^{-9}	1	37.09	41.97	1.00
芴	C3-v0	5.22×10^{-7}	2.26×10^{-7}	1.16×10^{-6}	1.76×10^{-7}	1	106.53	120.55	1.00
甲醛	C3-v0	2.65×10^{-5}	2.66×10^{-5}	2.68×10^{-5}	2.63×10^{-5}	1	0.95	1.08	0.00
呋喃：4F 2378	C3-v2	6.23×10^{-10}	1.04×10^{-11}	1.86×10^{-9}	4.15×10^{-12}	1	171.19	193.71	1.00
呋喃：5F 12378	C3-v1	5.97×10^{-11}	4.15×10^{-12}	1.73×10^{-10}	2.08×10^{-12}	1	164.20	185.80	0.00
呋喃：5F 23478	C3-v2	1.06×10^{-10}	4.15×10^{-12}	3.13×10^{-10}	2.08×10^{-12}	1	168.14	190.26	0.00
呋喃：6F 123478	C3-v2	1.34×10^{-10}	4.15×10^{-12}	3.96×10^{-10}	1.04×10^{-12}	1	169.85	192.20	0.01
呋喃：6F 123678	C3-v2	4.27×10^{-11}	2.07×10^{-12}	1.25×10^{-10}	1.04×10^{-12}	1	166.91	188.87	0.02
呋喃：6F 123789	C3-v0	3.46×10^{-12}	4.15×10^{-12}	4.17×10^{-12}	2.08×10^{-12}	1	34.70	39.26	0.00
呋喃：6F 234678	C3-v1	6.11×10^{-11}	6.22×10^{-12}	1.73×10^{-10}	4.15×10^{-12}	1	158.52	179.38	0.03
呋喃：7F 1234678	C3-v1	1.36×10^{-10}	8.29×10^{-12}	3.96×10^{-10}	4.15×10^{-12}	1	165.30	187.05	1.00
呋喃：7F 1234789	C3-v0	8.33×10^{-12}	4.15×10^{-12}	1.88×10^{-11}	2.08×10^{-12}	1	109.22	123.59	0.00
呋喃：8F	C3-v1	7.29×10^{-11}	3.32×10^{-11}	1.77×10^{-10}	8.30×10^{-12}	1	125.10	141.57	1.00
茚并[1,2,3-*c*,*d*]芘	C3-v1	1.26×10^{-8}	1.08×10^{-9}	3.58×10^{-8}	1.03×10^{-9}	1	158.71	179.59	1.00
铅	D3-v0	2.07×10^{-6}	1.25×10^{-6}	3.83×10^{-6}	1.13×10^{-6}	1	73.61	83.30	0.62

物质	CARB等级	排放系数/（lb/MMBtu）				测试	RSD/%	不确定性/%	检测比
		平均值	中间值	最大值	最小值				
锰	D3-v0	$1.32×10^{-5}$	$1.25×10^{-5}$	$1.55×10^{-5}$	$1.17×10^{-5}$	1	15.12	17.11	0.39
汞	D3-v0	$1.20×10^{-7}$	$8.99×10^{-8}$	$1.98×10^{-7}$	$7.28×10^{-8}$	1	56.41	63.84	0.00
2-甲基萘	C3-v1	$2.51×10^{-7}$	$7.40×10^{-8}$	$6.49×10^{-7}$	$3.17×10^{-8}$	1	137.05	155.09	1.00
萘	C3-v0	$5.91×10^{-6}$	$7.28×10^{-6}$	$7.73×10^{-6}$	$2.71×10^{-6}$	1	47.07	53.26	1.00
镍	D3-v0	$2.41×10^{-3}$	$2.42×10^{-3}$	$2.86×10^{-3}$	$1.96×10^{-3}$	1	18.57	21.01	1.00
苝	C3-v0	$5.17×10^{-10}$	$2.49×10^{-10}$	$1.16×10^{-9}$	$1.45×10^{-10}$	1	107.75	121.93	1.00
菲	C3-v1	$1.74×10^{-7}$	$8.23×10^{-8}$	$4.20×10^{-7}$	$1.98×10^{-8}$	1	123.75	140.04	1.00
丙烯	A3-v0	$1.06×10^{-4}$	$1.06×10^{-4}$	$1.09×10^{-4}$	$1.03×10^{-4}$	1	3.01	3.41	0.00
芘	C3-v0	$9.22×10^{-9}$	$8.32×10^{-9}$	$1.49×10^{-8}$	$4.38×10^{-9}$	1	57.94	65.56	1.00
硒	D3-v0	$3.23×10^{-5}$	$2.77×10^{-5}$	$4.60×10^{-5}$	$2.33×10^{-5}$	1	37.32	42.23	0.00
甲苯	A3-v0	$6.97×10^{-5}$	$6.99×10^{-5}$	$7.18×10^{-5}$	$6.75×10^{-5}$	1	3.06	3.46	0.00
二甲苯（总）	A3-v0	$1.34×10^{-4}$	$1.34×10^{-4}$	$1.38×10^{-4}$	$1.29×10^{-4}$	1	3.21	3.63	0.00
锌	D3-v0	$6.23×10^{-5}$	$5.83×10^{-5}$	$8.49×10^{-5}$	$4.38×10^{-5}$	1	33.43	37.83	1.00

表 D-10a　排放系数数据汇总—采用非选择性催化还原（NO_x）控制措施的炼油厂气的加热器

物质	CARB等级	排放系数/（lb/MMcf）				测试	RSD/%	不确定性/%	检测比
		平均值	中间值	最大值	最小值				
苊	A2-v0	$2.33×10^{-6}$	$1.46×10^{-6}$	$5.28×10^{-6}$	$1.11×10^{-6}$	4	65.80	38.88	0.95
苊烯	A2-v0	$1.52×10^{-6}$	$1.39×10^{-6}$	$2.64×10^{-6}$	$9.83×10^{-7}$	4	38.62	22.82	0.51
乙醛	B1-v3	$1.95×10^{-2}$	$1.08×10^{-2}$	$1.12×10^{-1}$	$1.10×10^{-4}$	8	129.02	51.62	0.88
蒽	A2-v0	$2.81×10^{-6}$	$2.40×10^{-6}$	$5.93×10^{-6}$	$1.01×10^{-6}$	4	57.37	33.90	0.92
锑	C3-v0	$5.81×10^{-4}$	$6.56×10^{-4}$	$8.51×10^{-4}$	$2.36×10^{-4}$	1	54.13	61.25	1.00
砷	C3-v0	$9.54×10^{-4}$	$1.11×10^{-3}$	$1.43×10^{-3}$	$3.19×10^{-4}$	1	60.10	68.00	1.00
钡	C3-v0	$6.49×10^{-3}$	$6.49×10^{-3}$	$6.64×10^{-3}$	$6.33×10^{-3}$	1	2.45	2.78	0.00
苯	B1-v2	$8.42×10^{-2}$	$6.76×10^{-2}$	$2.76×10^{-1}$	$2.35×10^{-3}$	11	93.71	31.97	0.02
苯并[*a*]蒽	A1-v2	$3.70×10^{-5}$	$7.11×10^{-6}$	$3.97×10^{-4}$	$1.00×10^{-6}$	9	261.62	100.56	1.00
苯并[*a*]芘	A1-v3	$9.89×10^{-5}$	$2.20×10^{-6}$	$1.32×10^{-3}$	$9.83×10^{-7}$	9	344.55	132.44	0.98
苯并[*b*]荧蒽	A1-v2	$4.61×10^{-5}$	$4.20×10^{-6}$	$6.04×10^{-4}$	$9.83×10^{-7}$	9	315.76	121.37	0.99
苯并[*g*,*h*,*i*]苝	A2-v0	$1.17×10^{-6}$	$1.04×10^{-6}$	$1.41×10^{-6}$	$9.83×10^{-7}$	4	16.09	9.51	0.00
苯并[*k*]荧蒽	A1-v2	$2.72×10^{-5}$	$2.66×10^{-6}$	$3.40×10^{-4}$	$9.83×10^{-7}$	9	309.39	118.92	0.96
铍	C3-v0	$2.88×10^{-4}$	$2.89×10^{-4}$	$2.95×10^{-4}$	$2.81×10^{-4}$	1	2.45	2.78	0.00
镉	C3-v0	$1.11×10^{-3}$	$1.08×10^{-3}$	$1.33×10^{-3}$	$9.15×10^{-4}$	1	18.76	21.23	1.00
铬（六价）	C3-v0	$2.43×10^{-3}$	$2.48×10^{-3}$	$2.51×10^{-3}$	$2.30×10^{-3}$	1	4.62	5.23	0.00
铬（总）	C3-v0	$1.20×10^{-3}$	$7.38×10^{-4}$	$2.16×10^{-3}$	$7.03×10^{-4}$	1	69.39	78.52	0.60
䓛	A2-v0	$1.66×10^{-6}$	$1.29×10^{-6}$	$5.37×10^{-6}$	$9.83×10^{-7}$	4	76.71	45.33	0.63

物质	CARB等级	排放系数/（lb/MMcf）				测试	RSD/%	不确定性/%	检测比
		平均值	中间值	最大值	最小值				
铜	C3-v0	4.73×10^{-3}	2.16×10^{-3}	1.05×10^{-2}	1.48×10^{-3}	1	106.76	120.81	1.00
二苯并[*a*,*h*]蒽	A1-v2	1.06×10^{-5}	1.95×10^{-6}	1.31×10^{-4}	6.78×10^{-7}	9	262.22	100.79	0.00
乙苯	A2-v1	3.04×10^{-2}	1.74×10^{-2}	9.50×10^{-2}	2.53×10^{-3}	4	100.75	57.01	0.51
荧蒽	A2-v0	3.06×10^{-6}	3.03×10^{-6}	5.66×10^{-6}	1.72×10^{-6}	4	37.95	22.43	1.00
芴	A2-v0	1.06×10^{-5}	8.55×10^{-6}	2.64×10^{-5}	3.33×10^{-6}	4	67.66	39.98	1.00
甲醛	B1-v3	1.51×10^{-1}	3.03×10^{-2}	1.76	7.92×10^{-4}	7	254.14	108.70	1.00
硫化氢	A1-v1	4.05×10^{-1}	3.27×10^{-1}	1.20	1.82×10^{-2}	7	84.49	36.13	0.00
茚并[1,2,3-*c*,*d*]芘	A1-v3	1.15×10^{-4}	2.29×10^{-6}	1.55×10^{-3}	9.83×10^{-7}	9	342.12	131.50	0.99
铅	C3-v0	5.49×10^{-3}	4.43×10^{-3}	8.43×10^{-3}	3.61×10^{-3}	1	47.03	53.22	1.00
锰	C3-v0	7.65×10^{-3}	7.03×10^{-3}	1.37×10^{-2}	2.21×10^{-3}	1	75.45	85.38	1.00
汞	C3-v0	2.02×10^{-4}	1.97×10^{-4}	2.17×10^{-4}	1.92×10^{-4}	1	6.49	7.34	0.36
萘	A2-v0	3.02×10^{-4}	2.43×10^{-4}	6.96×10^{-4}	1.33×10^{-4}	4	62.74	37.08	1.00
镍	C3-v1	1.06×10^{-2}	1.48×10^{-3}	2.88×10^{-2}	1.44×10^{-3}	1	149.30	168.95	0.95
菲	A2-v0	1.44×10^{-5}	1.49×10^{-5}	2.17×10^{-5}	7.69×10^{-6}	4	32.45	19.18	1.00
苯酚	C1-v1	6.96×10^{-3}	4.70×10^{-3}	2.68×10^{-2}	2.93×10^{-4}	7	103.61	44.32	0.97
磷	C3-v0	7.21×10^{-4}	7.22×10^{-4}	7.38×10^{-4}	7.03×10^{-4}	1	2.45	2.78	0.00
丙烯	A2-v0	2.05×10^{-3}	2.14×10^{-3}	2.91×10^{-3}	1.00×10^{-3}	3	25.36	16.57	0.05
芘	A2-v0	2.84×10^{-6}	2.63×10^{-6}	5.09×10^{-6}	1.78×10^{-6}	4	33.95	20.06	1.00
硒	C3-v0	2.20×10^{-5}	2.28×10^{-5}	2.85×10^{-5}	1.48×10^{-5}	1	31.23	35.34	0.78
银	C3-v1	1.81×10^{-3}	1.48×10^{-3}	3.61×10^{-3}	3.53×10^{-4}	1	91.23	103.24	0.94
铊	C3-v0	6.49×10^{-3}	6.49×10^{-3}	6.64×10^{-3}	6.33×10^{-3}	1	2.45	2.78	0.00
甲苯	D1-v2	1.37×10^{-1}	7.81×10^{-2}	1.21	3.71×10^{-3}	11	154.31	52.65	0.55
二甲苯（总）	A2-v1	3.74×10^{-2}	3.37×10^{-2}	9.90×10^{-2}	4.27×10^{-3}	4	95.86	54.24	0.60
锌	C3-v0	2.34×10^{-2}	2.89×10^{-2}	3.18×10^{-2}	9.52×10^{-3}	1	51.72	58.53	1.00

表 D-10b　排放系数数据汇总—采用非选择性催化还原（NO_x）控制措施的炼油厂气的加热器

物质	CARB等级	排放系数/（lb/MMcf）				测试	RSD/%	不确定性/%	检测比
		平均值	中间值	最大值	最小值				
苊	A2-v0	2.36×10^{-9}	1.55×10^{-9}	5.61×10^{-9}	1.20×10^{-9}	4	69.14	40.86	0.95
苊烯	A2-v0	1.55×10^{-9}	1.25×10^{-9}	2.74×10^{-9}	1.02×10^{-9}	4	41.70	24.64	0.51
乙醛	B1-v3	1.53×10^{-5}	8.12×10^{-6}	8.55×10^{-5}	8.41×10^{-8}	8	126.30	50.53	0.88
蒽	A2-v0	2.87×10^{-9}	2.30×10^{-9}	6.45×10^{-9}	1.09×10^{-9}	4	61.24	36.19	0.92
锑	C3-v0	5.17×10^{-7}	5.84×10^{-7}	7.58×10^{-7}	2.10×10^{-7}	1	54.13	61.25	1.00

物质	CARB等级	排放系数/（lb/MMcf）				测试	RSD/%	不确定性/%	检测比
		平均值	中间值	最大值	最小值				
砷	C3-v0	8.50×10^{-7}	9.90×10^{-7}	1.28×10^{-6}	2.84×10^{-7}	1	60.10	68.00	1.00
钡	C3-v0	5.78×10^{-6}	5.78×10^{-6}	5.92×10^{-6}	5.63×10^{-6}	1	2.45	2.78	0.00
苯	B1-v1	6.47×10^{-5}	5.49×10^{-5}	1.85×10^{-4}	2.54×10^{-6}	11	87.67	29.91	0.02
苯并[*a*]蒽	A1-v2	3.21×10^{-8}	5.40×10^{-9}	3.39×10^{-7}	1.05×10^{-9}	9	265.30	101.97	1.00
苯并[*a*]芘	A1-v3	8.96×10^{-8}	1.73×10^{-9}	1.38×10^{-6}	1.02×10^{-9}	9	352.36	135.44	0.98
苯并[*b*]荧蒽	A1-v2	4.04×10^{-8}	3.31×10^{-9}	4.87×10^{-7}	1.02×10^{-9}	9	314.58	120.92	0.99
苯并[*g,h,i*]苝	A2-v0	1.17×10^{-9}	1.10×10^{-9}	1.40×10^{-9}	1.02×10^{-9}	4	11.55	6.82	0.00
苯并[*k*]荧蒽	A1-v2	2.41×10^{-8}	2.18×10^{-9}	2.96×10^{-7}	1.02×10^{-9}	9	310.01	119.16	0.96
铍	C3-v0	2.57×10^{-7}	2.57×10^{-7}	2.63×10^{-7}	2.50×10^{-7}	1	2.45	2.78	0.00
镉	C3-v0	9.88×10^{-7}	9.65×10^{-7}	1.18×10^{-6}	8.15×10^{-7}	1	18.76	21.23	1.00
铬（六价）	C3-v0	2.17×10^{-6}	2.21×10^{-6}	2.24×10^{-6}	2.05×10^{-6}	1	4.62	5.23	0.00
铬（总）	C3-v0	1.07×10^{-6}	6.57×10^{-7}	1.93×10^{-6}	6.26×10^{-7}	1	69.39	78.52	0.60
䓛	A2-v0	1.63×10^{-9}	1.23×10^{-9}	4.79×10^{-9}	1.02×10^{-9}	4	66.84	39.50	0.63
铜	C3-v0	4.21×10^{-6}	1.93×10^{-6}	9.39×10^{-6}	1.31×10^{-6}	1	106.76	120.81	1.00
二苯并[*a,h*]蒽	A1-v2	1.02×10^{-8}	1.60×10^{-9}	1.37×10^{-7}	5.93×10^{-10}	9	279.09	107.28	0.00
乙苯	A2-v1	3.02×10^{-5}	1.79×10^{-5}	1.03×10^{-4}	2.72×10^{-6}	4	104.65	59.21	0.51
荧蒽	A2-v0	3.06×10^{-9}	3.14×10^{-9}	5.04×10^{-9}	1.85×10^{-9}	4	33.80	19.97	1.00
芴	A2-v0	1.08×10^{-8}	8.77×10^{-9}	2.74×10^{-8}	2.96×10^{-9}	4	70.62	41.74	1.00
甲醛	B1-v3	1.11×10^{-4}	1.90×10^{-5}	1.34×10^{-3}	7.67×10^{-7}	7	262.94	112.46	1.00
硫化氢	A1-v1	2.92×10^{-4}	2.46×10^{-4}	8.04×10^{-4}	1.76×10^{-5}	7	75.53	32.30	0.00
茚并[1,2,3-*c,d*]芘	A1-v3	1.03×10^{-7}	1.75×10^{-9}	1.42×10^{-6}	1.02×10^{-9}	9	343.01	131.85	0.99
铅	C3-v0	4.89×10^{-6}	3.94×10^{-6}	7.51×10^{-6}	3.21×10^{-6}	1	47.03	53.22	1.00
锰	C3-v0	6.81×10^{-6}	6.26×10^{-6}	1.22×10^{-5}	1.97×10^{-6}	1	75.45	85.38	1.00
汞	C3-v0	1.80×10^{-7}	1.75×10^{-7}	1.93×10^{-7}	1.71×10^{-7}	1	6.49	7.34	0.36
萘	A2-v0	3.13×10^{-7}	2.61×10^{-7}	7.58×10^{-7}	1.19×10^{-7}	4	66.90	39.53	1.00
镍	C3-v1	9.42×10^{-6}	1.31×10^{-6}	2.57×10^{-5}	1.29×10^{-6}	1	149.30	168.95	0.95
菲	A2-v0	1.46×10^{-8}	1.50×10^{-8}	2.25×10^{-8}	6.91×10^{-9}	4	32.60	19.27	1.00
苯酚	C1-v1	5.63×10^{-6}	3.14×10^{-6}	2.54×10^{-5}	2.84×10^{-7}	7	114.62	49.02	0.97
磷	C3-v0	6.42×10^{-7}	6.43×10^{-7}	6.57×10^{-7}	6.26×10^{-7}	1	2.45	2.78	0.00
丙烯	A2-v0	2.17×10^{-6}	2.22×10^{-6}	2.98×10^{-6}	1.08×10^{-6}	3	23.69	15.47	0.05
芘	A2-v0	2.84×10^{-9}	2.72×10^{-9}	4.53×10^{-9}	1.87×10^{-9}	4	28.87	17.06	1.00
硒	C3-v0	1.96×10^{-8}	2.03×10^{-8}	2.54×10^{-8}	1.32×10^{-8}	1	31.23	35.34	0.78

物质	CARB等级	排放系数/（lb/MMcf）				测试	RSD/%	不确定性/%	检测比
		平均值	中间值	最大值	最小值				
银	C3-v1	1.61×10^{-6}	1.31×10^{-6}	3.21×10^{-6}	3.14×10^{-7}	1	91.23	103.24	0.94
铊	C3-v0	5.78×10^{-6}	5.78×10^{-6}	5.92×10^{-6}	5.63×10^{-6}	1	2.45	2.78	0.00
甲苯	D1-v2	1.07×10^{-4}	7.00×10^{-5}	9.19×10^{-4}	4.04×10^{-6}	11	148.57	50.69	0.55
二甲苯（总）	A2-v1	3.73×10^{-5}	3.16×10^{-5}	1.08×10^{-4}	4.66×10^{-6}	4	99.32	56.19	0.60
锌	C3-v0	2.08×10^{-5}	2.58×10^{-5}	2.83×10^{-5}	8.48×10^{-6}	1	51.72	58.53	1.00

表 D-11a 排放系数数据汇总—采用炼油厂气的加热器

物质	CARB等级	排放系数/（lb/MMcf）				测试	RSD/%	不确定性/%	检测比
		平均值	中间值	最大值	最小值				
苊	A2-v0	2.33×10^{-6}	1.46×10^{-6}	5.28×10^{-6}	1.11×10^{-6}	4	65.80	38.88	0.95
苊烯	A2-v0	1.52×10^{-6}	1.39×10^{-6}	2.64×10^{-6}	9.83×10^{-7}	4	38.62	22.82	0.51
乙醛	B1-v3	1.95×10^{-2}	1.08×10^{-2}	1.12×10^{-1}	1.10×10^{-4}	8	129.02	51.62	0.88
蒽	A2-v0	2.81×10^{-6}	2.40×10^{-6}	5.93×10^{-6}	1.01×10^{-6}	4	57.37	33.90	0.92
锑	C3-v0	5.81×10^{-4}	6.56×10^{-4}	8.51×10^{-4}	2.36×10^{-4}	1	54.13	61.25	1.00
砷	C3-v0	9.54×10^{-4}	1.11×10^{-3}	1.43×10^{-3}	3.19×10^{-4}	1	60.10	68.00	1.00
钡	C3-v0	6.49×10^{-3}	6.49×10^{-3}	6.64×10^{-3}	6.33×10^{-3}	1	2.45	2.78	0.00
苯	B1-v2	8.42×10^{-2}	6.76×10^{-2}	2.76×10^{-1}	2.35×10^{-3}	11	93.71	31.97	0.02
苯并[*a*]蒽	A1-v2	3.70×10^{-5}	7.11×10^{-6}	3.97×10^{-4}	1.00×10^{-6}	9	261.62	100.56	1.00
苯并[*a*]芘	A1-v3	9.89×10^{-5}	2.20×10^{-6}	1.32×10^{-3}	9.83×10^{-7}	9	344.55	132.44	0.98
苯并[*b*]荧蒽	A1-v2	4.61×10^{-5}	4.20×10^{-6}	6.04×10^{-4}	9.83×10^{-7}	9	315.76	121.37	0.99
苯并[*g,h,i*]苝	A2-v0	1.17×10^{-6}	1.04×10^{-6}	1.41×10^{-6}	9.83×10^{-7}	4	16.09	9.51	0.00
苯并[*k*]荧蒽	A1-v2	2.72×10^{-5}	2.66×10^{-6}	3.40×10^{-4}	9.83×10^{-7}	9	309.39	118.92	0.96
铍	C3-v0	2.88×10^{-4}	2.89×10^{-4}	2.95×10^{-4}	2.81×10^{-4}	1	2.45	2.78	0.00
镉	C3-v0	1.11×10^{-3}	1.08×10^{-3}	1.33×10^{-3}	9.15×10^{-4}	1	18.76	21.23	1.00
铬（六价）	C3-v0	2.43×10^{-3}	2.48×10^{-3}	2.51×10^{-3}	2.30×10^{-3}	1	4.62	5.23	0.00
铬（总）	C3-v0	1.20×10^{-3}	7.38×10^{-4}	2.16×10^{-3}	7.03×10^{-4}	1	69.39	78.52	0.60
䓛	A2-v0	1.66×10^{-6}	1.29×10^{-6}	5.37×10^{-6}	9.83×10^{-7}	4	76.71	45.33	0.63
铜	C3-v0	4.73×10^{-3}	2.16×10^{-3}	1.05×10^{-2}	1.48×10^{-3}	1	106.76	120.81	1.00
二苯并[*a,h*]蒽	A1-v2	1.06×10^{-5}	1.95×10^{-6}	1.31×10^{-4}	6.78×10^{-7}	9	262.22	100.79	0.00
乙苯	A2-v1	3.04×10^{-2}	1.74×10^{-2}	9.50×10^{-2}	2.53×10^{-3}	4	100.75	57.01	0.51
荧蒽	A2-v0	3.06×10^{-6}	3.03×10^{-6}	5.66×10^{-6}	1.72×10^{-6}	4	37.95	22.43	1.00
芴	A2-v0	1.06×10^{-5}	8.55×10^{-6}	2.64×10^{-5}	3.33×10^{-6}	4	67.66	39.98	1.00
甲醛	B1-v3	1.51×10^{-1}	3.03×10^{-2}	1.76	7.92×10^{-4}	7	254.14	108.70	1.00

物质	CARB等级	排放系数/（lb/MMcf）				测试	RSD/%	不确定性/%	检测比
		平均值	中间值	最大值	最小值				
硫化氢	A1-v1	4.05×10^{-1}	3.27×10^{-1}	1.20	1.82×10^{-2}	7	84.49	36.13	0.00
茚并[1,2,3-*c*,*d*]芘	A1-v3	1.15×10^{-4}	2.29×10^{-6}	1.55×10^{-3}	9.83×10^{-7}	9	342.12	131.50	0.99
铅	C3-v0	5.49×10^{-3}	4.43×10^{-3}	8.43×10^{-3}	3.61×10^{-3}	1	47.03	53.22	1.00
锰	C3-v0	7.65×10^{-3}	7.03×10^{-3}	1.37×10^{-2}	2.21×10^{-3}	1	75.45	85.38	1.00
汞	C3-v0	2.02×10^{-4}	1.97×10^{-4}	2.17×10^{-4}	1.92×10^{-4}	1	6.49	7.34	0.36
萘	A2-v0	3.02×10^{-4}	2.43×10^{-4}	6.96×10^{-4}	1.33×10^{-4}	4	62.74	37.08	1.00
镍	C3-v1	1.06×10^{-2}	1.48×10^{-3}	2.88×10^{-2}	1.44×10^{-3}	1	149.30	168.95	0.95
菲	A2-v0	1.44×10^{-5}	1.49×10^{-5}	2.17×10^{-5}	7.69×10^{-6}	4	32.45	19.18	1.00
苯酚	C1-v1	6.96×10^{-3}	4.70×10^{-3}	2.68×10^{-2}	2.93×10^{-4}	7	103.61	44.32	0.97
磷	C3-v0	7.21×10^{-4}	7.22×10^{-4}	7.38×10^{-4}	7.03×10^{-4}	1	2.45	2.78	0.00
丙烯	A2-v0	2.05×10^{-3}	2.14×10^{-3}	2.91×10^{-3}	1.00×10^{-3}	3	25.36	16.57	0.05
芘	A2-v0	2.84×10^{-6}	2.63×10^{-6}	5.09×10^{-6}	1.78×10^{-6}	4	33.95	20.06	1.00
硒	C3-v0	2.20×10^{-5}	2.28×10^{-5}	2.85×10^{-5}	1.48×10^{-5}	1	31.23	35.34	0.78
银	C3-v1	1.81×10^{-3}	1.48×10^{-3}	3.61×10^{-3}	3.53×10^{-4}	1	91.23	103.24	0.94
铊	C3-v0	6.49×10^{-3}	6.49×10^{-3}	6.64×10^{-3}	6.33×10^{-3}	1	2.45	2.78	0.00
甲苯	D1-v2	1.37×10^{-1}	7.81×10^{-2}	1.21	3.71×10^{-3}	11	154.31	52.65	0.55
二甲苯（总）	A2-v1	3.74×10^{-2}	3.37×10^{-2}	9.90×10^{-2}	4.27×10^{-3}	4	95.86	54.24	0.60
锌	C3-v0	2.34×10^{-2}	2.89×10^{-2}	3.18×10^{-2}	9.52×10^{-3}	1	51.72	58.53	1.00

表 D-11b 排放系数数据汇总—采用炼油厂气的加热器

物质	CARB等级	排放系数/（lb/MMBtu）				测试	RSD/%	不确定性/%	检测比
		平均值	中间值	最大值	最小值				
苊	A2-v0	2.36×10^{-9}	1.55×10^{-9}	5.61×10^{-9}	1.20×10^{-9}	4	69.14	40.86	0.95
苊烯	A2-v0	1.55×10^{-9}	1.25×10^{-9}	2.74×10^{-9}	1.02×10^{-9}	4	41.70	24.64	0.51
乙醛	B1-v3	1.53×10^{-5}	8.12×10^{-6}	8.55×10^{-5}	8.41×10^{-8}	8	126.30	50.53	0.88
蒽	A2-v0	2.87×10^{-9}	2.30×10^{-9}	6.45×10^{-9}	1.09×10^{-9}	4	61.24	36.19	0.92
锑	C3-v0	5.17×10^{-7}	5.84×10^{-7}	7.58×10^{-7}	2.10×10^{-7}	1	54.13	61.25	1.00
砷	C3-v0	8.50×10^{-7}	9.90×10^{-7}	1.28×10^{-6}	2.84×10^{-7}	1	60.10	68.00	1.00
钡	C3-v0	5.78×10^{-6}	5.78×10^{-6}	5.92×10^{-6}	5.63×10^{-6}	1	2.45	2.78	0.00
苯	B1-v1	6.47×10^{-5}	5.49×10^{-5}	1.85×10^{-4}	2.54×10^{-6}	11	87.67	29.91	0.02
苯并[*a*]蒽	A1-v2	3.21×10^{-8}	5.40×10^{-9}	3.39×10^{-7}	1.05×10^{-9}	9	265.30	101.97	1.00
苯并[*a*]芘	A1-v3	8.96×10^{-8}	1.73×10^{-9}	1.38×10^{-6}	1.02×10^{-9}	9	352.36	135.44	0.98
苯并[*b*]荧蒽	A1-v2	4.04×10^{-8}	3.31×10^{-9}	4.87×10^{-7}	1.02×10^{-9}	9	314.58	120.92	0.99

物质	CARB等级	排放系数/（lb/MMBtu）				测试	RSD/%	不确定性/%	检测比
		平均值	中间值	最大值	最小值				
苯并[*g*,*h*,*i*]苝	A2-v0	1.17×10^{-9}	1.10×10^{-9}	1.40×10^{-9}	1.02×10^{-9}	4	11.55	6.82	0.00
苯并[*k*]荧蒽	A1-v2	2.41×10^{-8}	2.18×10^{-9}	2.96×10^{-7}	1.02×10^{-9}	9	310.01	119.16	0.96
铍	C3-v0	2.57×10^{-7}	2.57×10^{-7}	2.63×10^{-7}	2.50×10^{-7}	1	2.45	2.78	0.00
镉	C3-v0	9.88×10^{-7}	9.65×10^{-7}	1.18×10^{-6}	8.15×10^{-7}	1	18.76	21.23	1.00
铬（六价）	C3-v0	2.17×10^{-6}	2.21×10^{-6}	2.24×10^{-6}	2.05×10^{-6}	1	4.62	5.23	0.00
铬（总）	C3-v0	1.07×10^{-6}	6.57×10^{-7}	1.93×10^{-6}	6.26×10^{-7}	1	69.39	78.52	0.60
䓛	A2-v0	1.63×10^{-9}	1.23×10^{-9}	4.79×10^{-9}	1.02×10^{-9}	4	66.84	39.50	0.63
铜	C3-v0	4.21×10^{-6}	1.93×10^{-6}	9.39×10^{-6}	1.31×10^{-6}	1	106.76	120.81	1.00
二苯并[*a*,*h*]蒽	A1-v2	1.02×10^{-8}	1.60×10^{-9}	1.37×10^{-7}	5.93×10^{-10}	9	279.09	107.28	0.00
乙苯	A2-v1	3.02×10^{-5}	1.79×10^{-5}	1.03×10^{-4}	2.72×10^{-6}	4	104.65	59.21	0.51
荧蒽	A2-v0	3.06×10^{-9}	3.14×10^{-9}	5.04×10^{-9}	1.85×10^{-9}	4	33.80	19.97	1.00
芴	A2-v0	1.08×10^{-8}	8.77×10^{-9}	2.74×10^{-8}	2.96×10^{-9}	4	70.62	41.74	1.00
甲醛	B1-v3	1.11×10^{-4}	1.90×10^{-5}	1.34×10^{-3}	7.67×10^{-7}	7	262.94	112.46	1.00
硫化氢	A1-v1	2.92×10^{-4}	2.46×10^{-4}	8.04×10^{-4}	1.76×10^{-5}	7	75.53	32.30	0.00
茚并[1,2,3-*c*,*d*]芘	A1-v3	1.03×10^{-7}	1.75×10^{-9}	1.42×10^{-6}	1.02×10^{-9}	9	343.01	131.85	0.99
铅	C3-v0	4.89×10^{-6}	3.94×10^{-6}	7.51×10^{-6}	3.21×10^{-6}	1	47.03	53.22	1.00
锰	C3-v0	6.81×10^{-6}	6.26×10^{-6}	1.22×10^{-5}	1.97×10^{-6}	1	75.45	85.38	1.00
汞	C3-v0	1.80×10^{-7}	1.75×10^{-7}	1.93×10^{-7}	1.71×10^{-7}	1	6.49	7.34	0.36
萘	A2-v0	3.13×10^{-7}	2.61×10^{-7}	7.58×10^{-7}	1.19×10^{-7}	4	66.90	39.53	1.00
镍	C3-v1	9.42×10^{-6}	1.31×10^{-6}	2.57×10^{-5}	1.29×10^{-6}	1	149.30	168.95	0.95
菲	A2-v0	1.46×10^{-8}	1.50×10^{-8}	2.25×10^{-8}	6.91×10^{-9}	4	32.60	19.27	1.00
苯酚	C1-v1	5.63×10^{-6}	3.14×10^{-6}	2.54×10^{-5}	2.84×10^{-7}	7	114.62	49.02	0.97
磷	C3-v0	6.42×10^{-7}	6.43×10^{-7}	6.57×10^{-7}	6.26×10^{-7}	1	2.45	2.78	0.00
丙烯	A2-v0	2.17×10^{-6}	2.22×10^{-6}	2.98×10^{-6}	1.08×10^{-6}	3	23.69	15.47	0.05
芘	A2-v0	2.84×10^{-9}	2.72×10^{-9}	4.53×10^{-9}	1.87×10^{-9}	4	28.87	17.06	1.00
硒	C3-v0	1.96×10^{-8}	2.03×10^{-8}	2.54×10^{-8}	1.32×10^{-8}	1	31.23	35.34	0.78
银	C3-v1	1.61×10^{-6}	1.31×10^{-6}	3.21×10^{-6}	3.14×10^{-7}	1	91.23	103.24	0.94
铊	C3-v0	5.78×10^{-6}	5.78×10^{-6}	5.92×10^{-6}	5.63×10^{-6}	1	2.45	2.78	0.00
甲苯	D1-v2	1.07×10^{-4}	7.00×10^{-5}	9.19×10^{-4}	4.04×10^{-6}	11	148.57	50.69	0.55
二甲苯（总）	A2-v1	3.73×10^{-5}	3.16×10^{-5}	1.08×10^{-4}	4.66×10^{-6}	4	99.32	56.19	0.60
锌	C3-v0	2.08×10^{-5}	2.58×10^{-5}	2.83×10^{-5}	8.48×10^{-6}	1	51.72	58.53	1.00

表 D-12a　排放系数数据汇总—采用选择性催化还原控制措施的炼油厂气的加热器

物质	CARB等级	排放系数/（lb/MMcf）				测试	RSD/%	不确定性/%	检测比
		平均值	中间值	最大值	最小值				
苊	A2-v0	$2.33×10^{-6}$	$1.46×10^{-6}$	$5.28×10^{-6}$	$1.11×10^{-6}$	4	65.80	38.88	0.95
苊烯	A2-v0	$1.52×10^{-6}$	$1.39×10^{-6}$	$2.64×10^{-6}$	$9.83×10^{-7}$	4	38.62	22.82	0.51
乙醛	B1-v3	$1.95×10^{-2}$	$1.08×10^{-2}$	$1.12×10^{-1}$	$1.10×10^{-4}$	8	129.02	51.62	0.88
蒽	A2-v0	$2.81×10^{-6}$	$2.40×10^{-6}$	$5.93×10^{-6}$	$1.01×10^{-6}$	4	57.37	33.90	0.92
锑	C3-v0	$5.81×10^{-4}$	$6.56×10^{-4}$	$8.51×10^{-4}$	$2.36×10^{-4}$	1	54.13	61.25	1.00
砷	C3-v0	$9.54×10^{-4}$	$1.11×10^{-3}$	$1.43×10^{-3}$	$3.19×10^{-4}$	1	60.10	68.00	1.00
钡	C3-v0	$6.49×10^{-3}$	$6.49×10^{-3}$	$6.64×10^{-3}$	$6.33×10^{-3}$	1	2.45	2.78	0.00
苯	B1-v2	$8.42×10^{-2}$	$6.76×10^{-2}$	$2.76×10^{-1}$	$2.35×10^{-3}$	11	93.71	31.97	0.02
苯并[*a*]蒽	A1-v2	$3.70×10^{-5}$	$7.11×10^{-6}$	$3.97×10^{-4}$	$1.00×10^{-6}$	9	261.62	100.56	1.00
苯并[*a*]芘	A1-v3	$9.89×10^{-5}$	$2.20×10^{-6}$	$1.32×10^{-3}$	$9.83×10^{-7}$	9	344.55	132.44	0.98
苯并[*b*]荧蒽	A1-v2	$4.61×10^{-5}$	$4.20×10^{-6}$	$6.04×10^{-4}$	$9.83×10^{-7}$	9	315.76	121.37	0.99
苯并[*g,h,i*]苝	A2-v0	$1.17×10^{-6}$	$1.04×10^{-6}$	$1.41×10^{-6}$	$9.83×10^{-7}$	4	16.09	9.51	0.00
苯并[*k*]荧蒽	A1-v2	$2.72×10^{-5}$	$2.66×10^{-6}$	$3.40×10^{-4}$	$9.83×10^{-7}$	9	309.39	118.92	0.96
铍	C3-v0	$2.88×10^{-4}$	$2.89×10^{-4}$	$2.95×10^{-4}$	$2.81×10^{-4}$	1	2.45	2.78	0.00
镉	C3-v0	$1.11×10^{-3}$	$1.08×10^{-3}$	$1.33×10^{-3}$	$9.15×10^{-4}$	1	18.76	21.23	1.00
铬（六价）	C3-v0	$2.43×10^{-3}$	$2.48×10^{-3}$	$2.51×10^{-3}$	$2.30×10^{-3}$	1	4.62	5.23	0.00
铬（总）	C3-v0	$1.20×10^{-3}$	$7.38×10^{-4}$	$2.16×10^{-3}$	$7.03×10^{-4}$	1	69.39	78.52	0.60
䓛	A2-v0	$1.66×10^{-6}$	$1.29×10^{-6}$	$5.37×10^{-6}$	$9.83×10^{-7}$	4	76.71	45.33	0.63
铜	C3-v0	$4.73×10^{-3}$	$2.16×10^{-3}$	$1.05×10^{-2}$	$1.48×10^{-3}$	1	106.76	120.81	1.00
二苯并[*a,h*]蒽	A1-v2	$1.06×10^{-5}$	$1.95×10^{-6}$	$1.31×10^{-4}$	$6.78×10^{-7}$	9	262.22	100.79	0.00
乙苯	A2-v1	$3.04×10^{-2}$	$1.74×10^{-2}$	$9.50×10^{-2}$	$2.53×10^{-3}$	4	100.75	57.01	0.51
荧蒽	A2-v0	$3.06×10^{-6}$	$3.03×10^{-6}$	$5.66×10^{-6}$	$1.72×10^{-6}$	4	37.95	22.43	1.00
芴	A2-v0	$1.06×10^{-5}$	$8.55×10^{-6}$	$2.64×10^{-5}$	$3.33×10^{-6}$	4	67.66	39.98	1.00
甲醛	B1-v3	$1.51×10^{-1}$	$3.03×10^{-2}$	1.76	$7.92×10^{-4}$	7	254.14	108.70	1.00
硫化氢	A1-v1	$4.05×10^{-1}$	$3.27×10^{-1}$	1.20	$1.82×10^{-2}$	7	84.49	36.13	0.00
茚并[1,2,3-*c,d*]芘	A1-v3	$1.15×10^{-4}$	$2.29×10^{-6}$	$1.55×10^{-3}$	$9.83×10^{-7}$	9	342.12	131.50	0.99
铅	C3-v0	$5.49×10^{-3}$	$4.43×10^{-3}$	$8.43×10^{-3}$	$3.61×10^{-3}$	1	47.03	53.22	1.00
锰	C3-v0	$7.65×10^{-3}$	$7.03×10^{-3}$	$1.37×10^{-2}$	$2.21×10^{-3}$	1	75.45	85.38	1.00
汞	C3-v0	$2.02×10^{-4}$	$1.97×10^{-4}$	$2.17×10^{-4}$	$1.92×10^{-4}$	1	6.49	7.34	0.36
萘	A2-v0	$3.02×10^{-4}$	$2.43×10^{-4}$	$6.96×10^{-4}$	$1.33×10^{-4}$	4	62.74	37.08	1.00

物质	CARB等级	排放系数/（lb/MMcf）				测试	RSD/%	不确定性/%	检测比
		平均值	中间值	最大值	最小值				
镍	C3-v1	1.06×10^{-2}	1.48×10^{-3}	2.88×10^{-2}	1.44×10^{-3}	1	149.30	168.95	0.95
菲	A2-v0	1.44×10^{-5}	1.49×10^{-5}	2.17×10^{-5}	7.69×10^{-6}	4	32.45	19.18	1.00
苯酚	C1-v1	6.96×10^{-3}	4.70×10^{-3}	2.68×10^{-2}	2.93×10^{-4}	7	103.61	44.32	0.97
磷	C3-v0	7.21×10^{-4}	7.22×10^{-4}	7.38×10^{-4}	7.03×10^{-4}	1	2.45	2.78	0.00
丙烯	A2-v0	2.05×10^{-3}	2.14×10^{-3}	2.91×10^{-3}	1.00×10^{-3}	3	25.36	16.57	0.05
芘	A2-v0	2.84×10^{-6}	2.63×10^{-6}	5.09×10^{-6}	1.78×10^{-6}	4	33.95	20.06	1.00
硒	C3-v0	2.20×10^{-5}	2.28×10^{-5}	2.85×10^{-5}	1.48×10^{-5}	1	31.23	35.34	0.78
银	C3-v1	1.81×10^{-3}	1.48×10^{-3}	3.61×10^{-3}	3.53×10^{-4}	1	91.23	103.24	0.94
铊	C3-v0	6.49×10^{-3}	6.49×10^{-3}	6.64×10^{-3}	6.33×10^{-3}	1	2.45	2.78	0.00
甲苯	D1-v2	1.37×10^{-1}	7.81×10^{-2}	1.21	3.71×10^{-3}	11	154.31	52.65	0.55
二甲苯（总）	A2-v1	3.74×10^{-2}	3.37×10^{-2}	9.90×10^{-2}	4.27×10^{-3}	4	95.86	54.24	0.60
锌	C3-v0	2.34×10^{-2}	2.89×10^{-2}	3.18×10^{-2}	9.52×10^{-3}	1	51.72	58.53	1.00

表 D-12b 排放系数数据汇总—采用选择性催化还原控制措施的炼油厂气的加热器

物质	CARB等级	排放系数/（lb/MMBtu）				测试	RSD/%	不确定性/%	检测比
		平均值	中间值	最大值	最小值				
苊	A2-v0	2.36×10^{-9}	1.55×10^{-9}	5.61×10^{-9}	1.20×10^{-9}	4	69.14	40.86	0.95
苊烯	A2-v0	1.55×10^{-9}	1.25×10^{-9}	2.74×10^{-9}	1.02×10^{-9}	4	41.70	24.64	0.51
乙醛	B1-v3	1.53×10^{-5}	8.12×10^{-6}	8.55×10^{-5}	8.41×10^{-8}	8	126.30	50.53	0.88
蒽	A2-v0	2.87×10^{-9}	2.30×10^{-9}	6.45×10^{-9}	1.09×10^{-9}	4	61.24	36.19	0.92
锑	C3-v0	5.17×10^{-7}	5.84×10^{-7}	7.58×10^{-7}	2.10×10^{-7}	1	54.13	61.25	1.00
砷	C3-v0	8.50×10^{-7}	9.90×10^{-7}	1.28×10^{-6}	2.84×10^{-7}	1	60.10	68.00	1.00
钡	C3-v0	5.78×10^{-6}	5.78×10^{-6}	5.92×10^{-6}	5.63×10^{-6}	1	2.45	2.78	0.00
苯	B1-v1	6.47×10^{-5}	5.49×10^{-5}	1.85×10^{-4}	2.54×10^{-6}	11	87.67	29.91	0.02
苯并[*a*]蒽	A1-v2	3.21×10^{-8}	5.40×10^{-9}	3.39×10^{-7}	1.05×10^{-9}	9	265.30	101.97	1.00
苯并[*a*]芘	A1-v3	8.96×10^{-8}	1.73×10^{-9}	1.38×10^{-6}	1.02×10^{-9}	9	352.36	135.44	0.98
苯并[*b*]荧蒽	A1-v2	4.04×10^{-8}	3.31×10^{-9}	4.87×10^{-7}	1.02×10^{-9}	9	314.58	120.92	0.99
苯并[*g,h,i*]苝	A2-v0	1.17×10^{-9}	1.10×10^{-9}	1.40×10^{-9}	1.02×10^{-9}	4	11.55	6.82	0.00
苯并[*k*]荧蒽	A1-v2	2.41×10^{-8}	2.18×10^{-9}	2.96×10^{-7}	1.02×10^{-9}	9	310.01	119.16	0.96
铍	C3-v0	2.57×10^{-7}	2.57×10^{-7}	2.63×10^{-7}	2.50×10^{-7}	1	2.45	2.78	0.00
镉	C3-v0	9.88×10^{-7}	9.65×10^{-7}	1.18×10^{-6}	8.15×10^{-7}	1	18.76	21.23	1.00
铬（六价）	C3-v0	2.17×10^{-6}	2.21×10^{-6}	2.24×10^{-6}	2.05×10^{-6}	1	4.62	5.23	0.00
铬（总）	C3-v0	1.07×10^{-6}	6.57×10^{-7}	1.93×10^{-6}	6.26×10^{-7}	1	69.39	78.52	0.60
䓛	A2-v0	1.63×10^{-9}	1.23×10^{-9}	4.79×10^{-9}	1.02×10^{-9}	4	66.84	39.50	0.63

物质	CARB等级	排放系数/（lb/MMBtu）				测试	RSD/%	不确定性/%	检测比
		平均值	中间值	最大值	最小值				
铜	C3-v0	4.21×10^{-6}	1.93×10^{-6}	9.39×10^{-6}	1.31×10^{-6}	1	106.76	120.81	1.00
二苯并[*a*,*h*]蒽	A1-v2	1.02×10^{-8}	1.60×10^{-9}	1.37×10^{-7}	5.93×10^{-10}	9	279.09	107.28	0.00
乙苯	A2-v1	3.02×10^{-5}	1.79×10^{-5}	1.03×10^{-4}	2.72×10^{-6}	4	104.65	59.21	0.51
荧蒽	A2-v0	3.06×10^{-9}	3.14×10^{-9}	5.04×10^{-9}	1.85×10^{-9}	4	33.80	19.97	1.00
芴	A2-v0	1.08×10^{-8}	8.77×10^{-9}	2.74×10^{-8}	2.96×10^{-9}	4	70.62	41.74	1.00
甲醛	B1-v3	1.11×10^{-4}	1.90×10^{-5}	1.34×10^{-3}	7.67×10^{-7}	7	262.94	112.46	1.00
硫化氢	A1-v1	2.92×10^{-4}	2.46×10^{-4}	8.04×10^{-4}	1.76×10^{-5}	7	75.53	32.30	0.00
茚并[1,2,3-*c*,*d*]芘	A1-v3	1.03×10^{-7}	1.75×10^{-9}	1.42×10^{-6}	1.02×10^{-9}	9	343.01	131.85	0.99
铅	C3-v0	4.89×10^{-6}	3.94×10^{-6}	7.51×10^{-6}	3.21×10^{-6}	1	47.03	53.22	1.00
锰	C3-v0	6.81×10^{-6}	6.26×10^{-6}	1.22×10^{-5}	1.97×10^{-6}	1	75.45	85.38	1.00
汞	C3-v0	1.80×10^{-7}	1.75×10^{-7}	1.93×10^{-7}	1.71×10^{-7}	1	6.49	7.34	0.36
萘	A2-v0	3.13×10^{-7}	2.61×10^{-7}	7.58×10^{-7}	1.19×10^{-7}	4	66.90	39.53	1.00
镍	C3-v1	9.42×10^{-6}	1.31×10^{-6}	2.57×10^{-5}	1.29×10^{-6}	1	149.30	168.95	0.95
菲	A2-v0	1.46×10^{-8}	1.50×10^{-8}	2.25×10^{-8}	6.91×10^{-9}	4	32.60	19.27	1.00
苯酚	C1-v1	5.63×10^{-6}	3.14×10^{-6}	2.54×10^{-5}	2.84×10^{-7}	7	114.62	49.02	0.97
磷	C3-v0	6.42×10^{-7}	6.43×10^{-7}	6.57×10^{-7}	6.26×10^{-7}	1	2.45	2.78	0.00
丙烯	A2-v0	2.17×10^{-6}	2.22×10^{-6}	2.98×10^{-6}	1.08×10^{-6}	3	23.69	15.47	0.05
芘	A2-v0	2.84×10^{-9}	2.72×10^{-9}	4.53×10^{-9}	1.87×10^{-9}	4	28.87	17.06	1.00
硒	C3-v0	1.96×10^{-8}	2.03×10^{-8}	2.54×10^{-8}	1.32×10^{-8}	1	31.23	35.34	0.78
银	C3-v1	1.61×10^{-6}	1.31×10^{-6}	3.21×10^{-6}	3.14×10^{-7}	1	91.23	103.24	0.94
铊	C3-v0	5.78×10^{-6}	5.78×10^{-6}	5.92×10^{-6}	5.63×10^{-6}	1	2.45	2.78	0.00
甲苯	D1-v2	1.07×10^{-4}	7.00×10^{-5}	9.19×10^{-4}	4.04×10^{-6}	11	148.57	50.69	0.55
二甲苯（总）	A2-v1	3.73×10^{-5}	3.16×10^{-5}	1.08×10^{-4}	4.66×10^{-6}	4	99.32	56.19	0.60
锌	C3-v0	2.08×10^{-5}	2.58×10^{-5}	2.83×10^{-5}	8.48×10^{-6}	1	51.72	58.53	1.00

表 D-13a　排放系数数据汇总—柴油内燃发动机（O_2＜13%）

物质	CARB等级	排放系数/（lb/MMcf）				测试	RSD/%	不确定性/%	检测比
		平均值	中间值	最大值	最小值				
苊	C3-v0	6.44×10^{-4}	6.87×10^{-4}	8.67×10^{-4}	3.78×10^{-4}	1	38.39	43.44	1.00
苊烯	C3-v0	1.27×10^{-3}	1.31×10^{-3}	1.32×10^{-3}	1.18×10^{-3}	1	6.10	6.91	1.00
乙醛	A3-v0	3.47×10^{-3}	2.25×10^{-3}	6.46×10^{-3}	1.69×10^{-3}	1	75.34	85.25	1.00
丙烯醛	A3-v0	1.07×10^{-3}	7.15×10^{-4}	1.79×10^{-3}	7.15×10^{-4}	1	57.74	65.33	0.56

物质	CARB等级	排放系数/（lb/MMcf）				测试	RSD/%	不确定性/%	检测比
		平均值	中间值	最大值	最小值				
蒽	C3-v0	1.70×10^{-4}	1.34×10^{-4}	2.89×10^{-4}	8.61×10^{-5}	1	62.56	70.79	1.00
苯	A3-v0	1.01×10^{-1}	9.93×10^{-2}	1.04×10^{-1}	9.93×10^{-2}	1	2.71	3.06	1.00
苯并[*a*]蒽	C3-v0	8.71×10^{-5}	8.30×10^{-5}	9.69×10^{-5}	8.15×10^{-5}	1	9.72	11.00	1.00
苯并[*a*]芘	C3-v0	3.54×10^{-5}	3.84×10^{-5}	4.77×10^{-5}	2.00×10^{-5}	1	39.85	45.09	0.45
苯并[*b*]荧蒽	C3-v0	1.53×10^{-4}	1.41×10^{-4}	1.92×10^{-4}	1.26×10^{-4}	1	22.58	25.55	0.27
苯并[*g,h,i*]苝	C3-v0	7.69×10^{-5}	7.84×10^{-5}	8.30×10^{-5}	6.92×10^{-5}	1	9.17	10.37	1.00
苯并[*k*]荧蒽	C3-v0	3.02×10^{-5}	1.23×10^{-5}	6.92×10^{-5}	9.22×10^{-6}	1	111.67	126.37	0.76
䓛	C3-v0	2.11×10^{-4}	2.21×10^{-4}	2.28×10^{-4}	1.84×10^{-4}	1	11.03	12.48	1.00
二苯并[*a,h*]蒽	C3-v0	4.77×10^{-5}	4.61×10^{-5}	5.07×10^{-5}	4.61×10^{-5}	1	5.59	6.32	0.00
荧蒽	C3-v0	5.56×10^{-4}	5.47×10^{-4}	5.84×10^{-4}	5.37×10^{-4}	1	4.50	5.09	1.00
芴	C3-v0	1.77×10^{-3}	1.76×10^{-3}	1.81×10^{-3}	1.72×10^{-3}	1	2.62	2.96	1.00
甲醛	A3-v1	1.09×10^{-2}	4.64×10^{-3}	2.63×10^{-2}	1.74×10^{-3}	1	123.19	139.41	1.00
茚并[1,2,3-*c,d*]芘	C3-v0	5.69×10^{-5}	5.84×10^{-5}	6.61×10^{-5}	4.61×10^{-5}	1	17.72	20.05	0.34
萘	C3-v0	1.80×10^{-2}	1.81×10^{-2}	1.85×10^{-2}	1.72×10^{-2}	1	3.74	4.24	1.00
菲	C3-v0	5.62×10^{-3}	5.65×10^{-3}	5.76×10^{-3}	5.47×10^{-3}	1	2.58	2.92	1.00
丙烯	A3-v0	3.85×10^{-1}	4.03×10^{-1}	4.03×10^{-1}	3.49×10^{-1}	1	8.06	9.12	1.00
芘	C3-v0	5.11×10^{-4}	4.89×10^{-4}	5.60×10^{-4}	4.86×10^{-4}	1	8.16	9.24	1.00
甲苯	A3-v0	3.74×10^{-2}	3.70×10^{-2}	3.87×10^{-2}	3.64×10^{-2}	1	3.27	3.70	1.00
二甲苯（总）	A3-v0	2.68×10^{-2}	2.70×10^{-2}	2.77×10^{-2}	2.57×10^{-2}	1	3.85	4.36	1.00

表 D-13b 排放系数数据汇总—柴油内燃发动机（O_2<13%）

物质	CARB等级	排放系数/（lb/MMBtu）				测试	RSD/%	不确定性/%	检测比
		平均值	中间值	最大值	最小值				
苊	C3-v0	4.54×10^{-6}	4.85×10^{-6}	6.12×10^{-6}	2.67×10^{-6}	1	38.39	43.44	1.00
苊烯	C3-v0	8.97×10^{-6}	9.23×10^{-6}	9.34×10^{-6}	8.34×10^{-6}	1	6.10	6.91	1.00
乙醛	A3-v0	2.44×10^{-5}	1.59×10^{-5}	4.56×10^{-5}	1.19×10^{-5}	1	75.34	85.25	1.00
丙烯醛	A3-v0	7.57×10^{-6}	5.04×10^{-6}	1.26×10^{-5}	5.04×10^{-6}	1	57.74	65.33	0.56
蒽	C3-v0	1.20×10^{-6}	9.43×10^{-7}	2.04×10^{-6}	6.07×10^{-7}	1	62.56	70.79	1.00
苯	A3-v0	7.11×10^{-4}	7.00×10^{-4}	7.33×10^{-4}	7.00×10^{-4}	1	2.71	3.06	1.00
苯并[*a*]蒽	C3-v0	6.14×10^{-7}	5.85×10^{-7}	6.83×10^{-7}	5.75×10^{-7}	1	9.72	11.00	1.00
苯并[*a*]芘	C3-v0	2.49×10^{-7}	2.71×10^{-7}	3.36×10^{-7}	1.41×10^{-7}	1	39.85	45.09	0.45
苯并[*b*]荧蒽	C3-v0	1.08×10^{-6}	9.98×10^{-7}	1.36×10^{-6}	8.89×10^{-7}	1	22.58	25.55	0.27
苯并[*g,h,i*]苝	C3-v0	5.42×10^{-7}	5.53×10^{-7}	5.85×10^{-7}	4.88×10^{-7}	1	9.17	10.37	1.00

物质	CARB等级	排放系数/（lb/MMBtu）				测试	RSD/%	不确定性/%	检测比
		平均值	中间值	最大值	最小值				
苯并[*k*]荧蒽	C3-v0	2.13×10^{-7}	8.67×10^{-8}	4.88×10^{-7}	6.51×10^{-8}	1	111.67	126.37	0.76
䓛	C3-v0	1.49×10^{-6}	1.56×10^{-6}	1.60×10^{-6}	1.30×10^{-6}	1	11.03	12.48	1.00
二苯并[*a,h*]蒽	C3-v0	3.36×10^{-7}	3.25×10^{-7}	3.58×10^{-7}	3.25×10^{-7}	1	5.59	6.32	0.00
荧蒽	C3-v0	3.92×10^{-6}	3.86×10^{-6}	4.12×10^{-6}	3.78×10^{-6}	1	4.50	5.09	1.00
芴	C3-v0	1.25×10^{-5}	1.24×10^{-5}	1.28×10^{-5}	1.21×10^{-5}	1	2.62	2.96	1.00
甲醛	A3-v1	7.68×10^{-5}	3.27×10^{-5}	1.85×10^{-4}	1.23×10^{-5}	1	123.19	139.41	1.00
茚并[1,2,3-*c,d*]芘	C3-v0	4.01×10^{-7}	4.12×10^{-7}	4.66×10^{-7}	3.25×10^{-7}	1	17.72	20.05	0.34
萘	C3-v0	1.27×10^{-4}	1.28×10^{-4}	1.31×10^{-4}	1.21×10^{-4}	1	3.74	4.24	1.00
菲	C3-v0	3.97×10^{-5}	3.98×10^{-5}	4.06×10^{-5}	3.86×10^{-5}	1	2.58	2.92	1.00
丙烯	A3-v0	2.71×10^{-3}	2.84×10^{-3}	2.84×10^{-3}	2.46×10^{-3}	1	8.06	9.12	1.00
芘	C3-v0	3.61×10^{-6}	3.45×10^{-6}	3.95×10^{-6}	3.43×10^{-6}	1	8.16	9.24	1.00
甲苯	A3-v0	2.63×10^{-4}	2.61×10^{-4}	2.73×10^{-4}	2.57×10^{-4}	1	3.27	3.70	1.00
二甲苯（总）	A3-v0	1.89×10^{-4}	1.91×10^{-4}	1.95×10^{-4}	1.81×10^{-4}	1	3.85	4.36	1.00

表 D-14a　排放系数数据汇总—柴油内燃发动机（O_2＞13%）

物质	CARB等级	排放系数/（lb/MMcf）				测试	RSD/%	不确定性/%	检测比
		平均值	中间值	最大值	最小值				
苊	C3-v2	1.98×10^{-4}	1.15×10^{-4}	6.88×10^{-4}	1.41×10^{-6}	2	136.01	108.83	1.00
苊烯	C3-v3	7.03×10^{-4}	3.13×10^{-4}	1.86×10^{-3}	1.41×10^{-6}	2	125.21	100.19	1.00
乙醛	A3-v0	1.07×10^{-1}	1.07×10^{-1}	1.52×10^{-1}	5.82×10^{-2}	2	43.11	34.50	1.00
丙烯醛	A3-v0	1.30×10^{-2}	8.43×10^{-3}	3.16×10^{-2}	6.62×10^{-3}	2	74.07	59.27	0.82
蒽	C3-v1	2.60×10^{-4}	2.95×10^{-4}	3.71×10^{-4}	3.11×10^{-5}	2	45.24	36.20	1.00
苯甲醛	A3-v0	1.26×10^{-2}	1.24×10^{-2}	1.35×10^{-2}	1.20×10^{-2}	1	6.29	7.12	0.68
苯	B3-v0	1.22×10^{-1}	1.13×10^{-1}	1.91×10^{-1}	6.57×10^{-2}	2	48.35	38.69	1.00
苯并[*a*]蒽	C3-v1	2.34×10^{-4}	2.04×10^{-4}	6.75×10^{-4}	1.55×10^{-5}	2	104.10	83.30	1.00
苯并[*a*]芘	C3-v1	2.60×10^{-5}	1.82×10^{-5}	5.83×10^{-5}	1.41×10^{-6}	2	108.55	86.85	0.00
苯并[*b*]荧蒽	C3-v0	2.59×10^{-5}	2.72×10^{-5}	3.88×10^{-5}	1.17×10^{-5}	1	52.68	59.61	0.50
苯并[*b*+*k*]荧蒽	C3-v0	1.44×10^{-6}	1.45×10^{-6}	1.46×10^{-6}	1.41×10^{-6}	1	1.90	2.14	0.00
苯并[*g,h,i*]苝	C3-v1	6.78×10^{-5}	5.89×10^{-5}	1.55×10^{-4}	1.17×10^{-5}	2	71.76	57.42	0.43
苯并[*k*]荧蒽	C3-v0	4.14×10^{-5}	4.27×10^{-5}	6.22×10^{-5}	1.94×10^{-5}	1	51.63	58.43	0.50
1,3-丁二烯	C3-v0	5.41×10^{-3}	5.41×10^{-3}	5.41×10^{-3}	5.41×10^{-3}	1	0.00	0.00	0.00
䓛	C3-v0	4.90×10^{-5}	5.23×10^{-5}	6.75×10^{-5}	2.72×10^{-5}	2	33.96	27.17	1.00

物质	CARB等级	排放系数/（lb/MMcf）				测试	RSD/%	不确定性/%	检测比
		平均值	中间值	最大值	最小值				
二苯并[*a,h*]蒽	C3-v0	8.12×10^{-5}	6.41×10^{-5}	1.44×10^{-4}	4.42×10^{-5}	2	50.80	40.65	0.35
荧蒽	C3-v1	1.06×10^{-3}	8.29×10^{-4}	2.70×10^{-3}	6.99×10^{-5}	2	90.38	72.32	1.00
芴	C3-v1	4.06×10^{-3}	3.96×10^{-3}	7.57×10^{-3}	2.10×10^{-4}	2	87.57	70.07	0.99
甲醛	A3-v0	1.65×10^{-1}	1.45×10^{-1}	3.35×10^{-1}	8.55×10^{-2}	2	55.71	44.58	1.00
茚并[1,2,3-*c,d*]芘	C3-v1	6.43×10^{-5}	4.08×10^{-5}	1.32×10^{-4}	7.77×10^{-6}	2	83.82	67.07	0.30
萘	C3-v0	1.18×10^{-2}	7.84×10^{-3}	3.04×10^{-2}	5.92×10^{-3}	2	80.11	64.10	1.00
菲	C3-v1	4.09×10^{-3}	4.23×10^{-3}	7.54×10^{-3}	3.11×10^{-4}	2	65.51	52.42	1.00
丙烯	B3-v0	3.58×10^{-1}	3.38×10^{-1}	5.83×10^{-1}	1.45×10^{-1}	2	56.61	45.30	1.00
芘	C3-v0	6.66×10^{-4}	6.10×10^{-4}	1.07×10^{-3}	1.17×10^{-4}	2	51.99	41.60	1.00
甲苯	B3-v0	5.50×10^{-2}	5.49×10^{-2}	7.56×10^{-2}	3.44×10^{-2}	2	38.06	30.45	1.00
二甲苯（间，对）	C3-v0	2.16×10^{-2}	2.09×10^{-2}	2.40×10^{-2}	1.98×10^{-2}	1	10.07	11.40	1.00
二甲苯（邻）	C3-v0	2.09×10^{-2}	2.09×10^{-2}	2.09×10^{-2}	2.09×10^{-2}	1	0.00	0.00	0.00
二甲苯（总）	A3-v0	3.59×10^{-2}	4.44×10^{-2}	4.44×10^{-2}	1.88×10^{-2}	1	41.24	46.67	1.00

表 D-14b 排放系数数据汇总—柴油内燃发动机（O_2＞13%）

物质	CARB等级	排放系数/（lb/MMBtu）				测试	RSD/%	不确定性/%	检测比
		平均值	中间值	最大值	最小值				
苊	C3-v2	1.43×10^{-6}	8.34×10^{-7}	4.97×10^{-6}	1.00×10^{-8}	2	136.02	108.84	1.00
苊烯	C3-v3	5.08×10^{-6}	2.27×10^{-6}	1.35×10^{-5}	1.00×10^{-8}	2	125.21	100.19	1.00
乙醛	A3-v0	7.64×10^{-4}	7.65×10^{-4}	1.08×10^{-3}	4.21×10^{-4}	2	42.48	33.99	1.00
丙烯醛	A3-v0	9.37×10^{-5}	6.05×10^{-5}	2.29×10^{-4}	4.72×10^{-5}	2	74.63	59.71	0.82
蒽	C3-v1	1.86×10^{-6}	2.10×10^{-6}	2.65×10^{-6}	2.25×10^{-7}	2	45.07	36.07	1.00
苯甲醛	A3-v0	9.01×10^{-5}	8.84×10^{-5}	9.64×10^{-5}	8.54×10^{-5}	1	6.29	7.12	0.68
苯	B3-v0	8.81×10^{-4}	8.17×10^{-4}	1.38×10^{-3}	4.69×10^{-4}	2	48.96	39.17	1.00
苯并[*a*]蒽	C3-v1	1.67×10^{-6}	1.47×10^{-6}	4.81×10^{-6}	1.12×10^{-7}	2	103.79	83.05	1.00
苯并[*a*]芘	C3-v1	1.88×10^{-7}	1.32×10^{-7}	4.21×10^{-7}	1.00×10^{-8}	2	108.63	86.92	0.00
苯并[*b*]荧蒽	C3-v0	1.87×10^{-7}	1.97×10^{-7}	2.81×10^{-7}	8.43×10^{-8}	1	52.68	59.61	0.50
苯并[*b*＋*k*]荧蒽	C3-v0	1.03×10^{-8}	1.03×10^{-8}	1.04×10^{-8}	1.00×10^{-8}	1	1.90	2.14	0.00
苯并[*g,h,i*]苝	C3-v1	4.87×10^{-7}	4.24×10^{-7}	1.12×10^{-6}	8.43×10^{-8}	2	72.27	57.82	0.43
苯并[*k*]荧蒽	C3-v0	3.00×10^{-7}	3.09×10^{-7}	4.49×10^{-7}	1.40×10^{-7}	1	51.63	58.43	0.50
1,3-丁二烯	C3-v0	3.86×10^{-5}	3.86×10^{-5}	3.86×10^{-5}	3.86×10^{-5}	1	0.00	0.00	0.00

物质	CARB等级	排放系数/（lb/MMBtu）				测试	RSD/%	不确定性/%	检测比
		平均值	中间值	最大值	最小值				
䓛	C3-v0	3.52×10^{-7}	3.76×10^{-7}	4.81×10^{-7}	1.97×10^{-7}	2	33.43	26.75	1.00
二苯并[*a*,*h*]蒽	C3-v0	5.84×10^{-7}	4.57×10^{-7}	1.04×10^{-6}	3.16×10^{-7}	2	51.34	41.08	0.35
荧蒽	C3-v1	7.59×10^{-6}	5.94×10^{-6}	1.93×10^{-5}	5.06×10^{-7}	2	90.02	72.03	1.00
芴	C3-v1	2.90×10^{-5}	2.83×10^{-5}	5.40×10^{-5}	1.52×10^{-6}	2	87.31	69.86	0.99
甲醛	A3-v0	1.19×10^{-3}	1.04×10^{-3}	2.39×10^{-3}	6.18×10^{-4}	2	55.30	44.25	1.00
茚并[1,2,3-*c*,*d*]芘	C3-v1	4.63×10^{-7}	2.91×10^{-7}	9.55×10^{-7}	5.62×10^{-8}	2	84.39	67.52	0.30
萘	C3-v0	8.48×10^{-5}	5.59×10^{-5}	2.20×10^{-4}	4.28×10^{-5}	2	80.69	64.56	1.00
菲	C3-v1	2.93×10^{-5}	3.03×10^{-5}	5.38×10^{-5}	2.25×10^{-6}	2	65.09	52.08	1.00
丙烯	B3-v0	2.58×10^{-3}	2.44×10^{-3}	4.22×10^{-3}	1.04×10^{-3}	2	57.16	45.74	1.00
芘	C3-v0	4.78×10^{-6}	4.38×10^{-6}	7.62×10^{-6}	8.43×10^{-7}	2	52.00	41.61	1.00
甲苯	B3-v0	3.96×10^{-4}	3.95×10^{-4}	5.47×10^{-4}	2.46×10^{-4}	2	38.72	30.98	1.00
二甲苯（间，对）	C3-v0	1.54×10^{-4}	1.49×10^{-4}	1.71×10^{-4}	1.42×10^{-4}	1	10.07	11.40	1.00
二甲苯（邻）	C3-v0	1.49×10^{-4}	1.49×10^{-4}	1.49×10^{-4}	1.49×10^{-4}	1	0.00	0.00	0.00
二甲苯（总）	A3-v0	2.59×10^{-4}	3.21×10^{-4}	3.21×10^{-4}	1.36×10^{-4}	1	41.24	46.67	1.00

表 D-15a 排放系数数据汇总—采用贫油天气的两冲程内燃发动机

物质	CARB等级	排放系数/（lb/MMcf）				测试	RSD/%	不确定性/%	检测比
		平均值	中间值	最大值	最小值				
苊	A3-v0	7.41×10^{-4}	7.41×10^{-4}	1.08×10^{-3}	4.00×10^{-4}	1	65.08	90.19	0.00
苊烯	A3-v0	1.11×10^{-2}	1.11×10^{-2}	1.57×10^{-2}	6.44×10^{-3}	1	59.06	81.86	1.00
乙醛	A3-v0	8.77	9.42	1.14×10	5.53	1	33.90	38.37	1.00
丙烯醛	A3-v1	2.00	1.44	4.36	2.00×10^{-1}	1	106.79	120.84	1.00
蒽	A3-v0	4.50×10^{-3}	4.50×10^{-3}	6.67×10^{-3}	2.34×10^{-3}	1	67.84	94.02	1.00
苯	A3-v0	7.85	4.60	1.36×10	4.23	2	60.68	53.19	1.00
苯并[*a*]蒽	A3-v0	8.97×10^{-4}	8.97×10^{-4}	9.11×10^{-4}	8.83×10^{-4}	1	2.17	3.01	1.00
苯并[*a*]芘	A3-v0	8.75×10^{-4}	8.75×10^{-4}	1.53×10^{-3}	2.16×10^{-4}	1	106.44	147.52	0.00
苯并[*b*]荧蒽	A3-v0	1.48×10^{-4}	1.48×10^{-4}	1.71×10^{-4}	1.24×10^{-4}	1	22.41	31.05	0.00
苯并[*g*,*h*,*i*]苝	A3-v0	9.40×10^{-5}	9.40×10^{-5}	9.92×10^{-5}	8.89×10^{-5}	1	7.74	10.72	0.00
苯并[*k*]荧蒽	A3-v0	4.57×10^{-3}	4.57×10^{-3}	4.69×10^{-3}	4.44×10^{-3}	1	3.78	5.23	1.00
䓛	A3-v0	1.69×10^{-3}	1.69×10^{-3}	1.80×10^{-3}	1.58×10^{-3}	1	9.43	13.07	1.00
二苯并[*a*,*h*]蒽	A3-v0	7.70×10^{-5}	7.70×10^{-5}	8.29×10^{-5}	7.11×10^{-5}	1	10.86	15.06	0.00

物质	CARB等级	排放系数/（lb/MMcf）				测试	RSD/%	不确定性/%	检测比
		平均值	中间值	最大值	最小值				
荧蒽	A3-v0	1.66×10^{-4}	1.66×10^{-4}	2.16×10^{-4}	1.16×10^{-4}	1	42.96	59.53	0.00
芴	A3-v0	2.44×10^{-3}	2.44×10^{-3}	3.61×10^{-3}	1.27×10^{-3}	1	67.90	94.10	0.00
甲醛	A3-v1	5.09×10	6.79×10	8.53×10	4.21	2	69.80	55.85	1.00
茚并[1,2,3-*c*,*d*]芘	A3-v0	1.37×10^{-4}	1.37×10^{-4}	1.46×10^{-4}	1.29×10^{-4}	1	8.83	12.24	0.00
萘	A3-v0	2.19×10^{-1}	2.19×10^{-1}	2.22×10^{-1}	2.16×10^{-1}	1	1.88	2.61	1.00
菲	A3-v0	4.91×10^{-3}	4.91×10^{-3}	6.49×10^{-3}	3.33×10^{-3}	1	45.46	63.00	1.00
丙烯	A3-v0	2.49×10	1.77×10	4.02×10	1.14×10	2	56.74	49.73	1.00
芘	A3-v0	2.39×10^{-4}	2.39×10^{-4}	3.06×10^{-4}	1.71×10^{-4}	1	40.10	55.57	0.64
甲苯	A3-v1	2.86	2.36	5.74	2.23×10^{-1}	2	72.83	63.84	1.00
二甲苯（间，对）	A3-v0	6.04×10^{-1}	3.17×10^{-1}	1.25	1.89×10^{-1}	2	80.76	70.79	1.00
二甲苯（邻）	A3-v0	2.88×10^{-1}	1.36×10^{-1}	5.91×10^{-1}	6.80×10^{-2}	2	88.41	77.49	1.00

表 D-15b 排放系数数据汇总—采用贫油天气的两冲程内燃发动机

物质	CARB等级	排放系数/（lb/MMBtu）				测试	RSD/%	不确定性/%	检测比
		平均值	中间值	最大值	最小值				
苊	A3-v0	7.06×10^{-7}	7.06×10^{-7}	1.03×10^{-6}	3.81×10^{-7}	1	65.08	90.19	0.00
苊烯	A3-v0	1.05×10^{-5}	1.05×10^{-5}	1.49×10^{-5}	6.14×10^{-6}	1	59.06	81.86	1.00
乙醛	A3-v0	8.36×10^{-3}	8.98×10^{-3}	1.08×10^{-2}	5.27×10^{-3}	1	33.90	38.37	1.00
丙烯醛	A3-v1	1.90×10^{-3}	1.37×10^{-3}	4.15×10^{-3}	1.90×10^{-4}	1	106.79	120.84	1.00
蒽	A3-v0	4.29×10^{-6}	4.29×10^{-6}	6.35×10^{-6}	2.23×10^{-6}	1	67.84	94.02	1.00
苯	A3-v0	7.48×10^{-3}	4.38×10^{-3}	1.30×10^{-2}	4.03×10^{-3}	2	60.68	53.19	1.00
苯并[*a*]蒽	A3-v0	8.54×10^{-7}	8.54×10^{-7}	8.68×10^{-7}	8.41×10^{-7}	1	2.17	3.01	1.00
苯并[*a*]芘	A3-v0	8.33×10^{-7}	8.33×10^{-7}	1.46×10^{-6}	2.06×10^{-7}	1	106.44	147.52	0.00
苯并[*b*]荧蒽	A3-v0	1.41×10^{-7}	1.41×10^{-7}	1.63×10^{-7}	1.18×10^{-7}	1	22.41	31.05	0.00
苯并[*g*,*h*,*i*]苝	A3-v0	8.95×10^{-8}	8.95×10^{-8}	9.44×10^{-8}	8.46×10^{-8}	1	7.74	10.72	0.00
苯并[*k*]荧蒽	A3-v0	4.35×10^{-6}	4.35×10^{-6}	4.46×10^{-6}	4.23×10^{-6}	1	3.78	5.23	1.00
䓛	A3-v0	1.61×10^{-6}	1.61×10^{-6}	1.72×10^{-6}	1.50×10^{-6}	1	9.43	13.07	1.00
二苯并[*a*,*h*]蒽	A3-v0	7.33×10^{-8}	7.33×10^{-8}	7.90×10^{-8}	6.77×10^{-8}	1	10.86	15.06	0.00
荧蒽	A3-v0	1.58×10^{-7}	1.58×10^{-7}	2.06×10^{-7}	1.10×10^{-7}	1	42.96	59.53	0.00
芴	A3-v0	2.32×10^{-6}	2.32×10^{-6}	3.43×10^{-6}	1.21×10^{-6}	1	67.90	94.10	0.00
甲醛	A3-v1	4.85×10^{-2}	6.46×10^{-2}	8.13×10^{-2}	4.01×10^{-3}	2	69.80	55.85	1.00

物质	CARB等级	排放系数/（lb/MMBtu）				测试	RSD/%	不确定性/%	检测比
		平均值	中间值	最大值	最小值				
茚并[1,2,3-*c*,*d*]芘	A3-v0	1.31×10^{-7}	1.31×10^{-7}	1.39×10^{-7}	1.23×10^{-7}	1	8.83	12.24	0.00
萘	A3-v0	2.09×10^{-4}	2.09×10^{-4}	2.12×10^{-4}	2.06×10^{-4}	1	1.88	2.61	1.00
菲	A3-v0	4.68×10^{-6}	4.68×10^{-6}	6.18×10^{-6}	3.17×10^{-6}	1	45.46	63.00	1.00
丙烯	A3-v0	2.37×10^{-2}	1.69×10^{-2}	3.82×10^{-2}	1.09×10^{-2}	2	56.74	49.73	1.00
芘	A3-v0	2.27×10^{-7}	2.27×10^{-7}	2.92×10^{-7}	1.63×10^{-7}	1	40.10	55.57	0.64
甲苯	A3-v1	2.72×10^{-3}	2.25×10^{-3}	5.47×10^{-3}	2.12×10^{-4}	2	72.83	63.84	1.00
二甲苯（间，对）	A3-v0	5.75×10^{-4}	3.02×10^{-4}	1.19×10^{-3}	1.80×10^{-4}	2	80.76	70.79	1.00
二甲苯（邻）	A3-v0	2.74×10^{-4}	1.30×10^{-4}	5.63×10^{-4}	6.48×10^{-5}	2	88.41	77.49	1.00

表 D-16a 排放系数数据汇总—采用贫油天气的四冲程内燃发动机

物质	CARB等级	排放系数/（lb/MMcf）				测试	RSD/%	不确定性/%	检测比
		平均值	中间值	最大值	最小值				
苯	A2-v0	1.72	2.07	2.24	9.25×10^{-1}	3	35.58	28.47	1.00
甲醛	A2-v1	4.15×10	3.14×10	9.78×10	4.62	3	76.73	50.13	1.00
丙烯	A2-v0	1.59×10	1.84×10	2.02×10	9.48	3	30.49	24.40	1.00
甲苯	A2-v0	7.68×10^{-1}	9.38×10^{-1}	1.17	2.69×10^{-1}	3	51.12	40.90	1.00
二甲苯（间，对）	A2-v1	3.02×10^{-1}	1.90×10^{-1}	9.03×10^{-1}	7.74×10^{-2}	3	99.71	79.78	1.00
二甲苯（邻）	A2-v0	8.97×10^{-2}	9.57×10^{-2}	1.22×10^{-1}	6.13×10^{-2}	3	25.60	20.49	1.00

表 D-16b 排放系数数据汇总—采用贫油天气的四冲程内燃发动机

物质	CARB等级	排放系数/（lb/MMBtu）				测试	RSD/%	不确定性/%	检测比
		平均值	中间值	最大值	最小值				
苯	A2-v0	1.64×10^{-3}	1.97×10^{-3}	2.14×10^{-3}	8.81×10^{-4}	3	35.58	28.47	1.00
甲醛	A2-v1	3.95×10^{-2}	2.99×10^{-2}	9.32×10^{-2}	4.40×10^{-3}	3	76.73	50.13	1.00
丙烯	A2-v0	1.52×10^{-2}	1.75×10^{-2}	1.92×10^{-2}	9.03×10^{-3}	3	30.49	24.40	1.00
甲苯	A2-v0	7.31×10^{-4}	8.94×10^{-4}	1.11×10^{-3}	2.56×10^{-4}	3	51.12	40.90	1.00
二甲苯（间，对）	A2-v1	2.87×10^{-4}	1.81×10^{-4}	8.60×10^{-4}	7.37×10^{-5}	3	99.71	79.78	1.00
二甲苯（邻）	A2-v0	8.55×10^{-5}	9.11×10^{-5}	1.16×10^{-4}	5.84×10^{-5}	3	25.60	20.49	1.00

表 D-17a 排放系数数据汇总—采用富油天气的四冲程内燃发动机

物质	CARB 等级	排放系数/（lb/MMcf）				测试	RSD/%	不确定性/%	检测比
		平均值	中间值	最大值	最小值				
苯	A3-v0	1.10×10	1.10×10	1.11×10	1.09×10	1	1.15	1.59	1.00
甲醛	A3-v0	5.05	4.65	5.98	4.53	1	15.91	18.00	1.00
丙烯	A3-v0	3.04	3.04	3.04	3.04	1	0.00	0.00	0.00
甲苯	A3-v0	3.44	3.44	3.55	3.33	1	4.56	6.32	1.00
二甲苯（间，对）	A3-v0	$5.37×10^{-1}$	$5.37×10^{-1}$	$5.62×10^{-1}$	$5.11×10^{-1}$	1	6.73	9.33	1.00
二甲苯（邻）	A3-v0	$2.68×10^{-1}$	$2.68×10^{-1}$	$2.81×10^{-1}$	$2.56×10^{-1}$	1	6.73	9.33	1.00

表 D-17b 排放系数数据汇总—采用富油天气的四冲程内燃发动机

物质	CARB 等级	排放系数/（lb/MMBtu）				测试	RSD/%	不确定性/%	检测比
		平均值	中间值	最大值	最小值				
苯	A3-v0	$1.05×10^{-2}$	$1.05×10^{-2}$	$1.06×10^{-2}$	$1.04×10^{-2}$	1	1.15	1.59	1.00
甲醛	A3-v0	$4.81×10^{-3}$	$4.43×10^{-3}$	$5.69×10^{-3}$	$4.31×10^{-3}$	1	15.91	18.00	1.00
丙烯	A3-v0	$2.90×10^{-3}$	$2.90×10^{-3}$	$2.90×10^{-3}$	$2.90×10^{-3}$	1	0.00	0.00	0.00
甲苯	A3-v0	$3.28×10^{-3}$	$3.28×10^{-3}$	$3.38×10^{-3}$	$3.17×10^{-3}$	1	4.56	6.32	1.00
二甲苯（间，对）	A3-v0	$5.11×10^{-4}$	$5.11×10^{-4}$	$5.36×10^{-4}$	$4.87×10^{-4}$	1	6.73	9.33	1.00
二甲苯（邻）	A3-v0	$2.56×10^{-4}$	$2.56×10^{-4}$	$2.68×10^{-4}$	$2.43×10^{-4}$	1	6.73	9.33	1.00

表 D-18a 排放系数数据汇总—采用贫天然气的四冲程内燃发动机

物质	CARB 等级	排放系数/（lb/MMcf）				测试	RSD/%	不确定性/%	检测比
		平均值	中间值	最大值	最小值				
苊	A3-v0	$7.17×10^{-4}$	$6.36×10^{-4}$	$9.60×10^{-4}$	$5.57×10^{-4}$	1	29.79	33.71	1.00
苊烯	A3-v0	$7.59×10^{-3}$	$7.65×10^{-3}$	$1.07×10^{-2}$	$4.40×10^{-3}$	1	41.56	47.03	1.00
乙醛	A1-v0	3.99	2.96	9.94	1.52	5	64.91	32.85	1.00
丙烯醛	A1-v1	1.63	1.10	5.48	$2.01×10^{-1}$	5	92.02	48.20	1.00
蒽	A3-v0	$2.56×10^{-4}$	$2.40×10^{-4}$	$3.69×10^{-4}$	$1.60×10^{-4}$	1	41.20	46.62	1.00
苯	A1-v1	1.21	1.22	2.47	$2.47×10^{-1}$	7	47.28	24.77	1.00
苯并[*a*]蒽	A3-v0	$7.78×10^{-5}$	$7.83×10^{-5}$	$9.60×10^{-5}$	$5.91×10^{-5}$	1	23.70	26.82	1.00
苯并[*a*]芘	A3-v0	$3.55×10^{-5}$	$2.93×10^{-5}$	$5.17×10^{-5}$	$2.54×10^{-5}$	1	39.97	45.23	0.76
苯并[*b*]荧蒽	A3-v2	$3.27×10^{-4}$	$4.43×10^{-5}$	$9.29×10^{-4}$	$6.26×10^{-6}$	1	159.90	180.94	0.95
苯并[*g,h,i*]苝	A3-v1	$1.03×10^{-4}$	$2.93×10^{-5}$	$2.58×10^{-4}$	$2.09×10^{-5}$	1	131.00	148.24	1.00
苯并[*k*]荧蒽	A3-v1	$5.30×10^{-4}$	$4.87×10^{-4}$	$1.07×10^{-3}$	$3.08×10^{-5}$	1	98.44	111.40	0.98
䓛	A3-v0	$9.64×10^{-5}$	$1.11×10^{-4}$	$1.12×10^{-4}$	$6.61×10^{-5}$	1	27.27	30.86	1.00

物质	CARB等级	排放系数/（lb/MMcf）				测试	RSD/%	不确定性/%	检测比
		平均值	中间值	最大值	最小值				
二苯并[*a,h*]蒽	A3-v0	$1.09×10^{-5}$	$1.11×10^{-5}$	$1.47×10^{-5}$	$6.96×10^{-6}$	1	35.41	40.07	1.00
荧蒽	A3-v0	$2.50×10^{-4}$	$2.64×10^{-4}$	$3.32×10^{-4}$	$1.53×10^{-4}$	1	36.21	40.98	1.00
芴	A3-v0	$4.60×10^{-4}$	$4.16×10^{-4}$	$6.28×10^{-4}$	$3.37×10^{-4}$	1	32.63	36.92	0.00
甲醛	A1-v0	2.87×10	2.77×10	4.79×10	9.68	7	38.56	16.49	1.00
茚并[1,2,3-*c,d*]芘	A3-v1	$1.20×10^{-4}$	$3.91×10^{-5}$	$2.95×10^{-4}$	$2.43×10^{-5}$	1	127.40	144.16	1.00
萘	A3-v0	$1.22×10^{-1}$	$1.60×10^{-1}$	$1.86×10^{-1}$	$1.99×10^{-2}$	1	73.21	82.85	1.00
菲	A3-v0	$8.93×10^{-4}$	$8.31×10^{-4}$	$1.26×10^{-3}$	$5.91×10^{-4}$	1	37.66	42.62	1.00
丙烯	A1-v1	1.87×10	8.81	5.85×10	4.12	7	109.05	57.12	0.97
芘	A3-v0	$1.23×10^{-4}$	$1.42×10^{-4}$	$1.62×10^{-4}$	$6.61×10^{-5}$	1	41.10	46.51	1.00
甲苯	A1-v0	$4.12×10^{-1}$	$3.96×10^{-1}$	$5.70×10^{-1}$	$1.65×10^{-1}$	7	33.98	17.80	1.00
二甲苯（间，对）	A1-v0	$8.63×10^{-2}$	$8.13×10^{-2}$	$1.59×10^{-1}$	$3.53×10^{-2}$	7	46.27	24.24	1.00
二甲苯（邻）	A1-v0	$4.94×10^{-2}$	$4.95×10^{-2}$	$9.14×10^{-2}$	$1.06×10^{-2}$	7	39.52	20.70	0.95

表 D-18b 排放系数数据汇总—采用贫天然气的四冲程内燃发动机

物质	CARB等级	排放系数/（lb/MMBtu）				测试	RSD/%	不确定性/%	检测比
		平均值	中间值	最大值	最小值				
苊	A3-v0	$6.83×10^{-7}$	$6.06×10^{-7}$	$9.14×10^{-7}$	$5.30×10^{-7}$	1	29.79	33.71	1.00
苊烯	A3-v0	$7.23×10^{-6}$	$7.29×10^{-6}$	$1.02×10^{-5}$	$4.19×10^{-6}$	1	41.56	47.03	1.00
乙醛	A1-v0	$3.80×10^{-3}$	$2.82×10^{-3}$	$9.47×10^{-3}$	$1.45×10^{-3}$	5	64.91	32.85	1.00
丙烯醛	A1-v1	$1.56×10^{-3}$	$1.05×10^{-3}$	$5.22×10^{-3}$	$1.92×10^{-4}$	5	92.02	48.20	1.00
蒽	A3-v0	$2.44×10^{-7}$	$2.28×10^{-7}$	$3.52×10^{-7}$	$1.52×10^{-7}$	1	41.20	46.62	1.00
苯	A1-v1	$1.15×10^{-3}$	$1.17×10^{-3}$	$2.35×10^{-3}$	$2.35×10^{-4}$	7	47.28	24.77	1.00
苯并[*a*]蒽	A3-v0	$7.41×10^{-8}$	$7.45×10^{-8}$	$9.14×10^{-8}$	$5.63×10^{-8}$	1	23.70	26.82	1.00
苯并[*a*]芘	A3-v0	$3.38×10^{-8}$	$2.79×10^{-8}$	$4.92×10^{-8}$	$2.42×10^{-8}$	1	39.97	45.23	0.76
苯并[*b*]荧蒽	A3-v2	$3.11×10^{-7}$	$4.22×10^{-8}$	$8.85×10^{-7}$	$5.96×10^{-9}$	1	159.90	180.94	0.95
苯并[*g,h,i*]芘	A3-v1	$9.80×10^{-8}$	$2.79×10^{-8}$	$2.46×10^{-7}$	$1.99×10^{-8}$	1	131.00	148.24	1.00
苯并[*k*]荧蒽	A3-v1	$5.04×10^{-7}$	$4.64×10^{-7}$	$1.02×10^{-6}$	$2.93×10^{-8}$	1	98.44	111.40	0.98
䓛	A3-v0	$9.19×10^{-8}$	$1.05×10^{-7}$	$1.07×10^{-7}$	$6.29×10^{-8}$	1	27.27	30.86	1.00
二苯并[*a,h*]蒽	A3-v0	$1.04×10^{-8}$	$1.05×10^{-8}$	$1.40×10^{-8}$	$6.63×10^{-9}$	1	35.41	40.07	1.00
荧蒽	A3-v0	$2.38×10^{-7}$	$2.52×10^{-7}$	$3.16×10^{-7}$	$1.46×10^{-7}$	1	36.21	40.98	1.00
芴	A3-v0	$4.38×10^{-7}$	$3.96×10^{-7}$	$5.98×10^{-7}$	$3.21×10^{-7}$	1	32.63	36.92	0.00

物质	CARB等级	排放系数/（lb/MMBtu）				测试	RSD/%	不确定性/%	检测比
		平均值	中间值	最大值	最小值				
甲醛	A1-v0	2.73×10^{-2}	2.64×10^{-2}	4.56×10^{-2}	9.22×10^{-3}	7	38.56	16.49	1.00
茚并[1,2,3-*c*,*d*]芘	A3-v1	1.14×10^{-7}	3.73×10^{-8}	2.81×10^{-7}	2.32×10^{-8}	1	127.40	144.16	1.00
萘	A3-v0	1.16×10^{-4}	1.52×10^{-4}	1.77×10^{-4}	1.90×10^{-5}	1	73.21	82.85	1.00
菲	A3-v0	8.50×10^{-7}	7.92×10^{-7}	1.20×10^{-6}	5.63×10^{-7}	1	37.66	42.62	1.00
丙烯	A1-v1	1.78×10^{-2}	8.39×10^{-3}	5.57×10^{-2}	3.92×10^{-3}	7	109.05	57.12	0.97
芘	A3-v0	1.18×10^{-7}	1.35×10^{-7}	1.55×10^{-7}	6.29×10^{-8}	1	41.10	46.51	1.00
甲苯	A1-v0	3.92×10^{-4}	3.77×10^{-4}	5.43×10^{-4}	1.57×10^{-4}	7	33.98	17.80	1.00
二甲苯（间，对）	A1-v0	8.22×10^{-5}	7.74×10^{-5}	1.51×10^{-4}	3.36×10^{-5}	7	46.27	24.24	1.00
二甲苯（邻）	A1-v0	4.71×10^{-5}	4.71×10^{-5}	8.70×10^{-5}	1.01×10^{-5}	7	39.52	20.70	0.95

表 D-19a 排放系数数据汇总—采用富天然气的四冲程内燃发动机

物质	CARB等级	排放系数/（lb/MMcf）				测试	RSD/%	不确定性/%	检测比
		平均值	中间值	最大值	最小值				
乙醛	A3-v0	1.71	1.70	1.82	1.60	1	6.46	7.31	1.00
丙烯醛	A3-v2	5.40×10^{-1}	4.16×10^{-1}	1.37	2.59×10^{-3}	2	105.82	84.67	1.00
苯	A3-v0	9.87	9.87	1.02×10	9.51	1	5.05	7.00	1.00
甲醛	A3-v1	5.32	4.48	1.14×10	4.21×10^{-1}	2	100.69	80.57	1.00
丙烯	A3-v0	3.95×10	3.95×10	4.20×10	3.70×10	1	8.95	12.40	1.00
甲苯	A3-v0	2.51	2.51	2.62	2.41	1	6.15	8.52	1.00
二甲苯（间，对）	A3-v0	4.41×10^{-1}	4.41×10^{-1}	4.54×10^{-1}	4.28×10^{-1}	1	4.04	5.60	1.00
二甲苯（邻）	A3-v0	2.17×10^{-1}	2.17×10^{-1}	2.22×10^{-1}	2.12×10^{-1}	1	3.29	4.56	1.00

表 D-19b 排放系数数据汇总—采用富天然气的四冲程内燃发动机

物质	CARB等级	排放系数/（lb/MMBtu）				测试	RSD/%	不确定性/%	检测比
		平均值	中间值	最大值	最小值				
乙醛	A3-v0	1.63×10^{-3}	1.62×10^{-3}	1.74×10^{-3}	1.53×10^{-3}	1	6.46	7.31	1.00
丙烯醛	A3-v2	5.15×10^{-4}	3.97×10^{-4}	1.31×10^{-3}	2.50×10^{-6}	2	105.65	84.54	1.00
苯	A3-v0	9.40×10^{-3}	9.40×10^{-3}	9.73×10^{-3}	9.06×10^{-3}	1	5.05	7.00	1.00
甲醛	A3-v1	5.07×10^{-3}	4.27×10^{-3}	1.09×10^{-2}	4.08×10^{-4}	2	100.52	80.43	1.00
丙烯	A3-v0	3.76×10^{-2}	3.76×10^{-2}	4.00×10^{-2}	3.52×10^{-2}	1	8.95	12.40	1.00
甲苯	A3-v0	2.40×10^{-3}	2.40×10^{-3}	2.50×10^{-3}	2.29×10^{-3}	1	6.15	8.52	1.00

物质	CARB等级	排放系数/（lb/MMBtu）				测试	RSD/%	不确定性/%	检测比
		平均值	中间值	最大值	最小值				
二甲苯（间，对）	A3-v0	4.20×10^{-4}	4.20×10^{-4}	4.32×10^{-4}	4.08×10^{-4}	1	4.04	5.60	1.00
二甲苯（邻）	A3-v0	2.06×10^{-4}	2.06×10^{-4}	2.11×10^{-4}	2.02×10^{-4}	1	3.29	4.56	1.00

表 D-20a　排放系数数据汇总—采用天然气的蒸汽发生器

物质	CARB等级	排放系数/（lb/MMcf）				测试	RSD/%	不确定性/%	检测比
		平均值	中间值	最大值	最小值				
乙醛	A3-v0	1.56×10^{-2}	1.57×10^{-2}	1.66×10^{-2}	1.44×10^{-2}	1	7.27	8.22	1.00
丙烯醛	A3-v0	1.84×10^{-2}	1.75×10^{-2}	2.22×10^{-2}	1.55×10^{-2}	1	18.73	21.19	1.00
苯	B3-v0	3.86×10^{-3}	3.87×10^{-3}	3.88×10^{-3}	3.83×10^{-3}	2	0.57	0.46	0.00
甲醛	A3-v1	2.95×10^{-2}	1.83×10^{-2}	9.16×10^{-2}	3.96×10^{-3}	2	111.23	89.00	1.00
丙烯	C3-v0	1.09×10^{-1}	1.09×10^{-1}	1.09×10^{-1}	1.09×10^{-1}	1	0.36	0.41	0.00
甲苯	B3-v0	1.20×10^{-2}	1.20×10^{-2}	1.20×10^{-2}	1.19×10^{-2}	2	0.57	0.46	0.00
二甲苯（总）	B3-v0	2.76×10^{-2}	2.76×10^{-2}	2.77×10^{-2}	2.74×10^{-2}	2	0.57	0.46	0.00

表 D-20b　排放系数数据汇总—采用天然气的蒸汽发生器

物质	CARB等级	排放系数/（lb/MMBtu）				测试	RSD/%	不确定性/%	检测比
		平均值	中间值	最大值	最小值				
乙醛	A3-v0	1.66×10^{-5}	1.68×10^{-5}	1.77×10^{-5}	1.53×10^{-5}	1	7.27	8.22	1.00
丙烯醛	A3-v0	1.96×10^{-5}	1.86×10^{-5}	2.37×10^{-5}	1.65×10^{-5}	1	18.73	21.19	1.00
苯	B3-v0	3.94×10^{-6}	3.93×10^{-6}	4.10×10^{-6}	3.78×10^{-6}	2	4.28	3.42	0.00
甲醛	A3-v1	3.11×10^{-5}	1.87×10^{-5}	9.75×10^{-5}	3.87×10^{-6}	2	113.45	90.78	1.00
丙烯	C3-v0	1.16×10^{-4}	1.16×10^{-4}	1.17×10^{-4}	1.16×10^{-4}	1	0.36	0.41	0.00
甲苯	B3-v0	1.22×10^{-5}	1.22×10^{-5}	1.27×10^{-5}	1.17×10^{-5}	2	4.28	3.42	0.00
二甲苯（总）	B3-v0	2.81×10^{-5}	2.81×10^{-5}	2.94×10^{-5}	2.70×10^{-5}	2	4.28	3.42	0.00

表 D-21a　排放系数数据汇总—采用天然气和套管回收气的蒸汽发生器

物质	CARB等级	排放系数/（lb/MMcf）				测试	RSD/%	不确定性/%	检测比
		平均值	中间值	最大值	最小值				
苊	A3-v0	1.04×10^{-6}	7.23×10^{-7}	2.38×10^{-6}	4.12×10^{-7}	2	69.67	55.75	0.72
苊烯	A3-v1	2.70×10^{-6}	6.70×10^{-7}	1.03×10^{-5}	4.12×10^{-7}	2	144.60	115.70	0.85
乙醛	A2-v0	1.12×10^{-2}	1.02×10^{-2}	2.67×10^{-2}	5.02×10^{-3}	4	55.73	31.53	0.84
丙烯醛	A2-v0	1.05×10^{-2}	1.07×10^{-2}	1.82×10^{-2}	5.02×10^{-3}	4	37.86	21.42	0.88
蒽	A3-v0	2.09×10^{-6}	2.28×10^{-6}	3.82×10^{-6}	4.12×10^{-7}	2	62.45	49.97	0.97
苯	B1-v0	3.33×10^{-3}	2.68×10^{-3}	6.21×10^{-3}	2.36×10^{-3}	5	44.41	22.47	0.00

物质	CARB等级	排放系数/（lb/MMcf）				测试	RSD/%	不确定性/%	检测比
		平均值	中间值	最大值	最小值				
苯并[a]蒽	A3-v0	1.22×10^{-6}	1.12×10^{-6}	2.16×10^{-6}	6.82×10^{-7}	2	40.32	32.26	0.45
苯并[a]芘	A3-v0	6.86×10^{-7}	6.46×10^{-7}	1.33×10^{-6}	3.98×10^{-7}	2	49.51	39.61	0.32
苯并[b]荧蒽	A3-v0	2.00×10^{-6}	9.18×10^{-7}	4.78×10^{-6}	6.36×10^{-7}	2	95.49	76.41	0.84
苯并[g,h,i]苝	A3-v0	9.80×10^{-7}	6.70×10^{-7}	1.75×10^{-6}	4.12×10^{-7}	2	61.38	49.11	0.59
苯并[k]荧蒽	A3-v0	8.21×10^{-7}	6.70×10^{-7}	1.39×10^{-6}	4.12×10^{-7}	2	44.95	35.97	0.52
䓛	A3-v0	1.55×10^{-6}	1.83×10^{-6}	2.16×10^{-6}	6.82×10^{-7}	2	38.63	30.91	0.33
二苯并[a,h]蒽	A3-v0	5.30×10^{-7}	5.24×10^{-7}	6.82×10^{-7}	3.96×10^{-7}	2	26.65	21.32	0.00
乙苯	A3-v0	9.22×10^{-3}	7.34×10^{-3}	1.86×10^{-2}	3.69×10^{-3}	2	55.96	44.77	0.54
荧蒽	A3-v0	3.66×10^{-6}	1.71×10^{-6}	9.03×10^{-6}	1.01×10^{-6}	2	98.55	78.86	1.00
芴	A3-v0	5.63×10^{-6}	2.47×10^{-6}	1.30×10^{-5}	1.77×10^{-6}	2	95.48	76.40	1.00
甲醛	A2-v1	1.58×10^{-2}	9.51×10^{-3}	7.01×10^{-2}	5.02×10^{-3}	4	117.82	66.66	0.70
硫化氢	C3-v0	1.48×10^{-1}	1.43×10^{-1}	2.28×10^{-1}	7.39×10^{-2}	1	51.99	58.83	1.00
茚并[1,2,3-c,d]芘	A3-v0	1.17×10^{-6}	6.70×10^{-7}	2.38×10^{-6}	4.12×10^{-7}	2	76.13	60.92	0.66
萘	A3-v0	2.89×10^{-4}	2.24×10^{-4}	5.54×10^{-4}	1.50×10^{-4}	2	56.04	44.84	1.00
菲	A3-v0	1.64×10^{-5}	1.21×10^{-5}	3.17×10^{-5}	6.59×10^{-6}	2	64.15	51.33	1.00
丙烯	C2-v1	1.83×10^{-1}	7.80×10^{-2}	6.30×10^{-1}	6.71×10^{-3}	4	117.13	66.27	0.72
芘	A3-v1	6.00×10^{-6}	2.78×10^{-6}	1.74×10^{-5}	8.19×10^{-7}	2	109.69	87.77	1.00
甲苯	B1-v0	1.37×10^{-2}	9.47×10^{-3}	3.08×10^{-2}	7.33×10^{-3}	5	59.41	30.07	0.64
二甲苯（总）	B1-v0	1.85×10^{-2}	1.70×10^{-2}	4.03×10^{-2}	1.11×10^{-2}	5	36.66	18.55	0.23

表 D-21b　排放系数数据汇总—采用天然气和套管回收气的蒸汽发生器

物质	CARB等级	排放系数/（lb/MMBtu）				测试	RSD/%	不确定性/%	检测比
		平均值	中间值	最大值	最小值				
苊	A3-v0	1.06×10^{-9}	7.84×10^{-10}	2.34×10^{-9}	4.06×10^{-10}	2	65.71	52.57	0.72
苊烯	A3-v1	2.69×10^{-9}	7.14×10^{-10}	1.01×10^{-8}	4.06×10^{-10}	2	142.14	113.73	0.85
乙醛	A2-v0	1.85×10^{-5}	1.68×10^{-5}	4.88×10^{-5}	5.47×10^{-6}	4	66.12	37.41	0.84
丙烯醛	A2-v0	1.69×10^{-5}	1.92×10^{-5}	2.62×10^{-5}	5.47×10^{-6}	4	41.86	23.68	0.88
蒽	A3-v1	2.18×10^{-9}	2.33×10^{-9}	4.26×10^{-9}	4.06×10^{-10}	2	64.55	51.65	0.97
苯	B1-v0	4.45×10^{-6}	4.40×10^{-6}	6.12×10^{-6}	2.75×10^{-6}	5	23.61	11.95	0.00
苯并[a]蒽	A3-v0	1.28×10^{-9}	1.12×10^{-9}	2.42×10^{-9}	7.12×10^{-10}	2	45.67	36.54	0.45
苯并[a]芘	A3-v0	7.08×10^{-10}	7.11×10^{-10}	1.31×10^{-9}	3.92×10^{-10}	2	47.05	37.64	0.32
苯并[b]荧蒽	A3-v0	2.01×10^{-9}	9.26×10^{-10}	4.71×10^{-9}	7.10×10^{-10}	2	92.63	74.12	0.84
苯并[g,h,i]苝	A3-v0	9.98×10^{-10}	7.14×10^{-10}	1.73×10^{-9}	4.06×10^{-10}	2	57.41	45.93	0.59

物质	CARB等级	排放系数/（lb/MMBtu）				测试	RSD/%	不确定性/%	检测比
		平均值	中间值	最大值	最小值				
苯并[k]荧蒽	A3-v0	8.41×10^{-10}	7.14×10^{-10}	1.37×10^{-9}	4.06×10^{-10}	2	41.36	33.09	0.52
䓛	A3-v0	1.60×10^{-9}	1.80×10^{-9}	2.42×10^{-9}	7.12×10^{-10}	2	39.17	31.35	0.33
二苯并[a,h]蒽	A3-v0	5.54×10^{-10}	5.58×10^{-10}	7.15×10^{-10}	3.90×10^{-10}	2	31.29	25.04	0.00
乙苯	A3-v0	9.63×10^{-6}	7.23×10^{-6}	2.02×10^{-5}	4.02×10^{-6}	2	59.81	47.86	0.54
荧蒽	A3-v0	3.67×10^{-9}	1.78×10^{-9}	8.90×10^{-9}	1.07×10^{-9}	2	95.56	76.46	1.00
芴	A3-v0	5.66×10^{-9}	2.64×10^{-9}	1.28×10^{-8}	1.85×10^{-9}	2	92.16	73.74	1.00
甲醛	A2-v1	2.53×10^{-5}	1.56×10^{-5}	1.01×10^{-4}	5.47×10^{-6}	4	111.34	63.00	0.70
硫化氢	C3-v0	1.59×10^{-4}	1.60×10^{-4}	2.38×10^{-4}	8.02×10^{-5}	1	49.59	56.11	1.00
茚并[1,2,3-c,d]芘	A3-v0	1.18×10^{-9}	7.14×10^{-10}	2.34×10^{-9}	4.06×10^{-10}	2	72.24	57.80	0.66
萘	A3-v0	2.93×10^{-7}	2.33×10^{-7}	5.46×10^{-7}	1.57×10^{-7}	2	52.01	41.62	1.00
菲	A3-v0	1.68×10^{-8}	1.34×10^{-8}	3.12×10^{-8}	6.50×10^{-9}	2	60.61	48.50	1.00
丙烯	C2-v1	2.29×10^{-4}	1.27×10^{-4}	6.83×10^{-4}	1.23×10^{-5}	4	94.36	53.39	0.72
芘	A3-v1	6.02×10^{-9}	2.93×10^{-9}	1.72×10^{-8}	8.55×10^{-10}	2	106.75	85.42	1.00
甲苯	B1-v0	1.73×10^{-5}	1.43×10^{-5}	3.04×10^{-5}	1.34×10^{-5}	5	33.16	16.78	0.64
二甲苯（总）	B1-v0	2.66×10^{-5}	3.11×10^{-5}	4.36×10^{-5}	1.21×10^{-5}	5	36.70	18.57	0.23

表 D-22a 排放系数数据汇总—采用天然气、无导管烧嘴的燃气轮机

物质	CARB等级	排放系数/（lb/MMcf）				测试	RSD/%	不确定性/%	检测比
		平均值	中间值	最大值	最小值				
苊	A3-v0	3.39×10^{-6}	2.11×10^{-6}	8.87×10^{-6}	1.26×10^{-6}	2	88.62	70.91	0.67
苊烯	A3-v0	3.00×10^{-6}	2.87×10^{-6}	5.78×10^{-6}	1.26×10^{-6}	2	56.64	45.32	0.54
乙醛	A3-v0	3.96×10^{-2}	4.76×10^{-2}	5.38×10^{-2}	1.73×10^{-2}	1	49.40	55.90	0.85
丙烯醛	A3-v0	1.81×10^{-2}	1.81×10^{-2}	1.82×10^{-2}	1.79×10^{-2}	1	0.68	0.77	0.00
蒽	A3-v1	3.52×10^{-5}	7.45×10^{-6}	1.53×10^{-4}	3.77×10^{-6}	2	167.76	134.23	1.00
苯	A3-v0	1.24×10^{-2}	1.23×10^{-2}	1.85×10^{-2}	6.96×10^{-3}	2	47.07	37.67	0.00
苯并[a]蒽	A3-v0	2.89×10^{-6}	2.39×10^{-6}	5.89×10^{-6}	1.84×10^{-6}	2	53.67	42.94	0.34
苯并[a]芘	A3-v0	2.13×10^{-6}	2.09×10^{-6}	3.17×10^{-6}	1.26×10^{-6}	2	43.24	34.60	0.00
苯并[b]荧蒽	A3-v0	3.40×10^{-6}	2.87×10^{-6}	8.93×10^{-6}	1.26×10^{-6}	2	83.26	66.62	0.44
苯并[g,h,i]苝	A3-v0	2.47×10^{-6}	2.87×10^{-6}	3.31×10^{-6}	1.26×10^{-6}	2	37.62	30.10	0.22
苯并[k]荧蒽	A3-v0	2.67×10^{-6}	2.87×10^{-6}	4.54×10^{-6}	1.26×10^{-6}	2	46.39	37.12	0.28
䓛	A3-v0	5.08×10^{-6}	5.99×10^{-6}	6.34×10^{-6}	2.89×10^{-6}	2	31.73	25.39	0.31
二苯并[a,h]蒽	A3-v0	2.13×10^{-6}	2.09×10^{-6}	3.17×10^{-6}	1.26×10^{-6}	2	43.24	34.60	0.00

物质	CARB等级	排放系数/（lb/MMcf）				测试	RSD/%	不确定性/%	检测比
		平均值	中间值	最大值	最小值				
乙苯	A3-v0	1.53×10^{-2}	1.52×10^{-2}	2.20×10^{-2}	9.49×10^{-3}	2	40.90	32.72	0.00
荧蒽	A3-v0	1.20×10^{-5}	1.21×10^{-5}	1.74×10^{-5}	5.78×10^{-6}	2	36.16	28.93	1.00
芴	A3-v0	1.55×10^{-5}	1.42×10^{-5}	3.17×10^{-5}	8.05×10^{-6}	2	54.85	43.89	1.00
甲醛	A3-v0	2.09×10^{-2}	1.73×10^{-2}	2.81×10^{-2}	1.73×10^{-2}	1	29.80	33.72	0.45
茚并[1,2,3-*c*,*d*]芘	A3-v0	2.38×10^{-6}	2.82×10^{-6}	3.17×10^{-6}	1.26×10^{-6}	2	35.90	28.73	0.20
萘	A3-v0	7.51×10^{-4}	8.01×10^{-4}	9.51×10^{-4}	4.56×10^{-4}	2	28.73	22.99	1.00
菲	A3-v0	6.71×10^{-5}	4.95×10^{-5}	1.46×10^{-4}	2.62×10^{-5}	2	64.08	51.28	1.00
丙烯	A3-v0	1.71	1.68	2.00	1.46	1	15.66	17.72	1.00
芘	A3-v0	2.31×10^{-5}	2.09×10^{-5}	4.23×10^{-5}	5.78×10^{-6}	2	63.17	50.55	1.00
甲苯	A3-v1	7.17×10^{-2}	5.89×10^{-2}	1.68×10^{-1}	8.22×10^{-3}	2	88.92	71.15	0.98
二甲苯（总）	A3-v0	3.63×10^{-2}	4.11×10^{-2}	6.26×10^{-2}	9.70×10^{-3}	2	52.17	41.75	0.38

表 D-22b 排放系数数据汇总—采用天然气、无导管烧嘴的燃气轮机

物质	CARB等级	排放系数/（lb/MMBtu）				测试	RSD/%	不确定性/%	检测比
		平均值	中间值	最大值	最小值				
苊	A3-v0	3.25×10^{-9}	2.03×10^{-9}	8.46×10^{-9}	1.23×10^{-9}	2	87.69	70.16	0.67
苊烯	A3-v0	2.90×10^{-9}	2.74×10^{-9}	5.67×10^{-9}	1.23×10^{-9}	2	57.20	45.77	0.54
乙醛	A3-v0	3.78×10^{-5}	4.55×10^{-5}	5.14×10^{-5}	1.65×10^{-5}	1	49.40	55.90	0.85
丙烯醛	A3-v0	1.72×10^{-5}	1.73×10^{-5}	1.73×10^{-5}	1.71×10^{-5}	1	0.68	0.77	0.00
蒽	A3-v1	3.43×10^{-8}	7.19×10^{-9}	1.50×10^{-7}	3.70×10^{-9}	2	168.94	135.17	1.00
苯	A3-v0	1.20×10^{-5}	1.19×10^{-5}	1.82×10^{-5}	6.64×10^{-6}	2	48.32	38.66	0.00
苯并[*a*]蒽	A3-v0	2.78×10^{-9}	2.31×10^{-9}	5.62×10^{-9}	1.80×10^{-9}	2	52.46	41.98	0.34
苯并[*a*]芘	A3-v0	2.05×10^{-9}	2.01×10^{-9}	3.02×10^{-9}	1.23×10^{-9}	2	41.94	33.56	0.00
苯并[*b*]荧蒽	A3-v0	3.30×10^{-9}	2.74×10^{-9}	8.77×10^{-9}	1.23×10^{-9}	2	84.51	67.62	0.44
苯并[*g*,*h*,*i*]苝	A3-v0	2.38×10^{-9}	2.74×10^{-9}	3.25×10^{-9}	1.23×10^{-9}	2	37.17	29.74	0.22
苯并[*k*]荧蒽	A3-v0	2.58×10^{-9}	2.74×10^{-9}	4.46×10^{-9}	1.23×10^{-9}	2	46.68	37.35	0.28
䓛	A3-v0	4.93×10^{-9}	5.88×10^{-9}	6.05×10^{-9}	2.76×10^{-9}	2	32.43	25.95	0.31
二苯并[*a*,*h*]蒽	A3-v0	2.05×10^{-9}	2.01×10^{-9}	3.02×10^{-9}	1.23×10^{-9}	2	41.94	33.56	0.00
乙苯	A3-v0	1.49×10^{-5}	1.48×10^{-5}	2.16×10^{-5}	9.05×10^{-6}	2	42.21	33.78	0.00
荧蒽	A3-v0	1.16×10^{-8}	1.16×10^{-8}	1.71×10^{-8}	5.51×10^{-9}	2	36.82	29.47	1.00
芴	A3-v0	1.49×10^{-8}	1.40×10^{-8}	3.02×10^{-8}	7.90×10^{-9}	2	53.86	43.09	1.00
甲醛	A3-v0	1.99×10^{-5}	1.65×10^{-5}	2.68×10^{-5}	1.65×10^{-5}	1	29.80	33.72	0.45

物质	CARB等级	排放系数/（lb/MMBtu）				测试	RSD/%	不确定性/%	检测比
		平均值	中间值	最大值	最小值				
茚并[1,2,3-*c*,*d*]芘	A3-v0	2.29×10^{-9}	2.73×10^{-9}	3.02×10^{-9}	1.23×10^{-9}	2	35.08	28.07	0.20
萘	A3-v0	7.29×10^{-7}	7.77×10^{-7}	9.33×10^{-7}	4.35×10^{-7}	2	30.01	24.02	1.00
菲	A3-v0	6.46×10^{-8}	4.86×10^{-8}	1.39×10^{-7}	2.57×10^{-8}	2	62.98	50.39	1.00
丙烯	A3-v0	1.63×10^{-3}	1.61×10^{-3}	1.90×10^{-3}	1.39×10^{-3}	1	15.66	17.72	1.00
芘	A3-v0	2.25×10^{-8}	2.03×10^{-8}	4.15×10^{-8}	5.51×10^{-9}	2	64.16	51.34	1.00
甲苯	A3-v1	7.01×10^{-5}	5.75×10^{-5}	1.65×10^{-4}	7.85×10^{-6}	2	89.58	71.67	0.98
二甲苯（总）	A3-v0	3.52×10^{-5}	4.04×10^{-5}	5.97×10^{-5}	9.25×10^{-6}	2	51.95	41.57	0.38

表 D-23a　排放系数数据汇总—采用天然气，由选择性催化还原和CO氧化催化剂控制的无导管烧嘴燃气轮机

物质	CARB等级	排放系数/（lb/MMcf）				测试	RSD/%	不确定性/%	检测比
		平均值	中间值	最大值	最小值				
苊	A3-v0	3.39×10^{-6}	2.11×10^{-6}	8.87×10^{-6}	1.26×10^{-6}	2	88.62	70.91	0.67
苊烯	A3-v0	3.00×10^{-6}	2.87×10^{-6}	5.78×10^{-6}	1.26×10^{-6}	2	56.64	45.32	0.54
乙醛	A3-v0	3.96×10^{-2}	4.76×10^{-2}	5.38×10^{-2}	1.73×10^{-2}	1	49.40	55.90	0.85
丙烯醛	A3-v0	1.81×10^{-2}	1.81×10^{-2}	1.82×10^{-2}	1.79×10^{-2}	1	0.68	0.77	0.00
蒽	A3-v1	3.52×10^{-5}	7.45×10^{-6}	1.53×10^{-4}	3.77×10^{-6}	2	167.76	134.23	1.00
苯	A3-v0	1.24×10^{-2}	1.23×10^{-2}	1.85×10^{-2}	6.96×10^{-3}	2	47.07	37.67	0.00
苯并[*a*]蒽	A3-v0	2.89×10^{-6}	2.39×10^{-6}	5.89×10^{-6}	1.84×10^{-6}	2	53.67	42.94	0.34
苯并[*a*]芘	A3-v0	2.13×10^{-6}	2.09×10^{-6}	3.17×10^{-6}	1.26×10^{-6}	2	43.24	34.60	0.00
苯并[*b*]荧蒽	A3-v0	3.40×10^{-6}	2.87×10^{-6}	8.93×10^{-6}	1.26×10^{-6}	2	83.26	66.62	0.44
苯并[*g*,*h*,*i*]苝	A3-v0	2.47×10^{-6}	2.87×10^{-6}	3.31×10^{-6}	1.26×10^{-6}	2	37.62	30.10	0.22
苯并[*k*]荧蒽	A3-v0	2.67×10^{-6}	2.87×10^{-6}	4.54×10^{-6}	1.26×10^{-6}	2	46.39	37.12	0.28
䓛	A3-v0	5.08×10^{-6}	5.99×10^{-6}	6.34×10^{-6}	2.89×10^{-6}	2	31.73	25.39	0.31
二苯并[*a*,*h*]蒽	A3-v0	2.13×10^{-6}	2.09×10^{-6}	3.17×10^{-6}	1.26×10^{-6}	2	43.24	34.60	0.00
乙苯	A3-v0	1.53×10^{-2}	1.52×10^{-2}	2.20×10^{-2}	9.49×10^{-3}	2	40.90	32.72	0.00
荧蒽	A3-v0	1.20×10^{-5}	1.21×10^{-5}	1.74×10^{-5}	5.78×10^{-6}	2	36.16	28.93	1.00
芴	A3-v0	1.55×10^{-5}	1.42×10^{-5}	3.17×10^{-5}	8.05×10^{-6}	2	54.85	43.89	1.00
甲醛	A3-v0	2.09×10^{-2}	1.73×10^{-2}	2.81×10^{-2}	1.73×10^{-2}	1	29.80	33.72	0.45
茚并[1,2,3-*c*,*d*]芘	A3-v0	2.38×10^{-6}	2.82×10^{-6}	3.17×10^{-6}	1.26×10^{-6}	2	35.90	28.73	0.20

物质	CARB等级	排放系数/（lb/MMcf）				测试	RSD/%	不确定性/%	检测比
		平均值	中间值	最大值	最小值				
萘	A3-v0	7.51×10^{-4}	8.01×10^{-4}	9.51×10^{-4}	4.56×10^{-4}	2	28.73	22.99	1.00
菲	A3-v0	6.71×10^{-5}	4.95×10^{-5}	1.46×10^{-4}	2.62×10^{-5}	2	64.08	51.28	1.00
丙烯	A3-v0	1.71	1.68	2.00	1.46	1	15.66	17.72	1.00
芘	A3-v0	2.31×10^{-5}	2.09×10^{-5}	4.23×10^{-5}	5.78×10^{-6}	2	63.17	50.55	1.00
甲苯	A3-v1	7.17×10^{-2}	5.89×10^{-2}	1.68×10^{-1}	8.22×10^{-3}	2	88.92	71.15	0.98
二甲苯（总）	A3-v0	3.63×10^{-2}	4.11×10^{-2}	6.26×10^{-2}	9.70×10^{-3}	2	52.17	41.75	0.38

表 D-23b　排放系数数据汇总—采用天然气，由选择性催化还原和CO氧化催化剂控制的无导管烧嘴燃气轮机

物质	CARB等级	排放系数/（lb/MMBtu）				测试	RSD/%	不确定性/%	检测比
		平均值	中间值	最大值	最小值				
苊	A3-v0	3.25×10^{-9}	2.03×10^{-9}	8.46×10^{-9}	1.23×10^{-9}	2	87.69	70.16	0.67
苊烯	A3-v0	2.90×10^{-9}	2.74×10^{-9}	5.67×10^{-9}	1.23×10^{-9}	2	57.20	45.77	0.54
乙醛	A3-v0	3.78×10^{-5}	4.55×10^{-5}	5.14×10^{-5}	1.65×10^{-5}	1	49.40	55.90	0.85
丙烯醛	A3-v0	1.72×10^{-5}	1.73×10^{-5}	1.73×10^{-5}	1.71×10^{-5}	1	0.68	0.77	0.00
蒽	A3-v1	3.43×10^{-8}	7.19×10^{-9}	1.50×10^{-7}	3.70×10^{-9}	2	168.94	135.17	1.00
苯	A3-v0	1.20×10^{-5}	1.19×10^{-5}	1.82×10^{-5}	6.64×10^{-6}	2	48.32	38.66	0.00
苯并[*a*]蒽	A3-v0	2.78×10^{-9}	2.31×10^{-9}	5.62×10^{-9}	1.80×10^{-9}	2	52.46	41.98	0.34
苯并[*a*]芘	A3-v0	2.05×10^{-9}	2.01×10^{-9}	3.02×10^{-9}	1.23×10^{-9}	2	41.94	33.56	0.00
苯并[*b*]荧蒽	A3-v0	3.30×10^{-9}	2.74×10^{-9}	8.77×10^{-9}	1.23×10^{-9}	2	84.51	67.62	0.44
苯并[*g,h,i*]苝	A3-v0	2.38×10^{-9}	2.74×10^{-9}	3.25×10^{-9}	1.23×10^{-9}	2	37.17	29.74	0.22
苯并[*k*]荧蒽	A3-v0	2.58×10^{-9}	2.74×10^{-9}	4.46×10^{-9}	1.23×10^{-9}	2	46.68	37.35	0.28
䓛	A3-v0	4.93×10^{-9}	5.88×10^{-9}	6.05×10^{-9}	2.76×10^{-9}	2	32.43	25.95	0.31
二苯并[*a,h*]蒽	A3-v0	2.05×10^{-9}	2.01×10^{-9}	3.02×10^{-9}	1.23×10^{-9}	2	41.94	33.56	0.00
乙苯	A3-v0	1.49×10^{-5}	1.48×10^{-5}	2.16×10^{-5}	9.05×10^{-6}	2	42.21	33.78	0.00
荧蒽	A3-v0	1.16×10^{-8}	1.16×10^{-8}	1.71×10^{-8}	5.51×10^{-9}	2	36.82	29.47	1.00
芴	A3-v0	1.49×10^{-8}	1.40×10^{-8}	3.02×10^{-8}	7.90×10^{-9}	2	53.86	43.09	1.00
甲醛	A3-v0	1.99×10^{-5}	1.65×10^{-5}	2.68×10^{-5}	1.65×10^{-5}	1	29.80	33.72	0.45
茚并[1,2,3-*c,d*]芘	A3-v0	2.29×10^{-9}	2.73×10^{-9}	3.02×10^{-9}	1.23×10^{-9}	2	35.08	28.07	0.20
萘	A3-v0	7.29×10^{-7}	7.77×10^{-7}	9.33×10^{-7}	4.35×10^{-7}	2	30.01	24.02	1.00
菲	A3-v0	6.46×10^{-8}	4.86×10^{-8}	1.39×10^{-7}	2.57×10^{-8}	2	62.98	50.39	1.00
丙烯	A3-v0	1.63×10^{-3}	1.61×10^{-3}	1.90×10^{-3}	1.39×10^{-3}	1	15.66	17.72	1.00

物质	CARB等级	排放系数/（lb/MMBtu）				测试	RSD/%	不确定性/%	检测比
		平均值	中间值	最大值	最小值				
芘	A3-v0	2.25×10^{-8}	2.03×10^{-8}	4.15×10^{-8}	5.51×10^{-9}	2	64.16	51.34	1.00
甲苯	A3-v1	7.01×10^{-5}	5.75×10^{-5}	1.65×10^{-4}	7.85×10^{-6}	2	89.58	71.67	0.98
二甲苯（总）	A3-v0	3.52×10^{-5}	4.04×10^{-5}	5.97×10^{-5}	9.25×10^{-6}	2	51.95	41.57	0.38

表 D-24a　排放系数数据汇总—采用天然气，由选择性催化还原控制的无导管烧嘴燃气轮机

物质	CARB等级	排放系数/（lb/MMcf）				测试	RSD/%	不确定性/%	检测比
		平均值	中间值	最大值	最小值				
甲醛	C3-v0	6.22	6.09	6.87	5.71	1	9.57	10.83	1.00

表 D-24b　排放系数数据汇总—采用天然气，由选择性催化还原控制的无导管烧嘴燃气轮机

物质	CARB等级	排放系数/（lb/MMBtu）				测试	RSD/%	不确定性/%	检测比
		平均值	中间值	最大值	最小值				
甲醛	C3-v0	6.02×10^{-3}	5.89×10^{-3}	6.65×10^{-3}	5.52×10^{-3}	1	9.57	10.83	1.00

表 D-25a　排放系数数据汇总—采用天然气和炼油厂气，由选择性催化还原和CO氧化催化剂控制的有导管烧嘴燃气轮机

物质	CARB等级	排放系数/（lb/MMcf）				测试	RSD/%	不确定性/%	检测比
		平均值	中间值	最大值	最小值				
苊	C3-v0	2.37×10^{-5}	2.15×10^{-5}	3.82×10^{-5}	1.15×10^{-5}	1	56.84	64.32	1.00
苊烯	C3-v0	1.15×10^{-5}	1.29×10^{-5}	1.32×10^{-5}	8.53×10^{-6}	1	22.70	25.68	1.00
乙醛	A3-v0	4.54×10^{-3}	3.41×10^{-3}	6.83×10^{-3}	3.38×10^{-3}	1	43.72	49.48	1.00
蒽	C3-v0	2.66×10^{-5}	2.43×10^{-5}	3.66×10^{-5}	1.89×10^{-5}	1	34.03	38.51	1.00
苯	C3-v0	1.66×10^{-1}	1.68×10^{-1}	1.81×10^{-1}	1.46×10^{-1}	2	9.66	7.73	0.00
苯并[a]蒽	C3-v1	1.60×10^{-5}	3.47×10^{-6}	4.15×10^{-5}	3.03×10^{-6}	1	138.05	156.22	0.86
苯并[a]芘	C3-v0	1.02×10^{-5}	1.05×10^{-5}	1.36×10^{-5}	6.63×10^{-6}	1	34.09	38.57	0.00
苯并[b]荧蒽	C3-v0	2.69×10^{-5}	3.19×10^{-5}	3.44×10^{-5}	1.45×10^{-5}	1	40.14	45.42	0.82
苯并[g,h,i]苝	C3-v0	2.06×10^{-5}	2.00×10^{-5}	2.71×10^{-5}	1.45×10^{-5}	1	30.62	34.65	0.00
苯并[k]荧蒽	C3-v0	1.34×10^{-5}	1.21×10^{-5}	2.00×10^{-5}	8.05×10^{-6}	1	45.53	51.52	0.00
镉	C3-v0	2.08×10^{-3}	1.06×10^{-3}	4.16×10^{-3}	1.03×10^{-3}	1	86.47	97.85	0.67
铬（六价）	C3-v0	7.46×10^{-3}	7.08×10^{-3}	1.50×10^{-2}	1.53×10^{-3}	2	83.96	67.18	0.00
铬（总）	C3-v1	5.35×10^{-2}	3.36×10^{-2}	1.84×10^{-1}	1.51×10^{-2}	2	121.46	97.19	1.00

物质	CARB等级	排放系数/（lb/MMcf）				测试	RSD/%	不确定性/%	检测比
		平均值	中间值	最大值	最小值				
䓛	C3-v0	1.16×10^{-4}	6.85×10^{-5}	2.43×10^{-4}	3.47×10^{-5}	1	96.95	109.70	1.00
铜	A3-v0	1.89×10^{-3}	1.98×10^{-3}	2.64×10^{-3}	1.04×10^{-3}	1	42.72	48.34	1.00
二苯并[*a,h*]蒽	C3-v0	7.10×10^{-6}	8.12×10^{-6}	8.59×10^{-6}	4.58×10^{-6}	1	30.92	34.99	0.00
荧蒽	C3-v0	1.06×10^{-4}	1.07×10^{-4}	1.58×10^{-4}	5.53×10^{-5}	1	48.01	54.33	1.00
芴	C3-v1	1.90×10^{-4}	8.02×10^{-5}	4.46×10^{-4}	4.26×10^{-5}	1	117.53	132.99	1.00
甲醛	A3-v0	1.71×10^{-1}	9.23×10^{-2}	3.42×10^{-1}	7.76×10^{-2}	1	87.01	98.46	1.00
硫化氢	A3-v0	1.65×10^{-1}	1.64×10^{-1}	1.72×10^{-1}	1.59×10^{-1}	1	4.20	4.76	0.00
茚并[1,2,3-*c,d*]芘	C3-v0	9.83×10^{-6}	1.06×10^{-5}	1.18×10^{-5}	7.10×10^{-6}	1	24.76	28.02	0.00
锰	A3-v0	3.49×10^{-3}	2.36×10^{-3}	6.79×10^{-3}	1.32×10^{-3}	1	83.26	94.21	1.00
汞	A3-v0	4.63×10^{-3}	4.01×10^{-3}	8.27×10^{-3}	2.55×10^{-3}	2	51.31	41.05	1.00
萘	C3-v0	4.02×10^{-2}	3.98×10^{-2}	4.30×10^{-2}	3.79×10^{-2}	1	6.36	7.20	1.00
镍	C3-v0	8.18×10^{-3}	6.79×10^{-3}	1.43×10^{-2}	3.40×10^{-3}	1	68.51	77.52	1.00
菲	C3-v0	6.85×10^{-4}	5.53×10^{-4}	9.72×10^{-4}	5.30×10^{-4}	1	36.34	41.12	1.00
苯酚	C3-v0	1.53×10^{-2}	1.58×10^{-2}	1.59×10^{-2}	1.43×10^{-2}	1	5.81	6.57	0.00
芘	C3-v0	1.28×10^{-4}	1.04×10^{-4}	2.29×10^{-4}	5.21×10^{-5}	1	71.00	80.34	1.00
甲苯	E3-v0	1.79×10^{-1}	1.78×10^{-1}	1.87×10^{-1}	1.72×10^{-1}	1	4.37	4.94	0.00
二甲苯（总）	E3-v0	4.13×10^{-1}	4.14×10^{-1}	4.15×10^{-1}	4.11×10^{-1}	1	0.50	0.56	0.00
锌	A3-v0	1.65×10^{-2}	1.56×10^{-2}	1.93×10^{-2}	1.45×10^{-2}	1	15.37	17.39	1.00

表 D-25b 排放系数数据汇总—采用天然气和炼油厂气，由选择性催化还原和CO氧化催化剂控制的有导管烧嘴燃气轮机

物质	CARB等级	排放系数/（lb/MMBtu）				测试	RSD/%	不确定性/%	检测比
		平均值	中间值	最大值	最小值				
苊	C3-v0	2.21×10^{-8}	2.00×10^{-8}	3.55×10^{-8}	1.07×10^{-8}	1	56.84	64.32	1.00
苊烯	C3-v0	1.07×10^{-8}	1.20×10^{-8}	1.23×10^{-8}	7.93×10^{-9}	1	22.70	25.68	1.00
乙醛	A3-v0	4.11×10^{-6}	3.09×10^{-6}	6.18×10^{-6}	3.06×10^{-6}	1	43.68	49.43	1.00
蒽	C3-v0	2.48×10^{-8}	2.26×10^{-8}	3.41×10^{-8}	1.76×10^{-8}	1	34.03	38.51	1.00
苯	C3-v0	1.52×10^{-4}	1.54×10^{-4}	1.69×10^{-4}	1.32×10^{-4}	2	11.10	8.88	0.00
苯并[*a*]蒽	C3-v1	1.49×10^{-8}	3.23×10^{-9}	3.86×10^{-8}	2.81×10^{-9}	1	138.05	156.22	0.86
苯并[*a*]芘	C3-v0	9.53×10^{-9}	9.78×10^{-9}	1.26×10^{-8}	6.17×10^{-9}	1	34.09	38.57	0.00
苯并[*b*]荧蒽	C3-v0	2.50×10^{-8}	2.96×10^{-8}	3.20×10^{-8}	1.35×10^{-8}	1	40.14	45.42	0.82
苯并[*g,h,i*]苝	C3-v0	1.91×10^{-8}	1.86×10^{-8}	2.52×10^{-8}	1.35×10^{-8}	1	30.62	34.65	0.00

物质	CARB等级	排放系数/（lb/MMBtu）				测试	RSD/%	不确定性/%	检测比
		平均值	中间值	最大值	最小值				
苯并[*k*]荧蒽	C3-v0	1.25×10^{-8}	1.13×10^{-8}	1.86×10^{-8}	7.49×10^{-9}	1	45.53	51.52	0.00
镉	C3-v0	1.94×10^{-6}	9.84×10^{-7}	3.87×10^{-6}	9.55×10^{-7}	1	86.47	97.85	0.67
铬（六价）	C3-v0	6.95×10^{-6}	6.60×10^{-6}	1.39×10^{-5}	1.45×10^{-6}	2	83.59	66.88	0.00
铬（总）	C3-v1	4.99×10^{-5}	3.15×10^{-5}	1.71×10^{-4}	1.43×10^{-5}	2	120.88	96.72	1.00
䓛	C3-v0	1.07×10^{-7}	6.37×10^{-8}	2.26×10^{-7}	3.23×10^{-8}	1	96.95	109.70	1.00
铜	A3-v0	1.75×10^{-6}	1.84×10^{-6}	2.46×10^{-6}	9.65×10^{-7}	1	42.72	48.34	1.00
二苯并[*a*,*h*]蒽	C3-v0	6.60×10^{-9}	7.55×10^{-9}	7.99×10^{-9}	4.26×10^{-9}	1	30.92	34.99	0.00
荧蒽	C3-v0	9.90×10^{-8}	9.92×10^{-8}	1.46×10^{-7}	5.14×10^{-8}	1	48.01	54.33	1.00
芴	C3-v1	1.76×10^{-7}	7.46×10^{-8}	4.15×10^{-7}	3.96×10^{-8}	1	117.53	132.99	1.00
甲醛	A3-v0	1.54×10^{-4}	8.36×10^{-5}	3.09×10^{-4}	7.03×10^{-5}	1	86.98	98.42	1.00
硫化氢	A3-v0	1.50×10^{-4}	1.49×10^{-4}	1.56×10^{-4}	1.44×10^{-4}	1	4.30	4.86	0.00
茚并[1,2,3-*c*,*d*]芘	C3-v0	9.14×10^{-9}	9.85×10^{-9}	1.10×10^{-8}	6.61×10^{-9}	1	24.76	28.02	0.00
锰	A3-v0	3.25×10^{-6}	2.19×10^{-6}	6.32×10^{-6}	1.23×10^{-6}	1	83.26	94.21	1.00
汞	A3-v0	4.35×10^{-6}	3.73×10^{-6}	7.82×10^{-6}	2.37×10^{-6}	2	51.85	41.49	1.00
萘	C3-v0	3.74×10^{-5}	3.70×10^{-5}	3.99×10^{-5}	3.52×10^{-5}	1	6.36	7.20	1.00
镍	C3-v0	7.60×10^{-6}	6.32×10^{-6}	1.33×10^{-5}	3.16×10^{-6}	1	68.51	77.52	1.00
菲	C3-v0	6.37×10^{-7}	5.14×10^{-7}	9.03×10^{-7}	4.93×10^{-7}	1	36.34	41.12	1.00
苯酚	C3-v0	1.43×10^{-5}	1.47×10^{-5}	1.48×10^{-5}	1.33×10^{-5}	1	5.81	6.57	0.00
芘	C3-v0	1.19×10^{-7}	9.63×10^{-8}	2.13×10^{-7}	4.84×10^{-8}	1	71.00	80.34	1.00
甲苯	E3-v0	1.62×10^{-4}	1.61×10^{-4}	1.69×10^{-4}	1.55×10^{-4}	1	4.30	4.87	0.00
二甲苯（总）	E3-v0	3.74×10^{-4}	3.76×10^{-4}	3.76×10^{-4}	3.72×10^{-4}	1	0.55	0.63	0.00
锌	A3-v0	1.53×10^{-5}	1.45×10^{-5}	1.80×10^{-5}	1.35×10^{-5}	1	15.37	17.39	1.00

表 D-26a 排放系数数据汇总—采用天然气、炼油厂气和液化石油气，由选择性催化还原和 CO 氧化催化剂控制的有导管烧嘴燃气轮机

物质	CARB等级	排放系数/（lb/MMcf）				测试	RSD/%	不确定性/%	检测比
		平均值	中间值	最大值	最小值				
砷	B3-v0	1.70×10^{-2}	1.71×10^{-2}	1.79×10^{-2}	1.61×10^{-2}	1	5.27	5.96	0.00
铍	B3-v0	3.40×10^{-3}	3.43×10^{-3}	3.57×10^{-3}	3.21×10^{-3}	1	5.28	5.97	0.00
镉	B3-v0	7.41×10^{-3}	6.85×10^{-3}	8.94×10^{-3}	6.44×10^{-3}	1	18.06	20.43	0.40
铜	B3-v0	4.08×10^{-2}	1.88×10^{-2}	8.74×10^{-2}	1.61×10^{-2}	1	99.07	112.11	0.87
铅	B3-v0	6.82×10^{-2}	6.85×10^{-2}	7.16×10^{-2}	6.44×10^{-2}	1	5.25	5.94	0.00

物质	CARB等级	排放系数/（lb/MMcf）				测试	RSD/%	不确定性/%	检测比
		平均值	中间值	最大值	最小值				
锰	B3-v0	1.75×10^{-1}	9.89×10^{-2}	3.71×10^{-1}	5.58×10^{-2}	1	97.56	110.40	1.00
镍	B3-v0	2.78×10^{-1}	9.70×10^{-2}	6.60×10^{-1}	7.79×10^{-2}	1	118.86	134.50	1.00
苯酚	C3-v1	5.80×10^{-2}	2.31×10^{-2}	1.45×10^{-1}	5.55×10^{-3}	1	131.32	148.60	1.00
硒	B3-v0	1.70×10^{-2}	1.71×10^{-2}	1.79×10^{-2}	1.61×10^{-2}	1	5.27	5.96	0.00
锌	B3-v0	4.12×10^{-1}	4.08×10^{-1}	6.80×10^{-1}	1.47×10^{-1}	1	64.69	73.20	1.00

表 D-26b 排放系数数据汇总—采用天然气、炼油厂气和液化石油气，由选择性催化还原和 CO 氧化催化剂控制的有导管烧嘴燃气轮机

物质	CARB等级	排放系数/（lb/MMBtu）				测试	RSD/%	不确定性/%	检测比
		平均值	中间值	最大值	最小值				
砷	B3-v0	8.95×10^{-6}	9.00×10^{-6}	9.40×10^{-6}	8.46×10^{-6}	1	5.25	5.94	0.00
铍	B3-v0	1.79×10^{-6}	1.80×10^{-6}	1.88×10^{-6}	1.69×10^{-6}	1	5.26	5.95	0.00
镉	B3-v0	3.89×10^{-6}	3.60×10^{-6}	4.70×10^{-6}	3.39×10^{-6}	1	18.07	20.45	0.40
铜	B3-v0	2.14×10^{-5}	9.89×10^{-6}	4.59×10^{-5}	8.46×10^{-6}	1	99.09	112.13	0.87
铅	B3-v0	3.58×10^{-5}	3.60×10^{-5}	3.76×10^{-5}	3.39×10^{-5}	1	5.23	5.92	0.00
锰	B3-v0	9.21×10^{-5}	5.20×10^{-5}	1.95×10^{-4}	2.93×10^{-5}	1	97.60	110.45	1.00
镍	B3-v0	1.46×10^{-4}	5.09×10^{-5}	3.47×10^{-4}	4.09×10^{-5}	1	118.88	134.52	1.00
苯酚	C3-v1	3.05×10^{-5}	1.21×10^{-5}	7.65×10^{-5}	2.91×10^{-6}	1	131.46	148.76	1.00
硒	B3-v0	8.95×10^{-6}	9.00×10^{-6}	9.40×10^{-6}	8.46×10^{-6}	1	5.25	5.94	0.00
锌	B3-v0	2.16×10^{-4}	2.14×10^{-4}	3.58×10^{-4}	7.75×10^{-5}	1	64.70	73.22	1.00

表 D-27a 排放系数数据汇总—采用炼油厂气，由 CO 氧化催化剂控制的无导管烧嘴燃气轮机

物质	CARB等级	排放系数/（lb/MMcf）				测试	RSD/%	不确定性/%	检测比
		平均值	中间值	最大值	最小值				
乙醛	C3-v0	2.18×10^{-2}	2.22×10^{-2}	2.65×10^{-2}	1.67×10^{-2}	1	22.53	25.49	1.00
砷	B3-v0	4.09×10^{-3}	4.15×10^{-3}	4.18×10^{-3}	3.95×10^{-3}	1	3.09	3.49	0.00
苯	C3-v0	1.49×10^{-1}	1.51×10^{-1}	1.53×10^{-1}	1.44×10^{-1}	1	3.34	3.78	0.00
铍	B3-v0	2.05×10^{-3}	2.08×10^{-3}	2.08×10^{-3}	1.98×10^{-3}	1	2.78	3.14	0.00
镉	B3-v0	7.41×10^{-3}	5.21×10^{-3}	1.29×10^{-2}	4.15×10^{-3}	1	64.24	72.70	1.00
铬（六价）	C3-v0	2.04×10^{-3}	2.04×10^{-3}	2.05×10^{-3}	2.02×10^{-3}	1	0.70	0.79	0.00
铬（总）	C3-v0	1.84×10^{-2}	1.01×10^{-2}	3.93×10^{-2}	5.93×10^{-3}	1	98.65	111.63	0.82
铜	B3-v0	5.78×10^{-2}	5.49×10^{-2}	9.72×10^{-2}	2.12×10^{-2}	1	65.90	74.57	1.00
甲醛	C3-v0	8.41×10^{-1}	8.36×10^{-1}	8.90×10^{-1}	7.97×10^{-1}	1	5.57	6.31	1.00

物质	CARB等级	排放系数/（lb/MMcf）				测试	RSD/%	不确定性/%	检测比
		平均值	中间值	最大值	最小值				
硫化氢	A3-v0	1.63×10^{-1}	1.64×10^{-1}	1.67×10^{-1}	1.58×10^{-1}	1	3.06	3.46	0.00
铅	B3-v0	3.99×10^{-2}	4.15×10^{-2}	4.18×10^{-2}	3.64×10^{-2}	1	7.62	8.62	0.30
锰	B3-v0	1.80×10^{-1}	1.45×10^{-1}	3.40×10^{-1}	5.55×10^{-2}	1	80.76	91.39	1.00
汞	A3-v0	2.15×10^{-2}	1.55×10^{-2}	3.63×10^{-2}	1.27×10^{-2}	1	59.94	67.83	1.00
镍	B3-v0	2.33×10^{-1}	2.64×10^{-1}	2.86×10^{-1}	1.48×10^{-1}	1	31.93	36.13	1.00
苯酚	C3-v0	9.41×10^{-3}	5.99×10^{-3}	1.72×10^{-2}	5.07×10^{-3}	1	71.54	80.95	1.00
硒	B3-v0	5.42×10^{-3}	4.18×10^{-3}	7.93×10^{-3}	4.15×10^{-3}	1	40.11	45.39	0.00
甲苯	E3-v1	1.09	4.34×10^{-1}	2.58	2.56×10^{-1}	1	118.63	134.23	1.00
二甲苯（总）	E3-v1	3.14	3.39×10^{-1}	8.85	2.33×10^{-1}	1	157.44	178.16	1.00
锌	B3-v0	6.99	8.23	9.17	3.56	1	42.95	48.60	1.00

表 D-27b　排放系数数据汇总—采用炼油厂气，由 CO 氧化催化剂控制的无导管烧嘴燃气轮机

物质	CARB等级	排放系数/（lb/MMBtu）				测试	RSD/%	不确定性/%	检测比
		平均值	中间值	最大值	最小值				
乙醛	C3-v0	1.56×10^{-5}	1.58×10^{-5}	1.89×10^{-5}	1.19×10^{-5}	1	22.53	25.49	1.00
砷	B3-v0	2.92×10^{-6}	2.96×10^{-6}	2.98×10^{-6}	2.81×10^{-6}	1	3.09	3.49	0.00
苯	C3-v0	1.06×10^{-4}	1.07×10^{-4}	1.09×10^{-4}	1.02×10^{-4}	1	3.34	3.78	0.00
铍	B3-v0	1.46×10^{-6}	1.48×10^{-6}	1.49×10^{-6}	1.41×10^{-6}	1	2.78	3.14	0.00
镉	B3-v0	5.28×10^{-6}	3.71×10^{-6}	9.18×10^{-6}	2.96×10^{-6}	1	64.24	72.70	1.00
铬（六价）	C3-v0	1.45×10^{-6}	1.45×10^{-6}	1.46×10^{-6}	1.44×10^{-6}	1	0.70	0.79	0.00
铬（总）	C3-v0	1.31×10^{-5}	7.19×10^{-6}	2.80×10^{-5}	4.23×10^{-6}	1	98.65	111.63	0.82
铜	B3-v0	4.12×10^{-5}	3.91×10^{-5}	6.93×10^{-5}	1.51×10^{-5}	1	65.90	74.57	1.00
甲醛	C3-v0	5.99×10^{-4}	5.96×10^{-4}	6.34×10^{-4}	5.68×10^{-4}	1	5.57	6.31	1.00
硫化氢	A3-v0	1.16×10^{-4}	1.17×10^{-4}	1.19×10^{-4}	1.12×10^{-4}	1	3.06	3.46	0.00
铅	B3-v0	2.84×10^{-5}	2.96×10^{-5}	2.98×10^{-5}	2.59×10^{-5}	1	7.62	8.62	0.30
锰	B3-v0	1.29×10^{-4}	1.03×10^{-4}	2.43×10^{-4}	3.96×10^{-5}	1	80.76	91.39	1.00
汞	A3-v0	1.53×10^{-5}	1.11×10^{-5}	2.59×10^{-5}	9.05×10^{-6}	1	59.94	67.83	1.00
镍	B3-v0	1.66×10^{-4}	1.88×10^{-4}	2.04×10^{-4}	1.05×10^{-4}	1	31.93	36.13	1.00
苯酚	C3-v0	6.71×10^{-6}	4.27×10^{-6}	1.22×10^{-5}	3.62×10^{-6}	1	71.54	80.95	1.00
硒	B3-v0	3.86×10^{-6}	2.98×10^{-6}	5.65×10^{-6}	2.96×10^{-6}	1	40.11	45.39	0.00
甲苯	E3-v1	7.77×10^{-4}	3.10×10^{-4}	1.84×10^{-3}	1.83×10^{-4}	1	118.63	134.23	1.00
二甲苯（总）	E3-v1	2.24×10^{-3}	2.42×10^{-4}	6.31×10^{-3}	1.66×10^{-4}	1	157.44	178.16	1.00
锌	B3-v0	4.98×10^{-3}	5.87×10^{-3}	6.54×10^{-3}	2.54×10^{-3}	1	42.95	48.60	1.00

缩略语和缩写索引

acfm	实际立方英尺每分钟
API	美国石油学会
atm	大气压
atm/in. of Hg	每英寸汞柱大气压
bbl/cd	桶每日历日
bbl/sd	桶每开工日
bbl/hr	桶每小时
BID	背景信息文件
BOX test	添加氧气的批量测试 （40CFR 第 63 部分附录 C 规定的一种曝气反应器试验）
Btu/mol	英制热量单位每摩尔
Btu/scf	英制热量单位每标准立方英尺
BWON	苯废物操作 NESHAP
CARB	加利福尼亚空气资源委员会
CCU	催化裂化装置
CEMS	烟气排放连续检测系统
CERMS	烟气排放速率连续检测系统
CFR	美国联邦管理法规
CRU	催化重整装置
DAF	溶解空气浮选
DIAL	差分吸收光探测和测距
DNF	溶解氮气浮选
dscf/MMBtu	干燥的标准立方英尺每百万英制热量单位
dscf/mol	干燥的标准立方英尺每摩尔
dscfm	干燥的标准立方英尺每分钟

E-cat	平衡催化剂
U.S.EPA	美国环保局
ESP	静电除尘器
FCCU	流化催化裂化装置
FCU	流化焦化装置
FID	火焰离子化检测
gal/bbl	加仑（污水量）每桶（某工艺单元加工量）
GC	气相色谱
GC/MS	气相色谱/质谱仪
GHG	温室气体
HAP	有害空气污染物
HCl	氯化氢
hepta-CDD	七氯二苯并对二噁英
Hg	汞
IAF	引气气浮
ICR	信息收集要求
in.	英寸
lb/dscf	磅每干燥标准立方英尺
lb/lb-mol	磅每磅摩尔
lb/lton	磅每长吨
lb/Mgal	磅每千加仑
lb/MMbbl	磅每百万桶
lb/MMBtu	磅每百万英制热量单位
lb/MMcf	磅每百万立方英尺
LDAR	泄漏检测与修复
LIDAR	光探测与测量
MACT	最大可达控制技术
mL-atm/mol-K	毫升-大气压每摩尔开尔文
MMBtu/scf	百万英制热量单位每标准立方英尺
MW	分子量
NMOC	非甲烷有机化合物
NMVOC	非甲烷挥发性有机化合物
NSPS	新源性能标准

OCDD	八氯二苯并对二噁英
OCDF	八氯二苯并呋喃
OVA	有机气体分析仪
PAH	多环芳香烃
PCB	多氯联苯
PM_{10}-FIL	直径小于等于 10 μm 的颗粒物—可过滤（或前半段）部分
PM_{10}-PRI	直径小于等于 10 μm 的颗粒物—主要部分
$PM_{2.5}$-FIL	直径小于等于 2.5 μm 的颗粒物—可过滤（或前半段）部分
$PM_{2.5}$-PRI	直径小于等于 2.5 μm 的颗粒物—主要部分
PM-CON	可冷凝的颗粒物（或后半段）
POM	多环有机物
POTW	公共处理厂
ppmv	体积的百万分之一
ppmw	重量的百万分之一
psi	磅每平方英寸
psia	磅每平方英寸（绝压）
psig	磅每平方英寸（表压）
QA	质量保证
QC	质量控制
scf/kg-mol	标准立方英尺每千克摩尔
scf/lb-mol	标准立方英尺每磅摩尔
SCR	选择性催化还原
SNCR	选择性非催化还原
SRU	硫磺回收装置
SSM	开车、停车和故障
SV	筛选值
TCCU	热催化裂化装置
TCDD	四氯二苯并对二噁英
TDS	总溶解性固体
TEQ	毒性当量
THC	总烃
TOC	总有机化合物
VOC	挥发性有机化合物

vol%	体积百分数
WebFIRE	网络版系数信息检索（FIRE）数据系统
WF	重馏分
WSPA	西部州石油联合会
wt%	重量百分数
℉	华氏度
°R	兰氏度